Tanja Honka

Workbook Achtsamkeit

Praktischer und fundierter Leitfaden zur Gestaltung von Achtsamkeitstrainings

managerSeminare Verlags GmbH – Edition Training aktuell

Tanja Honka
Workbook Achtsamkeit
Praktischer und fundierter Leitfaden zur Gestaltung von Achtsamkeitstrainings

Endenicher Str. 41, D-53115 Bonn
Tel.: 0228-977910
info@managerseminare.de
www.managerseminare.de/shop

Printed in Germany

ISBN 978-3-949611-25-4

Herausgeber der Edition Training aktuell:
Ralf Muskatewitz, Jürgen Graf, Nicole Bußmann

Lektorat: Ralf Muskatewitz, Sadia Oumohand
Cover: © istockphoto/skynesher
Druck: Druckkontor Emden, Emden

Das Buch wurde gedruckt auf Vivus 100 (100% Recycling-Papier, Blauer Engel, EU Eco-Label, FSC®-zertifiziert). Die mit dem Druck verbundenen CO_2-Emissionen werden vom Verlag kompensiert und fließen in unterschiedliche Aufforstungsprojekte zum Klimaschutz. Nähere Informationen finden Sie unter: www.managerseminare.de/verlag/umwelt

Inhalt

Kapitel 3: Auswirkungen und Wirkmechanismen von Achtsamkeitspraxis

Kapitel 4: Formen der Achtsamkeit – formelle Übungen und achtsame Alltagsgestaltung

Kapitel 5: Übungen und Geschichten

Kapitel 6: Gestaltung von Achtsamkeitsseminaren

Download-Ressourcen

Liebe Leserin, lieber Leser

Als eines Tages eine Klientin in meinem Büro saß und mir von ihren wertvollen Erfahrungen mit dem Konzept der Achtsamkeit berichtete, ahnte ich nicht im Traum, was diese Begegnung mit mir selbst und meinem beruflichen Handeln anstellen würde. Dass das Ganze zu diesem Buch führen sollte, das Sie gerade in den Händen halten, hätte ich damals niemals so erwartet.

Die Behauptung, dass der achtwöchige Achtsamkeitskurs sie weitergebracht hätte als die vorhergehende langjährige Psychotherapie, weckte meine Neugierde – und ja – auch meinen beruflichen Ehrgeiz. Dieser Antrieb schickte mich auf eine nun schon viele Jahre andauernde und vermutlich nie mehr endende Forschungsreise. Und je mehr ich entdeckte, umso mehr wuchs meine Begeisterung für dieses Thema. So konnte ich bekannte und bestehende psychologische Konzepte tiefer begreifen, selbst und stellvertretend erleben, wie Achtsamkeit wirkt, und allmählich auch mein berufliches Handeln, meine Seminarkonzepte mit diesen Prinzipien bereichern.

Während des Schreibens an diesem Buch habe ich mich an viele vergangene Seminar- und Coaching-Situationen erinnert. Diese Erlebnisse und Erfahrungen teile ich sehr gerne hier in diesem Buch. Ich habe aber auch selbst weiterlernen dürfen, da das Buch für mich ein guter Anlass war, mich erneut neugierig mit neuesten Forschungen und spannenden, eng am Thema Achtsamkeit liegenden Zukunftsfragen zu beschäftigen.

Und nicht zuletzt ist ein Buch zu schreiben an sich ein Quell zahlreicher Übungsgelegenheiten. Da sind die Momente, in denen man das eigene Geschriebene wertet, in denen der innere Kritiker sich meldet. Und da sind die euphorischen Momente, in denen man so im Flow ist, dass man andere Grundbedürfnisse nicht mehr wahrnimmt. Und Sie glauben gar nicht, zu welch unmöglichen Zeiten und Momenten sich der rege Geist mit neuen Ideen für die Inhalte dieses Buches melden kann. Und auch wenn dieser Geist sicherlich weiter und weiter produziert hätte, kommt dank einer Abgabefrist der Moment, in dem es loszulassen gilt.

Dieses Buch möchte Anregungen anbieten, wie Achtsamkeit am Arbeitsplatz und in den Arbeitsalltag integriert werden kann. Es gibt praxisnahe Tipps und Übungen an die Hand, um Stress, Hektik und Oberflächlichkeit zu reduzieren. Und schlussendlich möchte es aufzeigen, wie all das am Ende Arbeitsleistung und Wohlbefinden zu steigern vermag.

Als Autorin habe ich mich bemüht, die neuesten Erkenntnisse aus der Arbeitspsychologie und Neurowissenschaft verständlich und anschaulich darzustellen. Dabei habe ich auch die zunehmend digitalisierte Arbeitswelt berücksichtigt und darauf geachtet, dass die Übungen und Tipps auch in einem modernen Arbeitsumfeld umsetzbar sind. Gefühlt ist ein Buch zu einem so umfassenden und weitreichenden Thema nie fertig. Fühlen Sie sich daher herzlich eingeladen, Ihre Neugierde an verschiedenen Themen wahrzunehmen und diese Inhalte anschließend selbst zu vertiefen.

Ich möchte Ihnen an dieser Stelle schon einmal ***Julia** und **Karsten*** vorstellen. Sie gibt es nicht wirklich. Und dennoch vereinen sie die vielen Seminar- und Coaching-Teilnehmenden, die ich bereits auf ihrem Weg zu einem achtsameren und gesünderen Arbeitsleben begleiten durfte. In den Geschichten um ihre praktischen Erlebnisse, Erkenntnisse und Umsetzungsbemühungen sollen die ganz handfesten Konsequenzen der theoretischen Konzepte anschaulich werden. Es sind ihre Geschichten, die auch mir immer wieder aufs Neue bewusst gemacht haben, dass es sich lohnt, dieses Thema lebendig zu halten. Und auch in Zeiten, in denen Achtsamkeit vermeintlich, aus welchen Gründen auch immer, so gar nicht zu passen scheint, sie erst recht einzubauen. Und nun sitze ich hier zufrieden, lächelnd und mit noch ganz vielen anderen Gefühlen vor diesem Buch und lasse es los in die Welt da draußen. Und wie immer bemühe ich mich dabei um eine neugierige und offene Haltung. Wo dieses Buch Sie und mich hinführt? Wer weiß das schon.

Und doch ist da dieser Wunsch, dass es etwas verändert, dass es zu einem hilfreichen Rüstzeug für Ihren Trainingsalltag wird, dass es durch Ihre Anwendung vielen weiteren Teilnehmenden hilft, sich für die Zukunft gewappnet zu fühlen und so stetig durch Ihre Arbeit auch ganze Unternehmen Resilienzen für die Zukunft entwickeln.

Einige ergänzende PDF-Vorlagen und -Arbeitshilfen zum Buch finden Sie in den Download-Ressourcen. Über den Link in der hinteren Umschlagklappe (Print-Ausgabe) bzw. unter den bibliografischen Angaben auf Seite 2 (E-Book) haben Sie darauf Zugriff. Das Download-Symbol weist Sie auf eine solche Ressource hin.

Download-Ressourcen

Auch um ein Buch zu schreiben, braucht es ein ganzes Dorf. Ich möchte mich daher an dieser Stelle bei den vielen Personen bedanken, die mich bei der Erstellung dieses Werkes unterstützt haben. Da sind die vielen Mitdenkerinnen, beruflichen und privaten Wegbegleiterinnen, die mir in herausfordernden Zeiten Inspiration und Motivation waren. Und da sind die viele Autorinnen, Autoren und Forschenden, die Großartiges geleistet haben für dieses Thema und die mich in den vergangenen Monaten mit ihren Werken begleitet haben. Danke euch allen!

Und Ihnen wünsche ich nun viel Freude beim Lesen, Ausprobieren und Erleben.

Ihre Tanja Honka

Kapitel 1

Achtsamkeit als Thema der Zukunft

Gibt man heute den Begriff *„Achtsamkeit“* in die übliche Suchmaschine ein, dann ergeben sich über 23 Millionen Einträge, die sich mit diesem Thema beschäftigen. Unter dem internationalen Begriff *„Mindfulness“* ergeben sich gar 275 Millionen Einträge. Dabei wird der Begriff nicht selten auch überstrapaziert und manchmal inflationär verwendet – dazu dann später mehr. Was man auf jeden Fall festhalten kann, ist, dass es sich um ein absolutes Trendthema handelt.

So ist es nicht verwunderlich, dass das Thema Achtsamkeit oder achtsame Elemente zunehmend auch Einzug in das Coaching und in diverse Seminarkontexte halten. Und das Thema findet seinen Weg in das Portfolio an Selbstfürsorgestrategien von Trainerinnen, Trainern und Coachs. Auch die Forschung zum Thema hat in den vergangenen Jahren rasant an Fahrt aufgenommen. Solche Trends entstehen nicht einfach aus dem Nichts. Es ist davon auszugehen, dass das Thema einen Zeitgeist und die damit zusammenhängenden Bedürfnisse trifft. Widmen wir uns also zunächst einmal der Frage, wie das Thema in die aktuelle Zeit passt und ob es sich gar um ein entscheidendes Thema der Zukunft handelt.

Bevor Sie weiterlesen, mögen Sie sich vielleicht einmal selbst fragen: „Was ist mein Warum?“ Warum halten Sie dieses Buch in den Händen? Warum beschäftigen Sie sich überhaupt mit dem Thema? Was reizt Sie an diesem Thema? Welche Hoffnungen sind damit verbunden?

Nein, lesen Sie nicht einfach über diese Fragen hinweg. Legen Sie das Buch ruhig kurz zur Seite und nehmen Sie sich ein bisschen Zeit für diese Fragen. Okay? Dann starten wir gleich einmal mit einer besonders spannenden Frage: Achtsamkeit und Wirtschaftswelt – passt das eigentlich zusammen?

Achtsamkeit in der Wirtschaftswelt

Fällt der Begriff Achtsamkeit in einem unternehmerischen, wirtschaftlichen Kontext, so erntet man zunächst erst einmal eines: fragende und höchst skeptische Blicke. Denn auch wenn der Begriff inzwischen öfter fällt und gelegentlich durch die Abteilungen hipper Unternehmen geistert, so können doch nur wenige Menschen mit diesem Schlagwort etwas Konkretes anfangen. Im besten Fall entstehen Assoziationen wie: „Ach ja, da geht es um einen netteren Umgang miteinander oder eine Art von Konzentrationstraining." Im schlechtesten Fall entstehen Bilder von Meditationskissen, Räucherstäbchen und spirituellem Singen. Spätestens an diesem Punkt werden Kundinnen oder Kunden zunächst skeptisch, denn diese können sich kaum vorstellen, wie diese Bilder in das Konzept seriöser Personalentwicklung passen sollen. Daher ist es zunächst fast immer notwendig, ein gutes, klares Verständnis davon zu entwickeln, was Achtsamkeit ist – und was eben nicht. Nur so kann in einem Kundengespräch gleich mit den gängigen Mythen rund um dieses Thema aufgeräumt und konkrete Ideen zur Umsetzung des Konzeptes in beruflichen Settings unterbreitet werden.

Wirklich nur Meditationskissen, Räucherstäbchen und spirituelles Singen?

Unsere aktuelle Wirtschaftswelt steht vor einem Wandel. Viele sind enttäuscht von der Zuspitzung der letzten Prozesse. Wirtschafts- und Finanzkrisen haben eine Atmosphäre der Angst und Unsicherheit hinterlassen. Es wächst ein Bewusstsein, dass materielle und personelle Ressourcen endlich sind und dass eine Missachtung dieser Tatsache im Rahmen wirtschaftlicher Entscheidungen nur kurzfristig Erfolg versprechend scheint, langfristig aber schwerwiegende wirtschaftliche Folgen haben wird. Das Dogma des stetigen Wachstums und die Lobpreisung des Wettbewerbes um jeden Preis haben zu einer Zunahme von Stress, Druck und Konkurrenzdenken in den Abteilungen der Unternehmen geführt. Nicht wenige Unternehmen leiden gar darunter, dass Abteilungen ein und desselben Unternehmens miteinander in Konkurrenz treten, statt zum Wohle der Gesamtorganisation miteinander zu kooperieren. Sinn und Freude an der Arbeit gleiten dabei

Eine der möglichen Antworten auf den Wandel in der Wirtschaftswelt

immer mehr in den Hintergrund. Und nicht zuletzt haben der ständige Fokus auf Effizienz, Logik und Analysefähigkeit die Kreativität, Flexibilität und Intuition in Unternehmen zunehmend zurückgedrängt. Wir glauben bei mehr Arbeit mehr arbeiten zu müssen und haben nicht selten vergessen, die Wege des Erfolges zu hinterfragen.

Die Postwachstums-ökonomie

Erfreulicherweise findet ein starkes Umdenken vieler Unternehmen statt. Unter dem Begriff „Postwachstumsökonomie" entsteht eine Bewegung, die auf Stabilität und Nachhaltigkeit setzt und inzwischen auf einen rasant wachsenden Kundenstamm schauen kann. Solche Unternehmen verstehen, dass die Fluktuation von Mitarbeitenden enorme Kosten verursacht, dass innere Kündigungen und in verbitterte Konflikte verstrickte Teams und Abteilungen enormen Schaden verursachen. Und sie verstehen auch, dass Sinn erleben und gelebte Werte für viele potenziell neue Mitarbeitende die entscheidenden Variablen sind, sich für ein Unternehmen zu interessieren und möglicherweise sich langfristig an dieses zu binden.

„Es gibt Wichtigeres im Leben,
als beständig dessen Geschwindigkeit zu erhöhen."
(Mahatma Gandhi, politischer Anführer der indischen Unabhängigkeitsbewegung)

Berufseinsteiger, die sich heute an den Start ihrer Karriereleiter begeben, wissen das und legen viel Wert auf Sinn erleben am Arbeitsplatz. Ein „Schneller-Höher-Weiter" ist schon lange kein attraktives Ziel mehr für die Generation von morgen.

Achtsamkeit, ein Kompass für einen sinnstiftenden Führungsstil

Also ja, Achtsamkeit passt wunderbar in die heutige Wirtschaftswelt. Das Konzept kann Unternehmen im Wandel begleiten, die ersten Schritte zu einem sinnhaften Wirtschaften zu gehen. Es kann helfen, die Eigenverantwortung Mitarbeitender im Hinblick auf Arbeitsplatzgestaltung und Gesundheitsprävention zu stärken. Es unterstützt Teams und Abteilungen, sich wieder als Teil des Ganzen zu fühlen und an einem gemeinsamen Strang zu ziehen. Und es bietet Führungskräften einen Kompass für die Entwicklung eines werteorientierten und sinnstiftenden Führungsstils.

Und so kommt es doch schon gelegentlich vor, dass man in den bereits erwähnten Personalabteilungen zunehmend auch auf Menschen trifft, die genau diese Zeichen der Zeit erkannt haben. Die Konzepte anfragen, die ihre Mitarbeitenden befähigen, die aktuelle Lage zu gestalten. Das muss nicht immer ein Intensivkurs in Achtsamkeit sein. Doch ich wage an dieser Stelle die steile These, dass diese neue Arbeitswelt ohne Achtsamkeit nicht mehr nachhaltig gestaltet werden kann. Weder für das eigene Wohlbefinden, die eigene Gesundheit und Leistungsfähigkeit noch für das nachhaltige Gelingen von Unternehmenserfolg. Und so möchte ich einladen, dass die im Folgenden beschriebenen Konzepte auch gedacht werden: als sinnvolle Würze bestehender Klassiker. So kann Achtsamkeit Zeitmanagement, Kommunikation, Konfliktmoderation und Teamentwicklung auf ein neues Level heben. Immer da, wo es um Zwischenmenschliches, Emotionen, Selbst- und Fremdwahrnehmung geht, beschreibt das Konzept der Achtsamkeit eine entscheidende Kompetenz, die zunehmend wichtiger wird und die wir in der Regel nur wieder erlernen müssen.

Eine Kompetenz, die Arbeitswelt nachhaltig zu gestalten

1.2

Achtsamkeit als Reaktion auf eine komplexer werdende Welt

Unser Alltag steckt voller Reaktionen auf bestimmte Reize. Wir nehmen wahr, bewerten und handeln den ganzen Tag. Die allermeisten dieser Prozesse laufen völlig automatisiert und unbewusst ab. Und selten sind wir mit den Gedanken da, wo wir uns gerade physisch befinden.

Reizüberflutung

Sobald der Wecker klingelt, gehen wir in Gedanken schon den Tagesablauf durch. Unter der Dusche argumentieren wir gedanklich mit einer Kollegin die Ausrichtung des kommenden Projektes. Auf der Fahrt ins Büro versinken wir in den Radiobeitrag, sodass wir uns an große Teile der Wegstrecke nicht mehr erinnern können. Noch bevor die erste Konferenz des Tages endet, bereiten wir gedanklich schon die nächste vor. Die Zwischenmahlzeit am Mittag nehmen wir kaum wahr, da wir intensiv mit einem Kollegen über die kürzlich veröffentlichte Unternehmensbilanz diskutieren. Wenn wir ans Telefon gehen, schwingen noch die unguten Emotionen aus dem vorausgegangenen Kundengespräch mit. Die Verabschiedung von den Kolleginnen und Kollegen erfolgt knapp und hektisch, denn in Gedanken ist man schon in der Schule beim anstehenden Elternabend. Während diesem plant man die Einkaufsliste – und den Abend auf dem Sofa lässt man mit zu viel Wein ausklingen, während man darüber sinniert, wer die Verantwortung für die jetzt erst bemerkten Nackenschmerzen trägt. Und am nächsten Tag startet das Ganze von vorn ...

Den ganzen Tagen lang lösen beliebige Reize automatisierte Reaktionen bei uns aus. Diese Reaktionen können Gedanken, Wertungen, Emotionen oder Verhaltensweisen sein. Nicht wenige dieser Automatismen sind auch überlebensnotwendig und leisten einen wichtigen Beitrag für das „Funktionieren" im Alltag. Niemand wäre in der Lage, ein Leben zu leben, in dem man jede Kleinigkeit ganz bewusst entscheidet. Es ist gut, dass das Lösen eines Bahntickets oder das Starten eines Motors und Anfahren mit dem Auto in der Regel vollkommen automatisiert und nahezu unbewusst erfolgt. Das spart Ressourcen.

In dem Raum zwischen Reiz und Reaktion jedoch erfolgen auch zahlreiche unbewusste Reaktionen, die nicht förderlich für die eigene Gesundheit oder die Zusammenarbeit im Arbeitsalltag sind; die keine bewussten Entscheidungen waren oder die einen unkonzentriert und fahrig wirken lassen. Vor allem bleibt das diffuse und höchst unbefriedigende Gefühl, dass das Leben mit einem passiert und viel zu schnell und ohne Tiefgang an sich vorbeizieht.

> „Zwischen Reiz und Reaktion gibt es einen Raum. In diesem Raum haben wir die Freiheit und die Macht, unsere Reaktion zu wählen. In unserer Reaktion liegen unser Wachstum und unsere Freiheit."
> (Viktor Frankl, österreichischer Logotherapeut)

„Decision Fatigue"

Dabei sind wir oft aufgrund der zahlreichen Entscheidungen, die täglich im Großen wie im Kleinen getroffen werden müssen, schlicht einfach überfordert. Unter dem Begriff „Decision Fatigue" wird längst eine Entscheidungsmüdigkeit diskutiert, die vorwiegend dadurch entsteht, dass die Welt komplexer geworden ist. Diese neue, komplexe Welt wird inzwischen immer häufiger mit dem Begriff VUKA-Welt (siehe Kasten auf der Folgeseite) beschrieben.

In der sogenannten VUKA-Welt stehen uns für die meisten unserer Entscheidungen deutlich mehr Optionen zur Verfügung. Die berühmte „Qual der Wahl". Längst besteht das einzig mögliche Urlaubsabenteuer nicht mehr darin, mit dem Auto heil über den Brenner nach Italien zu kommen. Stattdessen können wir im Urlaub die ganze Welt bereisen. Die neusten Neuigkeiten erreichen uns nicht mehr über Gespräche mit den Nachbarn und die einmal am Tag ausgestrahlte Tagesschau, sondern rund um die Uhr über soziale Medien, Newsticker und Push-Nachrichten. All das versorgt uns überproportional mit besorgniserregenden Informationen. Mit diesen Informationen geht auch die Verantwortung dafür einher, diese bei den eigenen Entscheidungen zu berücksichtigen. Und zu allem Überfluss sind all die Informationen in sich nicht eindeutig, widersprechen sich zum Teil oder sind wenige

Tage später schon nicht mehr aktuell. Und so wird der Kauf eines einfachen Wasserkochers nicht selten zu einem Akt diverser Abwägungsprozesse, in denen Rezensionen gewälzt werden, man aus zahlreichen Materialien auswählen kann und nicht nur den Preis, sondern auch die Produktionsbedingungen berücksichtigt werden können.

VUKA-Welt

Der Ausdruck „VUKA" aus dem Begriff VUKA-Welt ist ein Akronym, das für eine sich schnell verändernde und unsichere Welt steht, in der sich Unternehmen und Einzelpersonen zurechtfinden müssen. VUKA steht für Volatilität, Unsicherheit, Komplexität und Ambiguität.

Volatilität bezieht sich auf die Instabilität und Flüchtigkeit der Märkte, die durch rasche Veränderungen und plötzliche Ereignisse wie wirtschaftliche Krisen, politische Instabilität oder Naturkatastrophen verursacht werden können.

Unsicherheit bezieht sich auf die Schwierigkeit, Vorhersagen zu machen und Entscheidungen aufgrund der unklaren oder fehlenden Informationen zu treffen. Unsicherheit kann durch politische Instabilität, unvorhergesehene technologische Entwicklungen oder veränderte Markttrends verursacht werden.

Komplexität bezieht sich auf die Vielzahl und Vernetzung der Faktoren, die die Geschäftswelt beeinflussen. Unternehmen müssen sich mit einem breiten Spektrum an Stakeholdern, Vertragspartnern, Regulierungsbehörden und Technologien auseinandersetzen, um ihre Ziele zu erreichen.

Ambiguität bezieht sich auf die Uneindeutigkeit oder Mehrdeutigkeit von Informationen. In einer VUKA-Welt kann es schwierig sein, die Bedeutung von Daten und Ereignissen zu verstehen, was zu Konfusion und Fehlinterpretationen führen kann.

Insgesamt stellt die VUKA-Welt eine Herausforderung dar, eröffnet aber auch Chancen für Innovation und Wachstum. Unternehmen und Einzelpersonen, die sich auf die Veränderungen einstellen und flexibel anpassen können, werden langfristig erfolgreich sein.

„Alles muss"

Und auch wenn all diese Errungenschaften, der Zugang zu uneingeschränkten Informationen und all diese Wahlmöglichkeiten ihr Gutes haben, so hat ein tief in uns liegendes Bedürfnis aus dem „Alles kann" ein „Alles muss" gemacht. So ist etwa aus dem „Ich kann die Welt bereisen", ein „Ich muss die Welt bereisen" geworden, aus dem „Ich habe die Option, Erfahrungsberichte zu lesen", ein „Ich muss diese gründlich studieren, bevor ich eine Entscheidung treffe". Und so muss alles, was da ist, auch erfahren werden und es entsteht beinahe eine Angst, etwas zu verpassen, wenn wir es nicht nutzen. Und wenn es inzwischen schon komplex geworden ist, einen Wasserkocher zu kaufen, wie komplex sind in diesem Zusammenhang erst wirklich ernst zu nehmende Unternehmensentscheidungen?

FOMO – Fear of missing out

Der englischsprachige Raum beschreibt dieses Phänomen mit dem Kürzel FOMO, was für „Fear of missing out" (Die Angst, etwas zu verpassen) steht. Doch es regt sich ernst zu nehmender Widerstand gegen dieses Phänomen: von Betroffenen selbst, aber auch von Wissenschaftlern, welche die zunehmende, daraus resultierende Daueranspannung und die Unruhezustände Betroffener mit Besorgnis wahrnehmen.

Decision Fatigue – Entscheidungsermüdung

Entscheidungsfindung ist ein komplexer, kognitiver Prozess. Psychologische Studien gehen davon aus, dass wir täglich etwa 20.000 Entscheidungen treffen. Zieht man vom Tag acht Stunden Schlaf ab, bedeutet das: alle drei Sekunden eine Entscheidung. Eine stolze Anzahl kognitiver Funktionen, die unser Gehirn, genauer gesagt, der Frontallappen unter enormem Energieaufwand meistert. Und damit sind nicht nur die großen, schwerwiegenden Entscheidungen gemeint. Auch die Summe all der vermeintlich kleinen Dinge laugt aus.

Das Ergebnis: Die Willenskraft wird immer schwächer und unsere Entscheidungen zunehmend weniger durchdacht und impulsiver. Im Laufe des Arbeitstages werden wir unkonzentrierter und unüberlegte Entscheidungen häufen sich. Im beruflichen Umfeld kann das dazu führen, dass Entscheidungsprozesse nach einem langen Meeting-Marathon nicht mehr die Qualität haben, wie zu Beginn des Tages. Dabei sind emotional gefärbte Bauchentscheidungen alles andere als automatisch minderwertig. Doch auch diese Entscheidungen werden besser, wenn Emotion und Kognition in einem guten Austausch miteinander stehen.

Achtsamkeit kann in diesem Kontext auf mindestens zwei Weisen unterstützen. Zum einen befähigt sie mit zunehmender Übungspraxis, diese Ermüdung frühzeitiger wahrzunehmen und entsprechende erholungsfördernde Maßnahmen einzuleiten oder andere kluge und bewusste Handlungen zu vollziehen – wie wichtige Entscheidungen zu vertagen. Zum anderen stärkt Achtsamkeit die Gehirnregionen, die für Entscheidungsprozesse relevant sind. Sie ist damit ein perfektes Training für die zunehmend kognitiv ausgerichtete Arbeitswelt, in der täglich so viele Entscheidungen gefällt werden müssen.

Achtsamkeit kann im Weiteren dazu führen, bestimmte Entscheidungswege zu vereinfachen, auf eine gute Weise neu zu automatisieren und sich so aktiv darum zu bemühen, die Flut der notwendigen Entscheidungen einzudämmen. Beispielsweise sind große Politiker und Geschäftsleute wie der ehemalige US-Präsident Barack Obama, Steve Jobs und Mark Zuckerberg dafür bekannt, ihre Alltagskleidung auf ein oder zwei Outfits zu reduzieren, um die Anzahl der Entscheidungen zu vermindern, die sie an einem Tag treffen müssen.

Es ist daher nicht verwunderlich, dass die Zahlen zu psychischen Erkrankungen am Arbeitsplatz seit Jahrzehnten ansteigen.

Ein bewusster Umgang mit den zahllosen Reizen ist entscheidend

Damit die Fülle an Möglichkeiten, die vielen täglichen Entscheidungen und Eindrücke nicht zu Erschöpfung oder fehlerhaften Entscheidungen führen, ist es in der heutigen Arbeitswelt mehr denn je notwendig, Kompetenzen zu erlernen, die einem einen bewussten Umgang mit dieser Fülle ermöglichen. Eine entscheidende Kompetenz der heutigen Zeit ist es, einen bewussten Umgang mit dem eigenen Geist zu erlernen; zu erlernen, unter welchen Umständen bestimmte Handlungsweisen hilfreich und relevant sind, und wie der Geist, der entwicklungsgeschichtlich gesehen erst sehr kurze Zeit mit dieser Flut an Optionen konfrontiert ist, klar bleiben, sich immer wieder regenerieren und langfristig gesund bleiben kann.

JOMO – Joy of missing out

So ist es nicht verwunderlich, dass sich ein neuer Trend in dieser Entwicklung abzeichnet. Ein Trend, der die tiefgehende Erkenntnis widerspiegelt, dass mit der Fülle an Optionen nicht mehr zufriedenstellend umgegangen werden kann. Darf ich vorstellen? „JOMO!" Der Begriff „Joy of missing out" (JOMO) steht für das positive Gefühl oder die Freude, die man empfindet, wenn man bewusst bestimmte Aktivitäten oder Ereignisse verpasst oder vermeidet. Im Gegensatz zur FOMO (Fear of missing out), bei der man die Angst hat, etwas zu verpassen, genießt man bei JOMO die Ruhe, die mit dem Verzicht einhergeht.

Der Begriff JOMO wurde als Reaktion auf den zunehmenden Einfluss von sozialen Medien und dem ständigen Drang, immer überall dabei sein zu müssen, geprägt. JOMO steht für die Idee, dass es in Ordnung ist, sich bewusst zurückzuziehen, sich auf sich selbst zu konzentrieren und Momente der Ruhe und des Alleinseins zu genießen, ohne das Gefühl zu haben, etwas Wichtiges zu verpassen. Es geht darum, Prioritäten zu setzen, Selbstfürsorge zu praktizieren und sich von dem Druck zu befreien, immer auf dem Laufenden sein zu müssen.

JOMO kann verschiedene Formen annehmen, wie das Ablehnen von Einladungen zu sozialen Veranstaltungen, das bewusste Aussteigen aus Online-Plattformen oder das Einschalten des Flugmodus auf dem Smartphone, um ungestörte Zeit zu haben. Es geht darum, das eigene Wohlbefinden und die eigene Lebensqualität zu steigern, indem man sich auf das konzentriert, was wirklich wichtig und bedeutsam ist.
Im Arbeitsleben führt dies zu bewussten Entscheidungen, nicht mehr alle Veranstaltungen in der Woche unterbringen zu wollen, nicht mehr während einer Tagung die E-Mails zu bearbeiten oder nur noch bestimmte E-Mails bewusst wahrzunehmen und wieder andere zu beantworten. Eine Sehnsucht nach Tiefgang und echten Verbindungen am Arbeitsplatz geht um. Und in diesem Kontext bietet die Etablierung einer Kultur der Achtsamkeit zahlreiche Möglichkeiten.

1.3

Kompetenzen der Zukunft

Im Zuge der New-Work- und VUKA-Welt-Diskussionen werden immer häufiger auch die sogenannten „Future Skills" zum Thema gemacht, die uns befähigen sollen, in dieser Welt gut zurechtzukommen und, was noch viel wichtiger ist, sie aktiv und nachhaltig mitgestalten zu können.

Dabei ist die Forschung dazu noch in den Kinderschuhen und empirisch bisher nicht gut abgesichert. Dennoch sollen hier ausgehend von der „NextSkills Studie" von Ehlers (2020) ein paar wesentliche Kompetenzen in diesem Zusammenhang genannt werden. Bei der Sichtung dieser Kompetenzen wird schnell deutlich, welch weitreichende Auswirkungen Achtsamkeit bei der Entwicklung dieser Kompetenzen einnimmt.

Kompetenzfelder

Die NextSkills Studie kommt zu drei übergreifenden Dimensionen, anhand derer sich die Future Skills strukturieren lassen:

- **Kompetenzfeld I:** Individuell-entwicklungsbezogene Future Skills – Diese beschreiben die Entwicklungsfähigkeit der eigenen Person.
- **Kompetenzfeld II:** Individuell-objektbezogene Kompetenzen – Diese beziehen sich auf den Umgang mit bestimmten Gegenständen, Arbeitsaufgaben und Problemstellungen.
- **Kompetenzfeld III:** Organisationsbezogene Kompetenzen – Diese beziehen sich auf den Umgang mit der sozialen, organisationalen und institutionellen Umwelt.

Jedes Kompetenzfeld enthält spezifische Zukunftskompetenzen, welche hier kurz skizziert werden. Auch wenn sie im Einzelnen nicht absolut trennscharf nebeneinanderstehen, so eignen sie sich doch, um sich einen umfassenden Überblick zu den personellen Kompetenzen der Zukunft zu verschaffen.

Kompetenzfeld I: Individuell-entwicklungsbezogene Future Skills

Download-Ressource

In diesem Feld geht es darum, im eigenen Arbeits- und Lebensumfeld kompetent und handlungsfähig zu bleiben. Dazu gehören das selbstständige Lernen und die ständige Weiterentwicklung. Dabei spielen Autonomie, Selbstkompetenz, Selbstwirksamkeit und Leistungsmotivation eine wichtige Rolle.

Autonomie, Selbstkompetenz, Selbstwirksamkeit, Leistungsmotivation

Zukunftskompetenz 1: Lernkompetenz

Lernkompetenz ist die Fähigkeit und Bereitschaft zum Lernen, insbesondere zum selbst gesteuerten Lernen.

Zukunftskompetenz 2: Selbstwirksamkeit

Selbstwirksamkeit ist die Überzeugung, die bevorstehenden Aufgaben mit den eigenen Fähigkeiten bewältigen zu können, für das Gelingen Verantwortung zu übernehmen und entsprechende Entscheidungen zu treffen.

Zukunftskompetenz 3: Selbstbestimmtheit

Selbstbestimmungskompetenz bezeichnet die Fähigkeit, sich im Spannungsverhältnis von Fremd- und Selbstbestimmung produktiv bewegen zu können. Dazu gehört auch, sich Räume der Autonomie zu bewahren, sodass die Befriedigung der eigenen Bedürfnisse selbstbestimmt erfolgen kann.

Zukunftskompetenz 4: Selbstkompetenz

Selbstkompetenz ist die Fähigkeit, die eigene persönliche und berufliche Entwicklung weitgehend unabhängig von äußeren Einflüssen zu gestalten. Dazu gehören Teilkompetenzen wie Eigenmotivation, Zielsetzung, Planung, Zeitmanagement, Organisation, Lernfähigkeit und Erfolgskontrolle durch Feedback, aber auch „Cognitive Load Management" und eine hohe Eigenverantwortlichkeit.

Zukunftskompetenz 5: Reflexionskompetenz

Reflexionskompetenz umfasst die Fähigkeit, sich selbst und andere zum Zweck der konstruktiven Weiterentwicklung zu hinterfragen sowie zugrunde liegende Verhaltens-, Denk- und Wertesysteme zu erkennen und Konsequenzen für Handlungen und Entscheidungen ganzheitlich einschätzen zu können.

Zukunftskompetenz 6: Entscheidungskompetenz

Diese Fähigkeit beinhaltet, Entscheidungsnotwendigkeiten wahrzunehmen, mögliche Alternativen gegeneinander abzuwägen, eine Entscheidung zu treffen und diese auch zu verantworten.

Zukunftskompetenz 7: Initiativ- und Leistungskompetenz

Hier geht es um die Fähigkeit zur Selbstmotivation und den Wunsch, etwas beizutragen. Beharrlichkeit und Zielorientierung gestalten die Leistungsmotivation. Zusätzlich spielt ein positives Selbstkonzept eine Rolle, welches Erfolge und Misserfolge in einer Weise attribuiert, die zur Steigerung der Leistungsmotivation führt.

Zukunftskompetenz 8: Ambiguitätskompetenz

Diese Fähigkeit ermöglicht es, Vieldeutigkeit, Heterogenität und Unsicherheit zu erkennen, diese zu verstehen und produktiv gestaltend damit umgehen sowie in unterschiedlichen Rollen agieren zu können.

Zukunftskompetenz 9: Ethische Kompetenz

Ethische Kompetenz umfasst die Fähigkeit zur Wahrnehmung eines Sachverhalts beziehungsweise einer Situation als ethisch relevant (wahrnehmen), die Fähigkeit zur Prüfung ihres Gewichts, ihrer Begründung, und ihrer Anwendungsbedingungen (bewerten) sowie die Fähigkeit zur Urteilsbildung und der Prüfung ihrer logischen Konsistenz (urteilen).

Download-Ressource

Kompetenzfeld II: Individuell-objektbezogene Future Skills

In diesem Feld von Kompetenzen befinden sich Fähigkeiten, die sich darin äußern, in Bezug auf bestimmte Gegenstände, Themen und Vorhaben kreativ, agil, analytisch und mit hohem Systemverständnis zu agieren, auch unter hochgradig unsicheren und unbekannten Bedingungen.

Analytisches Denken, kreatives Denken, Systemverständnis, Agilitätskompetenz

Zukunftskompetenz 10: Design-Thinking-Kompetenz

Design-Thinking-Kompetenz ist die Fähigkeit, in einem gegebenen Kontext und in Bezug auf eine bestimmte Herausforderung kreativ Problemlösungen und Innovationen zu entwickeln, Rahmenbedingungen und Bedürfnisse des jeweiligen Kontextes wahrzunehmen, zu analysieren, daraus Ideen zu generieren und Handlungen abzuleiten.

Dabei spielen die Fähigkeiten zum Perspektivwechsel, Flexibilität sowie Offenheit verschiedenen Optionen gegenüber eine wichtige Rolle.

Zukunftskompetenz 11: Innovationskompetenz

Innovationskompetenz ist das Können und die Bereitschaft zu experimentieren und dabei kreativ Neues und vorher Unbekanntes zu schaffen. Das geschieht durch Assoziation, Dekonstruktion und Konstruktion.

Zukunftskompetenz 12: Systemkompetenz

Systemkompetenz ist die Fähigkeit, einzelne Phänomene als einem größeren System zugehörig zu erkennen, Systemgrenzen und Teilsysteme sowohl zu identifizieren, die Funktionsweise von Systemen zu verstehen und aufgrund dieser Kenntnis der Veränderungen einzelner Systemkomponenten Vorhersagen über die weitere Entwicklung des Systems zu machen.

Zukunftskompetenz 13: Digitalkompetenz

Digitalkompetenz ist die Fähigkeit, digitale Medien produktiv gestaltend zu nutzen, für das eigene (Arbeits-)Leben einzusetzen und reflektierend-analytisch ihre Wirkungsweise zu verstehen und die Potenziale und Grenzen digitaler Medien bewusst wahrzunehmen und zu berücksichtigen.

Kompetenzfeld III: Organisationsbezogene Future Skills

Download-Ressource

In dieser Gruppe befinden sich Kompetenzen, die sich auf den Umgang mit der sozialen, organisationalen und institutionellen Umwelt beziehen. Hierzu gehören Fähigkeiten wie Sinnstiftung und Wertebezogenheit, die Fähigkeit, die Zukunft gestaltend mitzubestimmen, mit anderen zusammenzuarbeiten und zu kooperieren und in besonderer Weise kommunikationsfähig, kritik- und konsensfähig zu sein.

Sinnstiftungsfähigkeit, Wertebezogenheit, Zukunftsgestaltung, Teamorientierung

Zukunftskompetenz 14: Sinnstiftung

Sinnstiftung beschreibt den Prozess, mit dem Menschen den über die Sinne ungegliedert aufgenommenen Erlebnisstrom in sinnvolle Einheiten einordnen. Je nach Einordnung der Erfahrung kann sich ein unterschiedlicher Sinn und damit eine andere Erklärung für die aufgenommenen Erlebnisse ergeben. Es ist insbesondere die Fähigkeit, in unterschiedlichen organisationalen Kontexten einerseits Strukturen und Werte zu erkennen und andererseits Wahrnehmungen produktiv und positiv in für sich sinnvolle Bedeutungen zu sortieren.

Zukunftskompetenz 15: Zukunfts- und Gestaltungskompetenz

Hier handelt es sich um die Fähigkeit, mit Mut zum Neuen und mit Veränderungsbereitschaft die derzeit gegebenen Situationen in andere, neue und bisher nicht bekannte Zukunftsvorstellungen weiterzuentwickeln und diese aktiv anzugehen.

Zukunftskompetenz 16: Kooperationskompetenz

Kooperationskompetenz ist die Fähigkeit zur Zusammenarbeit in Teams, innerhalb oder zwischen Organisationen und Zusammenarbeit so zu gestalten, dass bestehende Differenzen in Gemeinsamkeiten überführt und Vielfalt als Potenzial genutzt werden können. Dabei spielen soziale Intelligenz und Offenheit eine wichtige Rolle.

Zukunftskompetenz 17: Kommunikationskompetenz

Kommunikationskompetenz umfasst neben sprachlichen Fähigkeiten auch Diskurs-, Dialog- und strategische Kommunikationsfähigkeit, um in unterschiedlichen Kontexten und Situationen situativ angemessen erfolgreich handeln zu können.

Achtsamkeit in einer digitalen Welt

Schon lange vor der Pandemie hat die digitale Welt weite Teile des privaten und beruflichen Lebens erobert. Mittels verschiedenster mobiler Endgeräte begleiten seitdem viele nützliche und weniger nützliche Apps, Programme und Tools unser Leben. Durch die in der Pandemie gebotene Reduzierung persönlicher Begegnungen hat dieser Trend noch einmal ordentlich Rückenwind bekommen.

Doch wie reiht sich dieser Trend in die Achtsamkeitsdebatte ein? Ist es Fluch oder Segen? Nicht ein Seminarkontext, in dem es nicht um das Thema Achtsamkeit geht, in dem sich nicht früher oder später eine rege Diskussion über die Auswirkungen der digitalen Welt auf die eigene Achtsamkeitspraxis oder das fokussierte Arbeiten entspinnt. Daher sollen hier an dieser Stelle einige Gedanken zum Thema bewegt werden. Diese können als Impulse die Diskussion in einem Gruppengespräch anregen und jeder Teilnehmerin, jedem Teilnehmer, und nicht zuletzt der Seminarleitung selbst, eine Reflexion und Verortung in diesem komplexen Thema ermöglichen.

Und so viel sei vorweggenommen: Das Thema ist weder schwarz noch weiß. Und vielleicht ist auch das Teil der Achtsamkeitspraxis, die Komplexität des Themas zu akzeptieren und von Situation zu Situation neu zu entscheiden, wie viel Technik und Digitales gerade in diesem Moment stimmig scheint.

Technische Eigendynamik

Taucht man ein in das Thema, so fällt relativ schnell auf, dass wir viele digitale Technologien nicht mehr im Sinne ihrer Erfinder verwenden. Steve Jobs stellte das erste iPhone als praktische Mischung zwischen mp3-Player und Telefon dar und wollte anfangs sogar die Verwendung von Apps von Drittanbietern untersagen. Facebook galt bei seiner Einführung im Jahr 2004 als clevere Erfindung und wurde gefeiert als praktische Möglichkeit, Kontakte zu knüpfen und zu pflegen. So war Facebook ursprünglich nicht gedacht als einflussreiche Nachrichtenquelle oder als Raum der ziellosen Zerstreuung. Und auch das Smartphone an sich war nicht erfunden worden, um es in Erwartung neuer Nachrichten nahezu zwanghaft und beinahe ständig in die Hand zu nehmen.

Nutzungs-automatismen

An dieser Stelle haben menschliche Automatismen und Motive wie Neugierde, etwas Neues zu erleben oder zu erfahren oder die Angst, etwas zu verpassen in Kombination mit wirtschaftlichen Interessen eine Art Eigendynamik entwickelt. Über die Jahre hat dies zu Nutzungsautomatismen geführt, die nicht wenigen Menschen eine Informationsflut beschert, in der sie permanent konsumieren und eigene Inhalte produzieren. Eine Flut, für die der menschliche Geist besonders in der Dauerhaftigkeit nur bedingt gemacht ist, die zunehmend ermüdend wirkt, aber vor allem eine Herausforderung für die eigene Fokussierung ist.

Daran sind wir nur bedingt Schuld, denn es gibt eine suchterzeugende Seite der digitalen Welt. Technologiefirmen arbeiten daran, ihre Produkte so attraktiv wie möglich zu gestalten und zunehmend auch das soziale Kontakt- und Bestätigungsbedürfnis zu befriedigen. Als Facebook 2009 den „Gefällt mir"-Button einführte, machte dies das Teilen von persönlichen Inhalten deutlich attraktiver und zu einer interaktiven Erfahrung.

Aufmerksamkeit ist zu einem hart umkämpften Gut und durch Schaltung von Werbung zu einem Milliardengeschäft geworden. Heute braucht es daher mehr denn je neue Kompetenzen zum bewussteren Umgang mit dieser digitalen Welt und den neuen Technologien.

Digitaler Minimalismus

In dem Zusammenhang setzt sich zunehmend der Begriff „Digitaler Minimalismus" durch, welcher zu einem bewussten und achtsamen Umgang mit den Medien aufruft. Hinter diesem Konzept steckt die Erkenntnis, dass weniger oft mehr ist.

Digitaler Minimalismus stellt sich daher konsequent die Frage: „Macht diese Website, Anwendung, Dienstleistung, mein Leben wirklich besser? Welchen Nutzen hat diese Technologie für mich, welche Kosten verursacht sie? Wie viel Zeit und Energie investiere ich? Was bekomme ich dafür zurück?"

Nutze ich Facebook etwa beruflich und erfolgreich auch als Werbeplattform, so ist es gleichzeitig auch eine große Verführung zur Zeitverschwendung. Habe ich mir erst einmal bewusst gemacht, welche

Medien ich zu welchem Zweck nutze, kann ich klar festlegen, wann und zu welchen Zeiten ich was nutze. Gleichzeitig kann ich mich zum Beispiel beschränken, indem ich mich für einen Social Media Account entscheide.

Dabei ist auch hier die Absichtlichkeit und der bewusste Umgang mit der Digitalität befriedigend. Dazu gehört auch die Frage: „Entspricht die Anwendung den Werten und Zielen, die mir wichtig sind?“ Wenn ich zum Beispiel in einem Reflexionsprozess die Werte „Aufmerksame, erfüllende Beziehungen zu Familie und Freunden, Zeit für Bewegung, draußen in der Natur sein, fokussiertes Arbeiten“ benannt habe, dann kann das eine Blaupause darstellen, mein Nutzungsverhalten zu reflektieren. Der Besuch entsprechender Internetseiten oder das Empfangen von thematisch relevanten Push-Nachrichten kann dann sinnvoll sein.

„Gerümpel ist teuer!“

Das Prinzip des digitalen Minimalismus verfolgt auch Gedanken wie „Gerümpel ist teuer!“. Dies geht auf Prinzipien der neuen Ökonomie, z.B. den Gedanken des US-Philosophen Henry David Thoreau zurück. Dieser prägte in seinem 1854 erschienenen Buch *Walden* den Begriff der Neuen Ökonomie, welche im Gegensatz zur klassischen Ökonomie den Wert einer Sache nicht am wirtschaftlichen Ertrag, sondern an den erforderlichen Lebenskosten bemisst. Nach diesem Prinzip bemisst sich der Aufwand für etwa ein angeschafftes Auto nicht allein durch den Kaufpreis, sondern auch durch die Zeit, die man braucht, das Geld zu verdienen und das Auto instand zu halten.

Ein Beispiel: Wenn man sich entscheidet, ein Auto zu kaufen, um sich den Fußweg zum Einkaufen zu sparen, dann würde Thoreau daran erinnern, dass die Kosten für die Anschaffung und Pflege des Autos zeitlich und finanziell erarbeitet werden müssen. So gesehen, ist die „Ersparnis“ zu dem gesunden Fußweg möglicherweise gering. Mit derselben Sorgfalt sollte man auch den Nutzen und Kosten der eigenen digitalen Mediennutzung hinterfragen.

In die gleiche Richtung argumentiert das Prinzip des Gesetzes des abnehmenden Ertrags. Neue Anschaffungen führen demnach nicht mehr zu besseren Ergebnissen. Für den Bereich des digitalen Minimalismus heißt es zum Beispiel, dass der Schritt von null auf zwei (neue) Nachrichtenquellen noch eine Verbesserung darstellt. Wenn man aber täglich diverse Newsletter, digitale Zeitungen und Social-Media-Kanäle sichtet, reduziert sich der Zugewinn bei gleichzeitiger Steigerung der zeitlichen und zum Teil auch finanziellen Investition.

„Digital Detox"

Teilnehmende, die Interesse an dem Thema „Digital Detox" haben, empfehle ich gerne, eine 30-Tage-Challenge auszuprobieren. Dazu werden in einem ersten Schritt alle nicht essenziellen Medien verbannt, gelöscht oder in einen Ordner geschoben, wo sie nicht mehr so präsent sind. In einem zweiten Schritt erfolgt die Introspektion. In dieser fragen sie sich: „Welche Werte und Interessen sind mir wichtig, was liegt mir wirklich am Herzen?" Anhand dieser Blaupause erfolgt dann Schritt für Schritt eine sorgsam durchdachte „Remedialisierung". Dabei sollten sich die Teilnehmenden fragen: „Hilft mir die Technologie bei dem, was mir wirklich am Herzen liegt? Ist diese Technologie der beste Weg, diese Werte oder Ziele zu verfolgen? Wie kann ich den Nutzen dieses Tools maximieren und gleichzeitig die Kosten minimieren?"

Achtsamen Mediennutzern geht es selten um die Frage nach „Ganz oder gar nicht", sondern vielmehr um eine bewusste Entscheidung des „Wie". Dieses Prinzip ist auch im beruflichen Kontext wichtig und kann nicht nur für die Nutzung des Smartphones, sondern auch des PCs/Notebooks reflektiert werden.

Zum Vergleich: die Wirkung analoger Tätigkeiten

Analoge Tätigkeiten bringen demgegenüber zudem und vermutlich evolutionär bedingt ein Gefühl von Erfüllung und Sinnhaftigkeit. Wer vor 1995 geboren wurde, hat noch eine klare Erinnerung an ein Leben ohne Smartphone. Ohne Smartphone aus dem Haus zu gehen, war absolut sicher, wenn eine Verabredung sich verspätete, wusste man sich zu beschäftigen, vertraute darauf, dass die Person kam. Im Wartezimmer blätterte man in Zeitschriften und auf langen Zugfahrten kam man mit Mitreisenden ins Gespräch. Und manchmal fuhr oder ging man spontan bei Freunden vorbei auf einen Plausch und einen Kaffee. Ganz ohne Verabredung – und wenn niemand da war, ging man wieder nach Hause. Die Zeiten haben sich geändert. Die Generationen nach 1995 sind gewissermaßen mit dem Smartphone aufgewachsen und verbringen täglich bis zu 9 Stunden vor dem Bildschirm.

Folgen der ungefilterten Mediennutzung

Die US-Generationenforscherin Jean Twenge bescheinigt der Generation „iGen" eine alarmierende Zahl an psychologischen Auswirkungen: hierzu gehören Depressionen, Suizidtendenz, Heimweh, Angststörungen. Wenn Achtsamkeit, wie im neurophysiologischen Teil ab Seite 62 beschrieben wird, hilft, genau diesen Phänomenen entgegenzuwirken, muss man an dieser Stelle wohl annehmen, dass die ungefilterte Mediennutzung möglicherweise genau das Gegenteil einer achtsamen Lebensführung ist und daher zum gegenteiligen Effekt führt.

Viele Menschen halten es dennoch kaum noch ohne Dauerberieselung oder allein mit sich aus. Dabei ist dieses „Bei-sich-Sein" so wichtig für die Verarbeitung von Emotionen, die Reflexion von sozialen Beziehungen und die Entwicklung eines Gespürs für die Dinge, die einem im Leben wichtig sind.

Unser Gehirn hat sich in Millionen von Jahren zu einem komplexen Denkapparat entwickelt, der uns zudem zu einer Vielzahl an emotionalen Reaktionen und zur Gestaltung komplexer Beziehungen befähigt. Diese gehen weit über das Setzen eines Hashtags oder das Senden von Emojis hinaus. Es ist daher nicht verwunderlich, dass das American Journal of Preventive Medicine (2017) zu der Erkenntnis kommt: Die Wahrscheinlichkeit, sich einsam zu fühlen, ist umso höher, je mehr Zeit man in sozialen Medien verbringt.

Der „Gefällt mir"-Button ist eben kein adäquater Ausdruck von Bewunderung und führt nicht zu einer wirklich erfüllenden Interaktion.

Der Wunsch nach Nähe und Natur

In einer technologiedominierten Welt, in der wir die meiste Zeit in Gebäuden, Autos oder vor digitalen Endgeräten verbringen, spüren Menschen zunehmend und instinktiv, dass sie wieder mehr Zeit in der Natur verbringen sollten, um sich nicht als völlig von ihr getrennt zu fühlen, genauer gesagt, getrennt zu werden. Der Boom der Outdoor-Sportarten ist ein klares Indiz hierfür. Wie der in uns angelegte Wunsch nach Nähe zur Natur die Achtsamkeitspraxis unterstützen kann, soll an späterer Stelle noch einmal genauer beleuchtet werden (Seite 74 ff.).

Prototypische Verhaltensfälle

Julia *hat in den vergangenen Monaten einiges an ihrem digitalen Nutzungsverhalten angepasst. Das betraf sowohl ihr privates als auch ihr berufliches Leben. So greift sie nun öfter und viel bewusster zum Telefon, statt eine E-Mail zu senden, wenn sie etwas besprechen möchte. Manchmal trifft sie sich sogar bewusst persönlich mit dem Kollegen aus der Finanzabteilung, um einen Sachverhalt abzustimmen. Sie weiß, dass eine E-Mail vermeintlich schneller und zeitlich unabhängiger formuliert wäre. Sie hat jedoch festgestellt, dass es ihr sehr fehlt, mit Kollegen in* *ein gutes Gespräch zu kommen. Und zu Missverständnissen kommt es dank der guten Beziehung und direkteren Kommunikation nun auch immer seltener. E-Mails nutzt sie nun ganz bewusst für alle Prozesse, bei denen die Dokumentation die Arbeitsabläufe erleichtert und bei denen Zeitverschiebung oder das Termingeschäft der Kolleginnen und Kollegen den direkten Kontakt erschweren.*

***Karsten** hat für sich festgestellt, dass für ihn Effizienz bedeutungsvoll ist. Die digitalen Möglichkeiten haben ihn jedoch verführt, es mit der Effizienz zu übertreiben. So schrieb er beispielsweise während Videokonferenzen E-Mails und bearbeitete, während er telefonierte, die Bilanz, an der er gerade saß. Da es keine Wegezeiten mehr zwischen den einzelnen digitalen Meetings gibt, jagt inzwischen eine Videokonferenz die nächste. So kommt Karsten gedanklich kaum noch hinterher, sich auf den neuen Prozess einzulassen. In seinen Streaming-Portalen hat er nun die sechste Serie parallel angefangen und während er diese schaut, unterhält er sich mit seiner Frau und beantwortet noch eben am Smartphone im Nachbarschafts-Chat eine Frage. Seit er das Handy abends in der Küche liegen lässt und in der Konferenz ganz bei den Themen und Kolleginnen und Kollegen ist, empfindet er das (Arbeits-)Leben intensiver und befriedigender. Er hat sich darüber hinaus für eines der drei abonnierten Streaming-Portale entschieden und die beiden anderen gekündigt. Das spart viel Geld und auch Aufwand bei der Suche nach der richtigen Abendunterhaltung. Im Kalender befinden sich nun wieder geblockte Zeitfenster zwischen den Videokonferenzen. Er hat beschlossen, sich die früheren Wegzeiten in die andere Abteilung oder zu einem Kunden zurückzuerobern und geht nun in diesen Zeitfenstern wieder einmal an die frische Luft oder macht eine bewusst gestaltete, sinnvolle Frühstückspause. So ist er gedanklich regeneriert und ganz präsent in der nächsten Besprechung.*

Kapitel 2

Grundzüge des Konzepts Achtsamkeit

Nun haben wir schon viel über sinnvolle berufliche und private Anwendungsfelder gesprochen. Es wird Zeit, dass wir uns jetzt mit dem wesentlichen Konzept der Achtsamkeit von Grund auf beschäftigen.

Mentale Hygiene

In unserer Gesellschaft ist es selbstverständlich, dass wir etwas für unseren Körper tun. Um gesund und kräftig zu bleiben, gehen wir spazieren, zum Sport oder zum Physiotherapeuten. Auch all die Aktivitäten rund um das Thema Hygiene sind selbstverständlich und werden nicht hinterfragt. Weniger selbstverständlich ist der Gedanke in unserer Gesellschaft, dass es auch eine mentale Hygiene benötigt, um zum eigenen Wohlbefinden beizutragen. Dabei ist es gerade in einer wie bereits im ersten Kapitel beschriebenen immer komplexer werdenden Gesellschaft essenziell wichtig, sich zunehmend diesem Thema zu widmen. Achtsamkeit kann eine Methode dieser mentalen Hygiene sein.

Dabei bedeutet Achtsamkeit im Wesentlichen, auf eine bestimmte Art aufmerksam zu sein. Es geht um die Fähigkeiten des Geistes, die Dinge so zu sehen, wie sie sind. Achtsamkeit ist daher weniger ein Konzept als vielmehr ein Geisteszustand, den wir durch kontinuierliches Üben wie einen Muskel trainieren können. Es ist eine Form der Präsenz im aktuellen Moment.

Statt beständig mit dem Geist Vergangenes zu analysieren oder Zukünftiges zu planen, gelingt es durch verschiedene Übungen zunehmend, wirklich „da", also präsent zu sein. In dem aktuellen Gespräch, bei der aktuellen Tätigkeit. Bei sich selbst und natürlich auch beim Gegenüber.

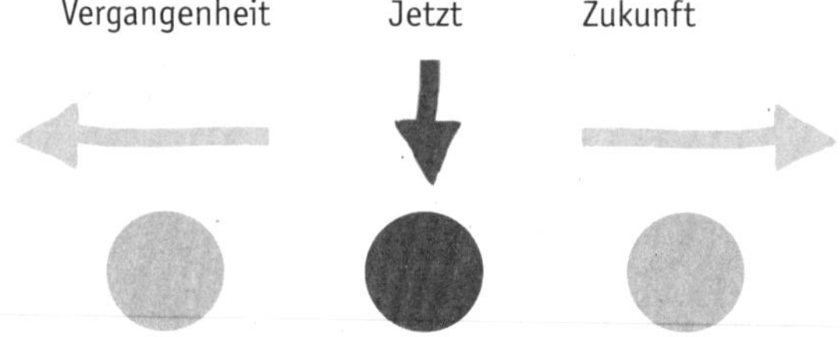

Abb.: Achtsam sein bedeutet, die Aufmerksamkeit ganz auf den gegenwärtigen Moment, das Jetzt, zu lenken.

Das Gewahrsein

Achtsamkeit ist dabei definiert als das Gewahrsein, das entsteht, wenn wir die Aufmerksamkeit in den gegenwärtigen Moment bringen. Wenn wir also ganz bei dem sind, was gerade ist. Sie ist definitionsgemäß verbunden mit einer Haltung der Akzeptanz, Offenheit und Neugierde.

> „Die Konzentration, die wir durch Meditation erlangen, verwandelt die Taschenlampe der Aufmerksamkeit in einen Laserstrahl."
> (Rick Hanson, Neuropsychologe)

Während der Übung von Achtsamkeit fährt der Geist beobachtend verschiedene innere und äußere Gegebenheiten ab. Dabei agiert er wie der Lichtkegel einer Taschenlampe, der den Fokus auf ein bestimmtes Element richtet und so ermöglicht, dieses bewusst wahrzunehmen.

Dabei können äußere Umgebungselemente wie der Raum oder Menschen und ihre Gespräche wahrgenommen werden, aber auch innere Prozesse wie Gedanken, Körperempfindungen und Emotionen. Nicht wenige Teilnehmende berichten nach solchen Übungen über ihr Erstaunen darüber, wie viel es da wahrzunehmen gibt oder dass es ihnen anfangs schwerfällt, etwas wie den eigenen Körper oder Emotionen wahrzunehmen.

Die Unterbrechung gewohnter Reiz-Reaktions-Muster

Ein weiteres, ganz wesentliches Element der Achtsamkeit ist die Unterbrechung automatisierter Reiz-Reaktions-Muster, die uns zu einem ganz großen Teil im Alltag nicht bewusst sind. Der Wetterbericht kündigt Regen an, der Montag naht – und wir bekommen schlechte Laune. Der Kollege aus der Nachbarabteilung regt uns schon auf, wenn er nur über den Flur geht. Die Kritik an einer Projektausführung lässt uns wochenlang über Verbesserungsideen und die eigenen Fehler grübeln. Wenn die Kollegin Kuchen mitbringt, greifen wir zu. Zu einem entspannten Abend gehört eine Serie und ein Glas Rotwein ... und so haben wir über viele Jahre automatisierte Muster aufgebaut. Wir bewerten auf eine bestimmte Weise und lassen uns wie im Autopiloten zu bestimmten Handlungen bewegen.

Statt sich kontinuierlich im eigenen Alltag von den Umständen oder inneren Empfindungen zu einer Handlung bewegen zu lassen, schafft Achtsamkeit einen Raum, eine kleine, aber wertvolle Pause zwischen Reiz und Handlung, in der kluge und bewusste Entscheidungen gefällt werden können. In dieser Pause können wir erkennen, welche Wertung gerade eine Emotion ausgelöst hat oder dass bestimmte Gedanken eine Situation verschärfen. Und allmählich erkennen wir auch, dass wir eine Wahl haben, ob wir das so denken möchten. Und so können wir mit zunehmender Übung entscheiden, ob wir unsere Stimmung von dem Wetterbericht bestimmen lassen möchten. Wir können genauer in uns hineinhorchen, was genau uns an der Kollegin oder dem Kollegen so aufregt und vielleicht vor dem genervten Augenrollen zu der Erkenntnis kommen, dass es nicht fair ist, die Person zu bewerten, obwohl man sie gar nicht richtig kennt. Und dann gelingt es auch, nach einer sinnvollen Fehleranalyse und Suche nach Verbesserungsideen ein Thema zur Seite zu legen und sich stattdessen wieder mit vollem Fokus auf die wesentlichen Dinge zu besinnen.

Kontinuierliche Übung

Durch kontinuierliche Übung schulen wir unsere innere Beobachterin oder inneren Beobachter, der bzw. dem es allmählich leichter fällt, den Lichtkegel der Taschenlampe von innen nach außen zu schwenken und so kontinuierlich und ruhig Emotionen, Körper, Gedanken zu Handlungen immer wieder aufs Neue in den Blick zu nehmen.

Der innere Beobachter, die innere Beobachterin

In Momenten äußerer Stille kommt das Unerledigte oft unweigerlich zum Vorschein. Anstatt jedoch damit zu beginnen, etwas aktiv zu bedenken, wird die Frage oder was immer da unsere Aufmerksamkeit sucht, einfach nur in der Beobachtung belassen. Ein begleitender innerer Satz könnte lauten: „Oh, da ist ein Thema." Oder: „Die Frage scheint mich zu beschäftigen."

So bleiben wir in einem inneren Abstand zu dem, was gerade so drängend unsere Aufmerksamkeit sucht. Dadurch erweitert sich wiederum die Perspektive und ermöglicht uns, die sonst üblichen Reaktionsmuster zu unterbrechen. Nicht zu reagieren ist dabei schon oft deutlich anders als die sonst übliche Reaktion von „tiefer durchdenken" oder „die Idee direkt in die Tat umzusetzen".

Dabei geht es eher um ein „Sein mit dem, was sich da zeigt". Fast so, als würde man sich still neben die Themenflut setzen und diese einfach nur wahrnehmen. Das Meinen, Wollen und Müssen wird für den Zeitraum der Achtsamkeitsübung zurückgestellt.

Durch die zunehmende Übung entsteht auf diese Weise die Rolle des inneren Beobachters (der inneren Beobachterin), die in der Übungspraxis immer wieder eingenommen werden kann. Diese Rolle ermöglicht durch das distanzierte und gelassene Beobachten, die Themen, die sich gerade zeigen, deutlicher und facettenreicher wahrzunehmen. Sollten sich aus diesen Beobachtungen Änderungs- und Reaktionswünsche ergeben, so werden diese kreativer und ganzheitlicher „durchdacht" sein.

Das Konzept der Achtsamkeit ist damit denkbar simpel und gleichzeitig alles andere als einfach.

Akzeptanz als Haltung annehmen

Die Haltung der Akzeptanz wird dabei oft als besondere Herausforderung wahrgenommen. Sie beinhaltet den Versuch, sich der, in der Regel fast automatisch aktiv werdenden, Bewertungen bewusst zu werden und diese für eine Weile einmal beiseitezuschieben. Stattdessen nehmen wir wahr, was ist, ohne gleich eine Meinung dazu zu haben. Wir üben uns in neutraler und akzeptierender Beobachtung und verabschieden uns gleichzeitig von dem an Wertungen gebundenen Aktionismus. Denn in der Regel wollen wir, was uns stört, gleich korrigieren, und was uns gefällt, gerne mehren.

„Es sind nicht die Dinge selbst, die uns beunruhigen, sondern unsere Vorstellungen und Meinungen von den Dingen."
(Epiktet, antiker Philosoph)

Offenheit und Neugierde

Die Haltung der Offenheit und Neugierde beschreibt besonders die Beobachtung ohne bestimmte Erwartungshaltung. Dabei gehen wir ohne bestimmte Vorannahmen in die Achtsamkeit und schauen, was heute ist. Wir suchen nicht nach den Dingen, die gestern noch da waren oder die wir heute gerne hätten, sondern schauen neugierig, wie sich der aktuelle Moment zeigt. Dabei hilft auch eine Haltung, die Dinge so zu betrachten, als würde man sie heute zum ersten Mal sehen.

Der Geist bleibt im Hier und Jetzt

Es geht also im Wesentlichen darum, den Geist im Hier und Jetzt zu halten. Das ist alles andere als trivial. Denn vielfach verlieren wir uns in Analysen vergangener Ereignisse oder der Planung von zukünftigen. Unser Geist ist dabei oft sprunghaft und wechselt unruhig von einem Reiz zum nächsten. Das können äußere Reize sein, aber auch innere Geschichten, die wir uns erzählen.

Achtsamkeit und das Glück

Wissenschaftler aus Harvard haben zum Thema Gedankenwandern mithilfe einer Handy-APP die Probanden in unregelmäßigen Abständen dazu befragt, wo deren Aufmerksamkeit jetzt gerade ist. Die Probanden sollten dabei kurz angeben, ob sie bei der Aufgabe waren, die sie gerade bearbeiten, oder etwas anderes tun oder gedanklich an einem anderen Ort sind.

Das Ergebnis dieser Studie stellte fest, dass wir zu 50 (!) Prozent nicht bei der Sache sind, also bei dem, was wir gerade tun. Eine Zahl, die Teilnehmende eines Seminars übrigens grundsätzlich völlig unterschätzen, wenn man sie bittet, einfach einmal ein Bauchgefühl dazu abzugeben.

Gleichzeitig wurde in dieser Harvard-Studie gefragt, wie glücklich die Befragten zum exakten Untersuchungszeitpunkt gerade sind. Die Forscher fanden heraus, dass wir um einiges glücklicher sind, wenn wir bei der Sache sind. Und zwar überraschenderweise auch dann, wenn wir uns mit unangenehmen Dingen beschäftigen. So könnte man schließlich meinen, dass es doch schön wäre, sich „wegzuträumen", es einfach schnell hinter sich zu bringen oder sich abzulenken, wenn eine Tätigkeit unangenehm ist. Aber das Gegenteil scheint der Fall zu sein.

Ergo: Der nächste Frühjahrsputz, das Kritikgespräch bei der Chefin, der Gang zur Arbeit, all das kann offenbar angenehmer ausfallen, wenn wir ganz präsent bei der Sache sind.

Achtsamkeit und das Flow-Erleben

So achtsam in eine Tätigkeit vertieft, kommen wir relativ schnell in den Zustand des Flows. Das Flow-Erleben oder der „Flow-Zustand" ist ein psychologischer Zustand, der durch ein tiefes Engagement und ein intensives Aufgehen in einer Tätigkeit gekennzeichnet ist. Dieser Zustand wurde ursprünglich von dem ungarischen Psychologen Mihaly Csikszentmihalyi entdeckt und erforscht.

Flow: der Zustand stark gebündelter Aufmerksamkeit

Der Zustand des Flow-Erlebens tritt auf, wenn eine Person in einer Aktivität aufgeht und vollständig in sie vertieft ist. In diesem Zustand verschmilzt das Bewusstsein mit der Handlung, das Zeitgefühl kann verloren gehen, und die Person ist äußerst fokussiert und konzentriert. Es entsteht ein Gefühl von Energie und Kontrolle, die Tätigkeit wird als äußerst lohnend und erfüllend empfunden.

Im Zusammenhang mit Arbeitsleistung und Arbeitszufriedenheit hat die Forschung gezeigt, dass das Flow-Erleben positive Auswirkungen hat. Wenn Menschen in ihrer Arbeit den Flow-Zustand erreichen, sind sie in der Regel produktiver, kreativer und erzielen bessere Ergebnisse. Sie erleben ein höheres Maß an Arbeitszufriedenheit und sind weniger anfällig für Stress und Burnout. Flow kann auch dazu beitragen, dass Menschen ihre Fähigkeiten besser nutzen und weiterentwickeln können. Er motiviert und macht ganz allgemein glücklich.

Voraussetzungen

Zwei Voraussetzungen für das Entstehen dieses Zustandes kommen dabei eine besondere Bedeutung zu:

- **Passende Herausforderung:** Die Herausforderungen der Tätigkeit sollten in einem ausgewogenen Verhältnis zu den Fähigkeiten der Person stehen. Wenn die Anforderungen zu gering sind, kann Langeweile entstehen. Sind sie zu hoch, kann es zur Frustration führen.

- **Konzentration und Fokussierung:** Die Person muss sich vollständig auf die Aktivität konzentrieren können, um den Zustand des Flows zu erreichen.

Flow ist also ein Zustand stark gebündelter Aufmerksamkeit. Und so wundert es nicht, dass Personen, die ihre Aufmerksamkeit hervorragend sammeln können, wie z.B. Meditierende, sehr viel wahrscheinlicher in den Genuss kommen, einen solchen Flow zu erleben.

Achtsamkeit schützt vor zu viel Flow-Erleben

Achtsamkeit schützt dabei aber auch vor zu lang anhaltendem und häufigem Flow-Erleben. Denn bei allen positiven Auswirkungen, die dieser Zustand hat, ist es auch im erweiterten Sinne eine Art aufregender „Rauschzustand", der einhergeht mit diversen – auch bei Stressreaktionen – beteiligten Hormonausschüttungen. Im Flow vernachlässigen wir Grundbedürfnisse zugunsten eines rauschartigen Glücksgefühls und es kann nur von Vorteil sein, wenn ein fokussierter, wacher Geist, wie wir ihn mit der Achtsamkeit schulen, diese Entwicklungen im Blick behält und zu gegebenem Zeitpunkt nachsteuert.

Achtsamkeit und unsere Gedankenwelt

Kommen wir im Rahmen von Übungen zur Ruhe und möchten wir genau diese Fokussierung üben, zum Beispiel durch die Beobachtung unseres Geistes, so fällt so gut wie immer auf, wie gehetzt, sprunghaft und voller Gedanken unser Geist ist. Fast könnte man sagen, dass es, wenn es um uns herum still wird, im Inneren erst so richtig laut wird. Ohne Unterlass plappert unser Geist. Wir erinnern uns gerade dann an die noch unerledigten Dinge, verarbeiten, was wir in den vergangenen Wochen erlebt haben, träumen uns in den nächsten Urlaub oder planen die anstehende Geburtstagsfeier. Unter diese alltäglichen, planerischen und verarbeitenden Gedanken mischen sich Stimmen zu, wie man sein sollte, was man besser gemacht hätte, wie wir bestimmte Dinge finden. Und nicht selten finden sich unter diesen Gedanken auch Handlungsimpulse, wie „Ach komm, erledige das doch, dann ist es aus dem Kopf.“. Die große Herausforderung, die es an dieser Stelle zu meistern gilt, ist die, sich nicht von diesen Gedanken vereinnahmen zu lassen, sie zwar wahrzunehmen, ihnen aber nicht weiter nachzuhängen und schon gar nicht auf Aufträge zu reagieren.

Metapher: Unser Geist als ein Baum voller neugieriger Affen

Ist man bereits etwas geübt in der Beobachtung dieser Dinge, kann man zu Recht sagen: „Was für ein Affentheater, da oben in meinem Kopf.“ Es ist daher sehr passend, dass viele Meditationstraditionen für die Beschreibung dieses Phänomens das Bild eines Baumes voller neugieriger Affen verwenden. Diese springen von einem Ast zum nächsten, streiten sich miteinander, entdecken ständig etwas Neues, sind stets interessiert, möglichst viel zu erkunden und verweilen daher fast nie an einer Sache länger.

Der Monkey Mind

Der Begriff „Monkey Mind“ wird in verschiedenen buddhistischen Traditionen verwendet, um den Zustand eines unruhigen und rastlosen Geistes zu beschreiben. Er schildert das Phänomen, wenn der Geist von einer Gedankenwelle zur nächsten springt, ähnlich wie ein Affe von Ast zu Ast springt.

Der Monkey Mind ist von ständiger Ablenkung, innerem Geplapper, Sorgen, Zweifeln und Unruhe geprägt. Es kann schwierig sein, in diesem Geisteszustand zur Ruhe zu kommen oder sich auf Aufgaben, Meditation oder andere Aktivitäten zu konzentrieren.

Der Monkey Mind wird aber auch oft als eine natürliche Eigenschaft des Geistes betrachtet, insbesondere in einer Welt, die von ständiger Stimulation, Information und Ablenkung geprägt ist. Durch Achtsamkeitspraktiken wie Meditation und bewusstes Atmen kann man lernen, den Monkey Mind zu beruhigen und eine größere geistige Klarheit und Stabilität zu erreichen.

... oder ein Korb voller lebhafter Hundewelpen

Alternativ können wir uns unseren Geist wie einen Korb kleiner Hundewelpen vorstellen. Jeder Einzelne will die Welt entdecken. Einer verlässt das Körbchen in die eine Richtung, ein nächster in die andere, ein weiterer knabbert hier etwas an, spielt damit etwas und entdeckt dann daneben etwas anderes Interessantes, um das er sich mit Feuereifer mit einem anderen Welpen streitet.

In einem unachtsamen Alltag lassen wir die Affen und Welpen in der Regel gewähren und ununterbrochen die Welt erkunden. Dabei nehmen wir oft nicht einmal bewusst wahr, dass in unserem Geist gerade ein solcher Aufruhr herrscht.

Prototypische Verhaltensfälle

***Julia** kennt dieses Phänomen nur zu gut. Wenn sie nach einem harten Tag nach Hause kommt und sich eigentlich im wohlverdienten Feierabend entspannen möchte, kommt ihr Geist nicht zur Ruhe. Während sie kocht, geht sie in Gedanken noch einmal das ärgerliche Gespräch mit dem Kunden durch. Erst jetzt wird ihr richtig bewusst, wie unangenehm seine Art war, mit ihr zu sprechen. Sie ärgert sich darüber, dass es ihr* *trotz diverser Schulungen nicht gelungen ist, souveräner und klarer damit umzugehen. Beim Essen versucht sie, sich mit einer Fernsehserie von den unangenehmen Gedanken abzulenken. Das selbst gekochte Essen nimmt sie kaum wahr. Wie im Autopiloten reagiert sie anschließend auf das Piepen der Spülmaschine, steht auf, räumt diese aus, während sie mit halbem Ohr die restlichen Minuten der Serienfolge verfolgt. Auf der anschließenden Gassi-Runde mit dem Hund telefoniert sie kurz mit der Freundin und spricht die Pläne für den kommenden Freitagabend mit ihr ab. Inzwischen nimmt sie zumindest wahr, wenn sie so „überdreht". Dann zieht sie sich oft für eine kurze Atemübung zurück. Sie hat aber nicht selten das Gefühl, dass es mit zunehmender Ruhe erst so richtig laut wird in ihrem Kopf. Inzwischen bleibt sie aber entspannt in der Übung und kann zunehmend besser einfach nur beobachten, was sie gerade beschäftigt.*

Wenn ***Karsten*** *morgens wach wird, geht sein erster Griff zum Smartphone auf dem Nachttisch, um den Wecker auszustellen. Noch während er die Nachrichten beantwortet, die am Vorabend eingegangen waren, geht er den kommenden Tag durch. Während er das Frühstück für die Kinder zubereitet, ist er gedanklich schon bei der Strategiebesprechung mit dem Chef. Unter der Dusche geht er einen Anruf bei einem Kollegen durch. Die Nachrichten im Radio auf dem Weg zur Arbeit erinnern ihn daran, dass er einer Kollegin eine Idee vorstellen wollte und in der ersten Besprechung des Tages notiert er sich die wichtigsten To-dos der kommenden Woche. Nach einem solchen Tag liegt er oft noch lange wach im Bett. Gefühlt ist sein Geist bislang nicht fertig damit, die vielen Erlebnisse des Tages zu durchdenken.*

Immer häufiger gelingt es ihm allerdings, Denkpausen und Phasen der Stille in den Tag einzubauen. Dazu hat er sich zwei Strategien zurechtgelegt. Auf dem Weg zur Arbeit lässt er immer häufiger das Radio aus. Stattdessen beobachtet er den Weg, das Wetter und Mitfahrende ganz genau. An roten Ampeln atmet er bewusst einmal tief ein und aus. Als weitere Strategie geht er, bevor er zu Hause in den Feierabend startet, eine kleine Runde in der Nachbarschaft spazieren, kein Smartphone, kein Hörbuch, einfach nur gehen. Dabei lässt er sich ganz bewusst auf das ein, was ihm gerade begegnet. Manchmal ist es ein Wetterwechsel, dann ein freundlicher Plausch mit dem Nachbarn und manchmal eben einfach nur das Gehen.

Eine gelassene, fürsorgliche Grundhaltung einnehmen

Bei Achtsamkeitsübungen geht es in einem ersten Schritt oft darum, alle Prozesse wahrzunehmen und neugierig zu beobachten. Das Abschweifen der Gedanken, das Werten von Situationen, die Handlungsimpulse, aufkommende Emotionen, all das wird erst einmal nur wahrgenommen. Gelingt es, zunehmend diese Beobachtungen zu machen, ist schon ein wichtiger erster Schritt erfolgreich gegangen. In einem zweiten Schritt gilt es, die Welpen und Äffchen, die hier sinnbildlich für unsere springenden Gedanken stehen, liebevoll in ihr Körbchen zurückzusetzen und sie so allmählich zur Ruhe zu bringen.

Würden wir diese gelassene, fürsorgliche Grundhaltung verbalisieren, klänge das womöglich so: „Ach, schau, mich scheint diese Situation von der Arbeit doch noch zu beschäftigen. Da bin ich doch glatt in ein Zwiegespräch mit der Kollegin eingestiegen. Das ist interessant. Nun werde ich aber erst einmal weiter hier sitzen und atmen." Oder: „Hm, das Ausräumen der Spülmaschine kann jetzt wirklich warten und dass ich bald die Steuererklärung angehen sollte, muss ich wirklich nicht jetzt durchdenken. Jetzt trinke ich Kaffee und nichts anderes!"

Nach den ersten praktischen Erfahrungen wird es Teilnehmende geben, die besorgt über die eine oder andere Wahrnehmung sind. Die einen beobachten möglicherweise zum ersten Mal, wie voll ihr Kopf ist, anderen fallen schon nach wenigen Worten der Anleitung die Augen zu, weil sie endlich einmal zur Ruhe kommen.

Hier hat es sich bewährt, auf der Metaebene um Geduld mit den eigenen Prozessen zu bitten. Es kann die Erkenntnis helfen, dass das erste Mal aufmerksam hinzuschauen nicht automatisch ein Wohlgefühl auslösen muss und dass auch das okay ist. An dieser Stelle kann berechtigte Hoffnung geäußert werden, dass sich die Extreme mit der Zeit regulieren und sich in einer ausbalancierten Mitte einfinden. Sprich, den extrem Unruhigen wird es zunehmend gelingen, in die Ruhe zu kommen und den sehr Müden, ein entspanntes Aktivierungsniveau zu halten.

Nur wenige Übungsminuten am Tag erforderlich

Für zunehmenden Erfolg sind dafür nur wenige Übungsminuten am Tag notwendig. Zwar hilft mehr hier auch mehr, doch ist zu Beginn viel wichtiger, eine stabile Routine aufzubauen, die keine aktive Energie abverlangt. Gerade wenn Menschen in einem sehr erschöpften Zustand dem Konzept der Achtsamkeit zum ersten Mal begegnen, kann das ausgesprochen entlastend sein. Ein paar Minuten Achtsamkeit sollten hier zum täglichen Ritual werden – wie das morgendliche und abendliche Zähneputzen.

Beobachtungsübungen

Das Training des Achtsamkeitsmuskels erfolgt dabei im Wesentlichen über verschiedene Beobachtungsübungen. Während die Gedanken mühe- und pausenlos von der Vergangenheit in die Zukunft und wieder zurückspringen können, gibt es zwei Dinge, die immer im aktuellen Moment sind: Das ist der eigene Körper und die materiellen, physischen Dinge oder Personen, die einen umgeben. Die Beobachtung dieser konkreten Dinge eignet sich daher ganz besonders zu Beginn der Achtsamkeitsübung. Dadurch wird die Wahrnehmung trainiert und die Welpenschar beruhigt sich zunehmend. Zunehmend werden aber auch fluidere Elemente, wie Gedanken und Gefühlswelt, Gegenstand der Beobachtung. Die verschiedenen Zugangs- und Übungsformen sollen in einem gesonderten Abschnitt (Seite 62 ff.) übersichtlich beschrieben werden.

Raum für praktisches Ausprobieren bieten

Für den praktischen Seminareinsatz empfiehlt es sich dringend, so schnell wie möglich die theoretische Ebene zu verlassen und in den Erfahrungsraum zu wechseln. Kaum ein Konzept lässt sich so schlecht auf kognitiver, theoretischer Ebene begreifen, wie das der Achtsamkeit. Hier braucht es zwingend Übung und praktisches Ausprobieren mit anschließender durch die Seminarleitung begleiteter Reflexion zu den gemachten Erfahrungen.

2.3

Achtsamkeit und Multitasking

„Wir könnten weniger und kürzer arbeiten,
wenn wir intelligenter arbeiten würden."
(Jon Kabat-Zinn, Begründer der modernen Achtsamkeit)

Multitasking hat keine Vorteile

Multitasking ist in den vergangenen Jahrzehnten zu *der* (!) Kompetenz des neuen Arbeitslebens erhoben worden. Als die Fähigkeit, mit der die vielen Herausforderungen sowie die zunehmende Aufgabenfülle und Informationsdichte bewältigt werden kann, wurde sie geadelt und als die Kernkompetenz für Höchstleistungen gehandelt. Und tatsächlich sind die Momente, in denen wir konsequent nur eine Sache gleichzeitig tun, selten geworden.

Während wir dem Teammeeting in der Videokonferenz beigetreten sind, bearbeiten wir noch schnell die eine E-Mail zu Ende. Während wir der Kollegin, die in der Bürotür steht, kurz ihre Frage beantworten, wenden wir unseren Blick nicht von dem Konzeptentwurf, speichern noch eben die letzten Anmerkungen ab und werfen einen schnellen Blick aufs Smartphone, wo gerade eine Nachricht eingegangen ist. Während wir kochen, wird telefoniert und während des Essens ferngeschaut. Das alles tun wir mit dem Wunsch, effizient zu sein, möglichst viele Dinge in möglichst kurzer Zeit zu schaffen. Doch – ohne Erfolg.

Ein Forschungsteam der Stanford University wollte 2009 die Vorteile von Multitasking untersuchen und kam zu dem Ergebnis: Es gibt keine Vorteile. Stattdessen gibt es jede Menge handfeste und messbare Nachteile. Einigen dieser Nachteile soll hier einmal genauer auf den Grund gegangen werden.

Multitasking senkt die Produktivität und verschwendet Energie

Die vielen Nachteile von Multitasking

Das Umschwenken und Wechseln von einer Aufgabe auf die andere kosten Unmengen an Energie. Bis die Aufmerksamkeit wieder voll auf das neue Objekt gerichtet ist, geht wertvolle Zeit verloren. Im Zeitmanagement spricht man hier vom sogenannten Sägeblatteffekt. Obwohl die Anstrengung groß ist, ist die Produktivität gemindert.

Multitasking verschlechtert die Qualität

Der gerade beschriebene Mechanismus dient gleichzeitig der Erklärung der Fehleranfälligkeit. Noch bevor die Aufmerksamkeit wieder voll auf das neue Thema gelenkt ist, handeln, entscheiden, kommunizieren wir bereits. In diesen Phasen entstehen Fehler. Werden wir bei einer Tätigkeit unterbrochen und wechseln in eine andere, sind wir gedanklich noch zum Teil mit der ersten Tätigkeit beschäftigt. Wir befinden uns demnach noch eine ganze Weile in einem halbkonzentrierten Zwischenzustand. Dieses Springen zwischen den Aufgaben geht immer zulasten der Vertiefung und Gründlichkeit.

Multitasking hemmt die Kreativität

In Stresssituationen verengt sich der Blick und die Automatismen sind hochaktiv. Wir greifen auf bewährte Muster und auf eingefahrene Wege zurück. Wenn das Gehirn durchweg mit Informationen gefüttert wird, fehlt die für Kreativität so notwendige Leere. In diesen Phasen des Nichts-Tuns und Nicht-Denkens entstehen gute Einfälle, Ideen und kreative Lösungen. Ein Zustand, den jedoch die wenigsten Menschen heutzutage noch erleben, geschweige denn aushalten können.

Multitasking beeinträchtigt unser Wohlbefinden

Das ständige und gleichzeitige Bearbeiten verschiedener Aufgaben fordert enorm, es kommt automatisch eine gewisse Oberflächlichkeit hinzu. Intensive, versunkene, tiefgründige und damit erfüllende Arbeitsmomente fehlen zunehmend. Hinzu kommt das diffuse Gefühl, nicht gründlich genug gearbeitet zu haben. Dies alles erhöht das Anspannungs-Level, führt zu körperlichen Stress-Symptomen und mentaler Unzufriedenheit.

Machen Teilnehmende in Rahmen von Achtsamkeitsübungen die Erfahrung, sich einmal wieder intensiv mit nur einer Sache zu beschäftigen, wird allein dies immer schon als besonders angenehm empfunden. Nicht selten entspinnt sich an dieser Stelle ein Gespräch um das Thema Sinn und Zweck von Multitasking.

Und so wandelt sich die Stimmung rund um das Multitasking gerade langsam, aber stetig. Multitasking ist nicht mehr hip. Während man telefoniert, die Kinder abspeisen, während der Zoom-Konferenz das Angebot für den Kunden fertigstellen, in der Mittagspause schnell die neue Waschmaschine bestellen, dabei aber auch noch fix alle Nutzerbewertungen scannen? Wer meint, dies sei die Lösung aller Zeitprobleme, hat die Rechnung ohne sein Gehirn gemacht. Multitasking macht eben nicht produktiv, sondern vielmehr unglücklich und müde.

Apropos Stimmung: Dieser kleine Witz von einem unbekannten Verfasser kommt in jeder Seminarsituation gut an.

> „Können Sie Multitasking?" – „Klar, ich kann zuhören, ignorieren und vergessen – alles zur gleichen Zeit."
> (Unbekannt)

Ungesunder Erschöpfungszustand

Unser Gehirn ist evolutionsbiologisch darauf getrimmt, auf kleinste Ablenkungen sofort zu reagieren und sich sofort mit diesen zu beschäftigen. Schließlich konnte das Knacken eines Astes im Wald das Näherkommen eines Säbelzahntigers bedeuten. Diese Kompetenz war folgerichtig lebensnotwendig.

Heute belegen Studien mit bildgebenden Verfahren jedoch, dass das Klingeln eines Handytons ein ähnlich alarmierendes Feuerwerk im Gehirn auslöst wie die früher vermeintliche Gefahrensituation. Push-Nachrichten, eingehende E-Mails, der Anruf des Kollegen, während man in einer Aufgabe vertieft ist – all dies führt zu einem permanenten Gedankenfeuerwerk im Gehirn.

Und so wundert es nicht, dass sich Arbeit am Ende des Tages so ermüdend anfühlt. Dass sich zu der Erschöpfung das Gefühl gesellt, man habe kaum etwas geschafft, liegt zum Teil auch daran, dass wir vieles anfangen, durch die Unterbrechung unnötig lange für den Abschluss brauchen und die Beendigung einer Aufgabe gar nicht bewusst wahrnehmen, weil bereits direkt die nächste Herausforderung wartet.

Fokussierung und „Deep Work"

In dieser gerade beschriebenen schnelllebigen, eng getakteten und digitalen Arbeitswelt ist Fokussierung und „Deep Work" die neue Superkraft.

Achtsamkeit als Gegenentwurf zum Autopiloten

Täglich treffen wir Tausende Entscheidungen. Das ist anstrengend. Es ist also gut, dass wir einige der alltäglichen Dinge nicht mehr durchdenken müssen. Die richtige Abfahrt von der Autobahn auf dem Weg zur Arbeit, die richtigen Grußworte im Aufzug zum Büro oder beim Entgegennehmen eines Anrufes.

Automatisierte Handlungen

Viele der mittlerweile automatisierten Handlungen waren einmal aufwendige Entscheidungs- oder auch Lernprozesse. Erinnern wir uns noch einmal an die erste Fahrstunde im Auto, wie uns die vielen kleinen Handgriffe, das Beachten des Verkehrs, der Blick in den Spiegel, die Wahrnehmung von Fußgängern und Verkehrsschildern schier überfordert haben. Mühselig mussten wir uns die Routine erarbeiten, die uns inzwischen galant durch den Stadtverkehr und in die Parklücke vor unserer Lieblingsbäckerei gleiten lässt. Wer normalerweise mit Automatik fährt und nun wieder schalten muss, wer nie bei Schnee geübt hat und nun im Winterurlaub ins Rutschen gerät, wer seinen Führerschein auf dem Land gemacht hat und nun das erste Mal durch den Stadtverkehr fährt, kann diesen Stress auch als geübte Fahrerin oder Fahrer noch einmal erleben.

Doch in der Regel entwickeln sich gut funktionierende Routinen, die zu dem Alltag passen, den wir leben. Und das ist auch gut so. Müssten Sie jede Entscheidung bewusst und reflektiert treffen, dabei zwischen Alternativen und Konsequenzen abwägen, Ihr Gehirn wäre im Ausnahmezustand und Ihr Organismus völlig überlastet. Es ist also völlig klar, dass Sie das kognitiv nicht schaffen können.

Zwei evolutionär wichtige Vorteile

Die wesentlichen Entscheidungen zu automatisieren, hat dabei auch evolutionär zwei wichtige Vorteile:

- Das Automatisieren spart Energie. Wo es früher wichtig war, jede Kalorie zu sparen, um zu überleben, waren Routinen von Vorteil.

Die Wege abzulaufen, die erfahrungsbasiert Nahrung, Wasser und Schutz lieferten, war schlau und Sinn und Zweck dieser Routine zu hinterfragen, völlig überflüssig.

- Gerade in akuten Gefahrensituationen, wie bei der Begegnung mit dem Säbelzahntiger, war es überlebenswichtig, schnelle Entscheidungen zu treffen. Lange Entscheidungsprozesse hätten das Leben kosten können. Und so entwickelten sich blitzschnell funktionierende Verteidigungsmechanismen wie Fight, Flight und Freeze. Für solche akuten Entscheidungsnotwendigkeiten ist das kognitive System des Gehirns einfach zu langsam. Das sorgfältige Abwägen aller Optionen hätte im Falle des Säbelzahntigers zum sicheren Tod geführt.

Halten wir also fest: Der Autopilot, in dem wir uns einen Großteil der Zeit befinden, ist effizient und entlastend. Das Problem ist jedoch: Nicht alle Automatismen, die sich so eingeschliffen haben, sind gut für uns. So sind etwa die folgenden Punkte eher hinderlich für die Gestaltung eines erfüllten Lebens:

- Wenn es regnet, bekomme ich automatisch schlechte Laune.
- Wenn ich nach Feierabend zur Ruhe komme, grüble ich noch über ungelöste Probleme auf der Arbeit nach.
- Wenn ich einem angespannten Kollegen begegne, suche ich schnell das Weite.
- Wenn ich im Büro müde werde, greife ich zur Schokolade.
- Wenn eine Deadline zeitkritisch wird, arbeite ich schneller und lasse Pausen ausfallen.

Selbstbeobachtung als Regulativ zum Autopiloten

Achtsamkeit kann an diesen Stellen helfen, eine neue Präsenz in die Abläufe zu bekommen. Routinen und Autopiloten wahrzunehmen, und an entscheidenden Stellen wirklich ganz „da" zu sein. Um den Automatismen auf die Schliche zu kommen, ist das Erlernen der Selbstbeobachtung von Emotionen und Gedanken immens entscheidend.

Bauch oder Kopf – Achtsamkeit und die Entscheidungsfindung

Gute Entscheidungen werden durch eine Kombination aus Emotionen und Verstand getroffen. Beide spielen eine wichtige Rolle bei der Entscheidungsfindung und können auf unterschiedliche Weise zusammenarbeiten.

Emotionen und Verstand

Emotionen liefern wichtige Informationen über unsere Wünsche, Bedürfnisse, Werte und Vorlieben. Sie dienen als eine Art intuitiver Kompass und können uns dabei helfen, schnell auf bestimmte Situationen zu reagieren. Emotionen können auch als Warnsignale fungieren, wenn etwas potenziell gefährlich oder problematisch ist. In Bezug auf Entscheidungen können positive Emotionen uns dazu motivieren, bestimmte Optionen zu verfolgen, während negative Emotionen uns davon abhalten können, Risiken einzugehen oder unangemessene Entscheidungen zu treffen.

Der Verstand hingegen ermöglicht es uns, Informationen zu analysieren, zu bewerten und zu rationalen Schlussfolgerungen zu gelangen. Er basiert auf Logik, kritischem Denken und der Verarbeitung von Fakten und Daten. Der Verstand hilft uns dabei, die Konsequenzen unserer Entscheidungen abzuwägen, verschiedene Optionen miteinander zu vergleichen und langfristige Ziele zu berücksichtigen. Er kann uns auch dabei unterstützen, unsere Emotionen zu regulieren und rationale Entscheidungen zu treffen, anstatt impulsiv und unreflektiert zu handeln.

Idealerweise arbeiten Emotionen und Verstand zusammen, um fundierte Entscheidungen zu treffen. Emotionen können als Hinweis dienen, welche Optionen uns am meisten erfreuen oder welche Entscheidungen unseren Werten am besten entsprechen. Der Verstand kann dann diese emotionalen Signale nutzen, um die Vor- und Nachteile der verschiedenen Optionen zu analysieren und eine rationale Entscheidung zu treffen. Es ist wichtig, dass wir sowohl unsere Emotionen als auch unseren Verstand bewusst in den Entscheidungsprozess einbeziehen, um eine ausgewogene und ganzheitliche Sichtweise zu erhalten.

Das emotionale System entscheidet meist viel schneller als das rationale

Das emotionale System ist dabei häufig schneller zu einer Entscheidung gelangt als das rationale. Daher ist es oft im Vorteil und beeinflusst viele Entscheidungen maßgeblich mit. Es ist jedoch auch wichtig, anzumerken, dass Emotionen manchmal unsere Urteilsfähigkeit beeinträchtigen können. Unter bestimmten Umständen können starke Emotionen wie Angst, Wut oder Euphorie unsere Fähigkeit zur rationalen Entscheidungsfindung einschränken. In solchen Situationen ist es ratsam, sich Zeit zu nehmen, um sich zu beruhigen und eine Entscheidung zu treffen, wenn man sich wieder in einem emotional ausgeglichenen Zustand befindet.

Insgesamt ist die Kunst der Entscheidungsfindung stets eine Balance zwischen Emotionen und Verstand. Es kommt immer auf ein gutes Zusammenspiel zwischen Kopf und Bauch an. Man sollte nie das eine System gegen das andere ausspielen. Eine gute Entscheidung berücksichtigt sowohl unsere rationalen Überlegungen als auch unsere emotionalen Bedürfnisse und ermöglicht es uns, unsere Ziele zu erreichen und unser Wohlbefinden zu fördern.

Achtsamkeit bringt beide Systeme in einen gleichberechtigten Austausch miteinander und führt je nach Anlass und Umständen zu besseren Entscheidungen. Frei nach diesem Motto:

> „Klingt alles logisch, mein Gefühl rät mir jedoch etwas anderes."
> (Karin Kuschik, deutsche Business Coach)

Die durch Übung und tägliche Praxis direkt erlebbaren Veränderungen sind für alle Teilnehmenden oft sehr beeindruckend. Inzwischen weiß man auch auf theoretischer Ebene einiges zu den Hintergründen der Wirkmechanismen von Achtsamkeit. Besonders beeindruckend sind dabei jüngste Forschungsergebnisse zu den neurologischen Auswirkungen von zunehmender Übung. Auf diese soll im Folgenden näher eingegangen werden.

Kapitel 3

Auswirkungen und Wirkmechanismen von Achtsamkeitspraxis

Die Forschungsaktivitäten, gemessen an der Anzahl der Publikationen zum Thema „Mindfulness", haben in den vergangenen Jahren stark zugenommen. Seit etwa 2006 gibt es einen beeindruckend exponentiellen Anstieg an Studien zu diesem Thema. Es handelt sich um ein sehr aktives Forschungsfeld und um einen sehr jungen Forschungsbereich. Deswegen sind nach wie vor noch viele Fragen zu beantworten und neue Untersuchungsergebnisse und Erkenntnisse kommen stetig dazu. Und auch wenn viele Fragen noch offen sind, sollen hier nun die bislang wesentlichen Erkenntnisse zusammengetragen werden.

Positive Effekte von Achtsamkeit

Denn bereits die vorhandenen Erkenntnisse enthalten sehr viele interessante Befunde zu positiven Effekten der Achtsamkeit. Als gesichert zählen dabei unter anderem Effekte in den folgenden Bereichen:

- Verbesserte Immunfunktion
- Weniger Krankheitstage
- Weniger Ängste
- Weniger depressive Episoden
- Verbesserung von Herz-Kreislaufproblemen
- Besserer Umgang mit Schmerzen
- Erhöhtes allgemeines Wohlbefinden
- Erhöhte kognitive Leistungsfähigkeit im Alter
- Mehr Kreativität
- Bessere Kommunikationsfähigkeiten
- Mehr Hilfsbereitschaft
- Weniger Stressempfinden

Die jeweiligen Einzelstudien beschäftigen sich dabei in der Regel mit einem einzigen Punkt dieser Liste. Sprich, die eine Studie widmet sich der Frage, „Kann Achtsamkeitstraining den Menschen auch im Alter kognitiv fit halten", die andere beschäftigt sich mit dem Stresserleben.

Blickt man als Seminarleitung auf diese Liste, wird dabei sofort deutlich, dass sich all diese Dinge auch gegenseitig bedingen. Bin ich in einem Kontext „Gesundheitsförderung" tätig, erlebe ich, dass angespannte Arbeitssituationen Ängste und Stresserleben auslösen können, dass Stresserleben Konsequenzen für die Immunfunktion, mein Gesundheitsverhalten oder mein Herz-Kreislauf-System haben kann und so auch zu vermehrten Krankheitstagen führt. Und ich erlebe, dass der viel zitierte Burnout am Ende auch immer mit depressiven Episoden verbunden ist.

Bin ich im Bereich „Teamentwicklung" unterwegs, habe ich es bereits hundertfach erlebt, dass angstfreie Räume und Wohlbefinden erst Kreativität und Hilfsbereitschaft ermöglichen und so Teams zu Hochleistungsteams werden können. Auch Führungskräfte profitieren von einem wachen, angstfreien Geist und guten, präsenten Kommunikationsfähigkeiten bei der Leitung von Teams und ganzen Unternehmen. Es ist also berechtigt, davon auszugehen, dass sich das Praktizieren von Achtsamkeit auf die verschiedensten beruflichen Bereiche auswirkt und sich die Wirkungen mit zunehmender Anwendungspraxis zudem potenzieren werden.

Die Frage, die Teilnehmende sich an dieser Stelle immer stellen, ist: „Wie viel muss ich eigentlich investieren, um diese Effekte zu erzielen?" Hierzu sagt die Forschung im Wesentlichen zwei Dinge:

Wie viel Übung ist erforderlich?

Zum einen, ja, viel Übung bringt auch viel. Zum anderen aber auch: Bereits wenige Übungszeiträume über einen etwa vierwöchigen Zeitraum hinweg haben messbar positive Auswirkungen. Die Frage, die sich daher wohl eher stellt, ist, wie kann Achtsamkeitspraxis zu einem regelmäßigen Alltagsritual werden? Wie kann es zu einer Art mentalem Zähneputzen werden, über das man auch nicht morgens und abends nachdenken muss und für das man täglich Zeit findet. Von klein auf haben wir gelernt, dass es unliebsame Konsequenzen hat, die Zähne nicht zu putzen. Und wir haben auch gelernt, dass unser Körper Bewegung als Ausgleich zu stundenlanger sitzender Tätigkeit benötigt. Vielleicht ist es an der Zeit, sich nun klarzumachen, dass auch unser Geist Ausgleich und ein ähnliches Hygieneritual benötigt.

Den Überlegungen, wo Achtsamkeitsübungen ihren Platz finden und wie alltägliche Verrichtungen achtsamer erfolgen können, widmet man am besten gleich ganz zu Beginn eines Seminars ein bisschen Zeit. Übungen und Reflexionsfragen dazu, wie Achtsamkeit in den Alltag einziehen kann, finden sich als Sammlung im Anwendungsteil dieses Buches (ab Seite 232).

Mit Blick auf die vielen beeindruckenden Befunde stellen sich Teilnehmende oft die folgenden weiteren Fragen: „Wie kann es sein, dass das Üben von Achtsamkeit solche Effekte hat? Was sind die dahinterliegenden Wirkmechanismen?" Hier hat die Neuropsychologie in den vergangenen Jahren faszinierende Erkenntnisse geliefert, denen wir uns im Folgenden widmen wollen.

3.1

Neurowissenschaftliche Erkenntnisse zur Wirkung von Achtsamkeitspraxis

Die neusten neurowissenschaftlichen Erkenntnisse haben erheblich dazu beigetragen, das Thema Achtsamkeit von der Yogamatte in die Besprechungsräume der Unternehmen zu bringen. Die wesentlichen Erkenntnisse sollen hier nun dargestellt werden. Sie dienen zum einen im Seminarkontext der Erläuterung der zugrunde liegenden neuronalen Wirkmechanismen von Achtsamkeit, und wirken sich zudem in diesem Zusammenhang förderlich auf die Unterstützung der Akzeptanzprozesse aus. Denn so viel Rückenwind das Thema auch in den vergangenen Jahren bekommen hat, so sehr muss man doch auch damit rechnen, dass der eine oder die andere Seminarteilnehmende noch mit Mythen und Vorbehalten in das Seminar kommt, eine gewisse Skepsis hegt oder sich bislang nicht so recht vorstellen kann, welche Relevanz Achtsamkeit für den eigenen Arbeitsalltag haben soll.

Bei der Skizzierung der Haupterkenntnisse ist bewusst ein Auflösungsgrad gewählt worden, der zum einen ein grundlegendes Verständnis der Prozesse der Referierenden sicherstellt und dabei den Kontext eines möglichst praxisnahen Seminars nicht überfordert. Für einen tieferen Einblick in die neurowissenschaftlichen Erkenntnisse sei auf die angegebene weiterführende Literatur verwiesen.

Wirkmechanismen

Zur Veranschaulichung der wesentlichen Wirkmechanismen kann das folgende Rahmenmodell dienen.

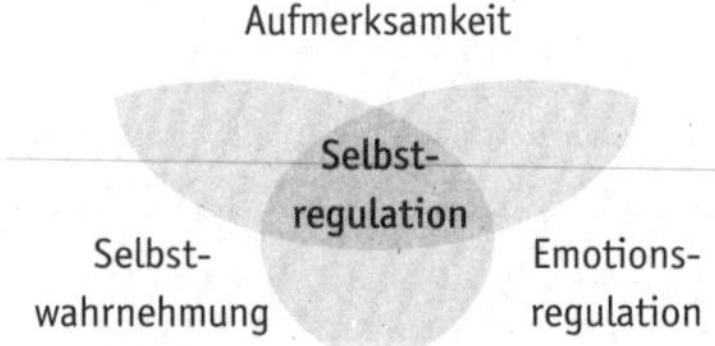

Abb.: Achtsamkeit wirkt auf drei Ebenen. Zusammen ermöglichen diese drei Bereiche die Fähigkeit zur Selbstregulation, die Basis der positiven Effekte von Achtsamkeit.

Demnach wirkt Achtsamkeit über Effekte auf drei Ebenen:

Achtsamkeit wirkt auf drei Ebenen

- Der Erhöhung der Kompetenzen in der **Aufmerksamkeitsregulation**, sprich der Konzentrationsfähigkeit.
- Der Erhöhung der Kompetenzen in der **Emotionsregulation**. Diese steuert, wie wir mit unseren Gefühlen umgehen und wie wir mit ihnen in einen freundlicheren, zuträglicheren, förderlicheren Kontakt kommen.
- Der Erhöhung der Kompetenzen in der **Selbstwahrnehmung**. Hier wird entschieden, welche Perspektive ich auf mich als Person einnehme, wie ich mit mir selbst innerlich in Kontakt stehe.

Diese drei Bereiche zusammen ermöglichen die Selbstregulationsfähigkeit, die viele der zu Beginn beschriebenen positiven Effekte von Achtsamkeit möglich machen und so im Arbeitsleben ganz neue Dynamiken ermöglichen.

Zu allen drei Bereichen gibt es neurophysiologische Erkenntnisse, die ganz plastisch mittels bildgebender Verfahren sichtbar machen, welche Veränderungen durch Achtsamkeitspraxis entstehen. Diese sollen nun für jeden Bereich einzeln genauer betrachtet werden.

Neuroplastizität

Zur Einordnung dieser Befunde ist es vorweg notwendig, das wichtige und maßgeblich beteiligte Prinzip der Neuroplastizität zu beleuchten. Gemeint ist damit die Fähigkeit unseres Nervensystems, sich fortwährend umzugestalten und sich so an die Bedarfe, die vorliegen, anzupassen. Das geschieht auf Anforderungen hin. Das heißt, immer, wenn wir etwas Neues lernen, eine neue Kompetenz erwerben, gestaltet sich das Gehirn so um, dass dieser Fähigkeitserwerb möglich wird.

Sichtbar machen kann man solche neuronalen Veränderungen und generelle Aktivitäten des Gehirns durch die sogenannte Magnet-Resonanz-Tomografie (MRT). Dieses Verfahren erstellt zum einen Bilder von den Strukturen des Gehirns, aber auch von seiner Funktionsweise. Im letzten Fall sieht man in den bildgebenden Verfahren dann Aktivierungs- oder Durchblutungsmuster, wenn bestimmte Aufgaben ausgeführt werden. Dabei wird meistens die graue Substanz des Gehirns angeschaut. Bei dieser handelt es sich um die Körper der Nervenzellen. Das ist der Bereich, in dem der Zellkern liegt und die Verbindungsstellen zu den Nachbarneuronen liegen.

Abb.: Nervenzelle (Neuron) in Grau, mit Zellkörper und Zellkern (links) sowie verästelten Verbindungen zu anderen Neuronen. Die „Kabelverbindung" (das Axon) ist in Weiß gehüllt.

Die weiße Substanz ist dagegen die Kabelverbindung der Neurone, die zu weiter entfernt liegenden Gehirnregionen führen.

Über die Beobachtung von Veränderungen der Strukturen und der Aktivierungsmuster der grauen Substanz können dann Rückschlüsse gezogen werden auf Effekte und Wirkmechanismen der Achtsamkeitspraxis.

Aufmerksamkeitsregulation

> „... und dann muss man auch noch Zeit haben,
> einfach dazusitzen und vor sich hinzuschauen."
> (Astrid Lindgren, schwedische Autorin)

Viele Reize konkurrieren um begrenzte Aufmerksamkeitsressourcen

Kompetenzen in der Aufmerksamkeitsregulation zu entwickeln, ist in der heutigen Gesellschaft enorm wichtig und zunehmend relevant. Nicht nur am Arbeitsplatz haben viele Menschen mit enormer Reizüberflutung zu kämpfen. Immer mehr Menschen fühlen sich zerstreut, tun viele Dinge gleichzeitig. Die Aufmerksamkeit da zu halten, wo wir es wirklich möchten, ist eine gewaltige Herausforderung. Denn zahlreiche Reize konkurrieren um unsere begrenzten Aufmerksamkeitsressourcen.

Statt im Büro bei der Jahreskalkulation zu sein, werden wir immer wieder von Kolleginnen und Kollegen abgelenkt, die uns Fragen stellen oder sich einfach nur auf dem Flur miteinander unterhalten. Statt bei dem Gespräch mit dem Kunden ganz beim Gegenüber und den wichtigen Inhalten zu sein, lenkt uns der in der Hotellobby laufende Newsticker auf dem Fernseher ab und während wir uns im Privaten eigentlich bei einem guten Gespräch und dem gemeinsamen Essen mit dem Partner erholen sollten, beschäftigen uns gedanklich noch die Konflikte des zurückliegenden Arbeitstages. Die zunehmende Dichte und Sprunghaftigkeit des Arbeitslebens erfordern also die Kompetenz zur Fokussierung mehr denn je.

Exekutive Aufmerksamkeit

Im Rahmen von Achtsamkeitspraxis wird dabei besonders die exekutive Aufmerksamkeit gestärkt. Diese erleichtert das Ausblenden von Störreizen. Damit erhöht sich die Fähigkeit, bei dem zu bleiben, was wir verfolgen möchten. Schon relativ kurze Trainings führen hier zu merklichen Verbesserungen.

Im Gehirn ist der anteriore cinguläre Cortex für die Regulierung dieser exekutiven Aufmerksamkeit zuständig. Dieser sitzt hinter der Stirn in der Mitte auf beiden Hemisphären.

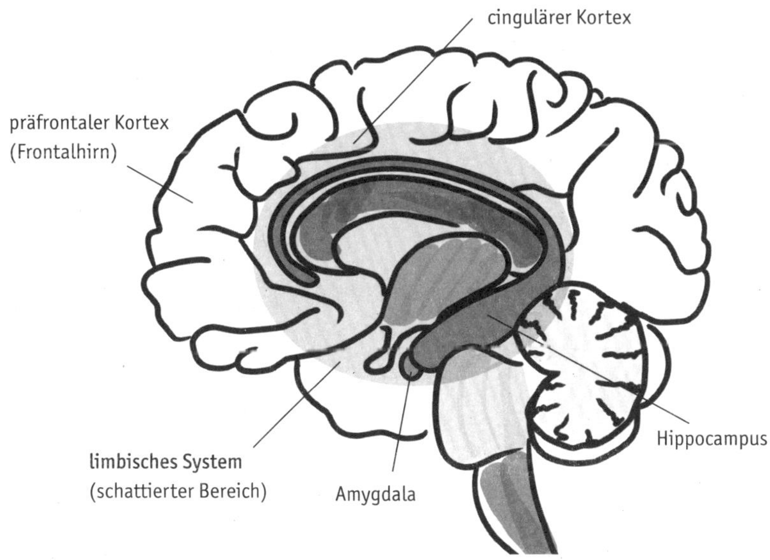

Abb.: Lage des präfrontalen Kortex und des limbischen Systems mit cingulärem Kortex, Hippocampus und Amygdala in unserem Gehirn.

Emotionsregulation

„Ich hatte mein ganzes Leben viele Probleme und Sorgen. Die meisten von ihnen sind aber niemals eingetreten."
(Mark Twain, US-amerikanischer Autor)

Das limbische System

Eine wichtige Rolle bei der Entstehung von positiven und negativen Emotionen spielt das limbische System in unserem sogenannten Mittelhirn. Hier lösen Düfte Erinnerungen, beispielsweise an Weihnachten und Turnhallen aus und liefern nahezu gleichzeitig die dazu passenden Emotionen. Emotionen wie Wut, Furcht, Ekel, Traurigkeit, Überraschung oder Freude haben, egal durch welchen Auslöser sie entstehen, die Aufgabe, uns zum Handeln zu bewegen (von lat. emovere = bewegen). Sie sind die treibenden Kräfte unserer Motivation. Dabei lösen diese Emotionen nicht selten in der heutigen Zeit unbewusst ungesunde Handlungen aus. Emotionen, die wir oft noch nicht einmal bewusst wahrgenommen haben, bringen uns dazu, eine Handlung einzuleiten. Das Gefühl der Langeweile lässt uns zum Smartphone greifen, ein Gefühl der Unzulänglichkeit zu viel arbeiten und Müdigkeit zu Alkohol oder Zucker greifen.

Die Macht der Emotionen

In westlichen, kognitiv und handlungsorientierten Kulturkreisen gehen wir oft fälschlicherweise davon aus, dass unsere Entscheidungen und unsere täglichen Handlungen durch sorgfältig vollzogene Abwägungsprozesse unseres kognitiven Systems gesteuert werden. Fragt man Teilnehmende eines Workshops vor einem solchen psychoedukativen Impuls nach ihrer spontanen Antwort auf die Frage, wer die Entscheidungen für sie trifft, Kopf oder Bauch, Verstand oder Gefühle, entscheidet sich eine deutliche Mehrheit für Kopf und Verstand.

Die Erkenntnis, dass Emotionen bei jedem Menschen, auch bei den vermeidlich nüchternen, eine stark steuernde Rolle einnehmen, lässt erste Neugierde auf diese Prozesse bei einer Gruppe aufkommen. Die Tatsache, dass wir zudem gerade in stressigen Situationen oft den Kontakt zum regulierenden, denkenden Teil des Gehirns, dem Großhirn, verlieren, lässt die unbedingte Notwendigkeit bewusst werden, sich auch im Arbeitsalltag mehr mit Emotionen zu beschäftigen.

Die eigenen Gefühle wahrzunehmen, mit ihnen in einen gesunden Kontakt zu kommen und sie in einen gut funktionierenden Aushandlungsprozess mit den kognitiven Denkprozessen zu bringen, ist auch für den beruflichen Alltag, mit den vielen oft unter Zeitdruck erforderlichen Entscheidungs- und Abwägungsprozessen, eine bedeutende Kompetenz. Dabei gilt es, die kurze Zeitspanne zwischen Reiz und Reaktion so zu gestalten, dass bewussteres Handeln möglich ist. Dazu gehört die Schulung der Wahrnehmung, dass da gerade überhaupt Emotionen sind, aber auch das Üben des einfachen Seins mit seinen Emotionen, ohne diese zu schnell in einen Handlungsimpuls münden zu lassen. Um zu verstehen, wie Achtsamkeit diese Prozesse unterstützt, lohnt sich ein Blick auf den typischen Ablauf eines solchen Kommunikationsprozesses im Gehirn.

Lebensnotwendige schnelle Reaktion auf Gefahrensignale

Stellen wir uns dazu vor, wir wären auf einem Waldspaziergang. Im nächsten Moment huscht direkt vor unseren Füßen eine Schlange über den Waldboden. Über unseren visuellen Cortex wird dieser Reiz blitzschnell weitergeleitet. Noch bevor uns das bewusst wird, feuert ein Teil des limbischen Systems, die sogenannte Amygdala, der Mandelkern. Die Amygdala ist die Alarmglocke des limbischen Systems und hilft, Gefahren zu entdecken und darauf zu reagieren. Dabei reagiert sie höchst empfindlich, geht lieber auf Nummer sicher und versetzt uns, sowohl bei der Sichtung von Schlangen als auch des cholerischen Chefs, in Kampf- und Fluchtbereitschaft. Im Falle der gesichteten Schlange meldet die reizbare Amygdala dann Erregung an den Körper und löst die typischen Stressreaktionen, den Kampf-, Fluchtmodus oder das Erstarren aus. Dies alles passiert rasant und ohne bewusstes Erleben. Nehmen wir weiter an, im nächsten Moment erkennen wir, dass es keine Schlange ist, sondern eine Blindschleiche. Mit deutlicher Verzögerung meldet dann der präfrontale Kortex eine Entwarnung, die Amygdala darf wieder herunterfahren. Es ist doch keine Gefahr vorhanden. Als höher entwickelter Bereich des Gehirns verantwortet der präfrontaleKortex die wesentlichen kognitiven Funktionen. Er wägt Argumente ab, fällt moralische Urteile etc. Dieser Teil des Gehirns hilft uns so, unsere Gefühle zu regulieren. Für die Gefühlsregulation ist also die Kommunikation zwischen präfrontalem Kortex und Amygdala entscheidend.

In absoluten Gefahrensituationen ist die überschießende und rasant funktionierende Reaktion der Amygdala evolutionär gesehen aber auch heute noch lebensnotwendig. Wenn Menschen jedoch überreizt sind, sich vielleicht sogar aufgrund von chronischem Dauerstress bereits auf dem Weg in einen Burnout befinden, sich möglicherweise Ängste oder depressive Züge entwickelt haben, dann ist auch die

Die überreizte Amygdala

Amygdala zum Teil so überreizt, dass Signale des präfrontalen Kortex nicht mehr ankommen. Betroffene berichten hier von Phasen, in denen sie alles als stressig erleben, auch Dinge oder Situationen, die ihnen früher nichts ausgemacht oder sogar Spaß gemacht haben. Auch berichten sie, sehr gereizt und zunehmend argwöhnisch gegenüber den Absichten von Mitmenschen zu sein. Eine solch überreizte Amygdala wird dann bei jeder Kleinigkeit hochgefahren, ohne dass die Regulierung des präfrontalen Kortex einwirken kann.

„Probleme lassen sich niemals auf der Ebene des Denkens lösen, auf der sie entstanden sind."
(Albert Einstein, deutscher Physiker)

Die eigenen Gefühle bewusst zu erleben, ist ein erster wichtiger Schritt, diesen Automatismus zu unterbrechen. Doch ist dieser Schritt alles andere als trivial, denn in der Regel sind wir höchst untrainiert, uns mit Emotionen auseinanderzusetzen. Viele Menschen haben gelernt, Emotionen als unprofessionell wahrzunehmen, sie beiseitezuschieben, als am Arbeitsplatz unpassend zu empfinden oder als gerade einfach nicht hilfreich. Sie werden daher weggeschoben, ignoriert, auf später vertröstet oder mit Alkohol, Süßigkeiten, Social Media oder Shopping „behandelt". Dieser gewohnte und hoch überlernte Automatismus kann dazu führen, dass es zunächst einmal schwerfällt, Emotionen überhaupt wahrzunehmen und ihnen im Sinne der Achtsamkeit neugierig und nicht wertend zu begegnen. Ja, es fehlt sogar oft eine facettenreiche Sprache, die ermöglichen kann, die innere Wahrnehmung von Gefühlszuständen zu beschreiben.

Da Emotionen nicht nur eine psychische, sondern auch eine physiologische Erfahrung sind, nehmen wir Gefühle in unserem Körper oft lebendiger wahr als in unserem Geist. Durch die Aufmerksamkeit auf den Körper lässt sich daher eine hochauflösende emotionale Wahrnehmung entwickeln. So ist es möglich, Wut etwa anhand des Engegefühls in der Brust, dem flachen Atem und der gerunzelten Stirn zu beobachten.

Achtsamkeitstraining führt Studien zufolge zu einer Veränderung der Zusammenarbeit zwischen Amygdala und präfrontalen Regionen.

Die Kommunikation zwischen diesen Hirnstrukturen wird deutlich intensiver und enger getaktet. Folglich wird die Regulation in herausfordernden, emotionalen Situationen direkter, schneller und abgestimmter. Und so kommen erstaunliche Effekte bei der Reduzierung von Angstsymptomen zustande, was gleichzeitig massive Auswirkungen auf das Grübeln, Sich-Sorgen-Machen und das gesamte Wohlbefinden hat.

Über diesen Mechanismus lässt sich auch die Hauptwirkung der stressreduzierenden Wirkung von Achtsamkeitspraxis erklären. Denn hier weiß man, nimmt man nur mal beispielhaft das Stressmodell von Lazarus, dass die objektive Situation für das Stressempfinden nur zweitrangig ist. Viel entscheidender sind die Gedanken, die man sich zu dieser Situation macht. Dabei werden im Wesentlichen zwei Fragen gestellt: Ist das wichtig? Und kann ich das schaffen?

Ein Teufelskreis

Eine überreizte Amygdala trägt hier entscheidend dazu bei, dass diese Fragen deutlich häufiger Stress auslösend beantwortet werden. Plötzlich scheinen alle Dinge immens wichtig, jegliche kleinste Chance, es nicht zu schaffen, führt in Gedanken zu den größten Katastrophen und Folgeschäden. Plötzlich erinnern wir uns nur noch an unglücklich gelaufene Geschichten, ob wir sie nun selbst erlebt oder davon gehört haben, was immense Folgen für das Zutrauen in die eigenen Fähigkeiten oder das eigene Zutrauen hat. Und dieser im Grunde durch das eigene Gedankenkarussell ausgelöste Stress reizt die Amygdala weiter. Ein Teufelskreis ist geboren.

Der hormonelle Einfluss

Hinzu kommen weitere hormonelle Faktoren. So weiß man zum Beispiel, dass Stress unter anderem auch den Cortisolspiegel ansteigen lässt. Kleine Mengen davon oder kurzzeitige Hochs verkraftet der Körper in der Regel problemlos. Sie sind sogar hilfreich für die Bewältigung bestimmter Aufgaben. Schwierig sind hingegen chronische Stresssituationen und Phasen der Daueranspannung, wie sie in so vielen beruflichen und privaten Situationen inzwischen üblich sind. Ein dauerhaft erhöhter Cortisolspiegel hat massive zellschädigende Wirkung und greift auch Neuronen, zum Beispiel im Hippocampus, an. Der Hippocampus ist bekannt für seine Rolle bei Lernprozessen, dem Gedächtnis und ebenfalls der Stressregulation. Eine Schädigung in diesen Bereichen hat daher weitere, den Teufelskreis des Stresses verstärkende, Auswirkungen und ist möglicherweise verantwortlich für das stark verunsichernde Gefühl von Fahrigkeit und Vergesslichkeit in starken Stressphasen.

Allerdings hat der Hippocampus, wie so viele unserer Zellen, die Möglichkeit, sich bei Nachlassen des Stresses zu regenerieren. Auch hier ermöglicht Achtsamkeitstraining eine strukturelle Verbesserung der grauen Substanz im Hippocampus und damit eine vollständige Regeneration der zuvor im Dauerstress befindlichen – und dadurch geschädigten – Gehirnareale.

Prototypische Verhaltensfälle

Julia *weiß inzwischen, dass ihr Konsumverhalten ihr Hinweise zu ihrem emotionalen Zustand gibt. Mit dem Shoppen von Kleidung, Naschereien oder auch dem einen oder anderen Glas Rotwein hat sie früher Erschöpfung und Unzufriedenheit auszugleichen versucht. Wenn sie sich nun bei diesen Impulsen selbst beobachtet, lächelt sie amüsiert in sich hinein. Jetzt weiß sie, dass es an der Zeit ist, eingeschlafene Achtsamkeitsrituale wieder wachzurufen. Für sie gehört dazu der Spaziergang mit dem Hund am frühen Morgen, den sie dann achtsam ohne Musik im Ohr genießt. Auch die bewussten Kurzpausen am Arbeitsplatz führt sie dann wieder konsequenter ein. Dazu gehört mehr Bewegung beim Gang durch das Bürogebäude, gutes Essen zur Mittagspause und kleine Auszeiten mit Bewegung rund um den Block zwischen den vielen digitalen Meetings.*

Karsten *kennt diese Spirale nur zu gut. Früher hat er sie immer viel zu spät erkannt. Da hat er, wenn es herausfordernd wurde, oft noch einmal mehr Gas gegeben. Er hat sich zu Höchstleistungen angetrieben, in solchen Phasen auch zunehmend mehr gegrübelt, wurde misstrauisch gegenüber Kunden und Kolleginnen oder hat sich nicht mehr unterstützt gefühlt. Abends hat er sich erschöpft im Bett liegend das Scheitern des Projektes in den buntesten Farben und in den unmöglichsten Situationen ausgemalt. Heute erkennt er viel früher, wenn er in solche Phasen gerät. Da er um die Mechanismen und den Teufelskreis weiß, steuert er sofort nach. Statt mehr zu tun, schaltet er bewusst einen Gang herunter, startet bewusster in den Tag, beginnt diesen noch vor dem ersten Kaffee mit einer kleinen Atemübung, von der er gelernt hat, dass sie das vegetative Nervensystem zuverlässig beruhigt. Er reflektiert seine Informationsdichte und die Bildschirmzeiten und entscheidet sich oft für einen abendlichen Spaziergang, statt der sonst üblichen Serie, bei der er dann doch wieder gedankenverloren bei der Arbeit gewesen wäre. Sein Smartphone nimmt er erst im Büro zur Hand. Der Morgen gehört dann wieder ganz ihm.*

Selbstwahrnehmung

„Die beste Suchmaschine ist unser Geist –
und das wichtigste Suchergebnis sind wir selbst."
(Chade-Meng Tan, Ingenieur bei Google)

Aus der Wahrnehmung der inneren Gedanken und Emotionen, einer geschärften und regulierten Aufmerksamkeit entsteht so allmählich eine intensive Selbstwahrnehmung der eigenen Person. Eine Wahrnehmung, die uns selbst als Person im Kontakt mit einer Umwelt wahrnimmt. Diese differenzierte Sichtweise führt dazu, sich selbst verbunden, als einen Teil des eigenen Umfelds wahrzunehmen, aber dennoch nicht komplett mit ihm zu verschmelzen.

In guten Kontakt mit sich selbst treten

Diese differenzierten Selbstwahrnehmungen führen zu der Frage, wie wir mit uns selbst in Kontakt treten und in welcher Beziehung wir zu uns stehen. Durch das nichtwertende, neugierig beobachtende Wahrnehmen der eigenen Person entsteht so allmählich ein positiveres Selbstbild und mehr Mitgefühl mit einem selbst. Wir treten in einen guten Kontakt mit uns selbst und harsche innere Stimmen, starke Kritiker und Antreiber verschwinden zunehmend. Gelernt wird stattdessen eine motivierende, wohlwollende innere Stimme, wie man sie von einer unterstützenden Freundin oder einem Freund erwarten würde. Wir lernen, liebevoll und freundlich mit uns selbst umzugehen und uns so aufzubauen und zu stärken.

Tagebuch schreiben

Beim Schreiben des Tagesbuches lenken wir unsere Aufmerksamkeit auf Gedanken, die uns beschäftigen und Gefühle, die wir in uns wahrnehmen. Was seit Jahrhunderten von Menschen genutzt wird, um den Alltag zu verarbeiten und zu dokumentieren, ist nun zunehmend auch Gegenstand von Forschung. Tagebuch schreiben kann demnach, z.B. nach Studien des US-amerikanischen Psychologen James Pennebaker, nachweislich helfen, die Dinge wieder ins rechte Licht zu rücken, nach Misserfolgen schneller handlungsfähig zu werden und sich frühzeitiger der eigenen Situation bewusst zu werden. Dabei muss niemand zu einem Schriftsteller werden. Vier Minuten tägliches Ritual machen schon nachweislich einen Unterschied. Im Übungsteil findet sich eine praktische Anregung zum Tagebuchschreiben (Seite 250).

Gleichzeitig führt Achtsamkeitspraxis dazu, dass wir nicht so fest an dem eigenen Bild kleben und nicht so überidentifiziert mit uns selbst sind. Stattdessen werden wir offener für Veränderungen, neue Erfahrungen und Entwicklungen. Sich selbst nicht als so festgefahren und unabänderlich wahrzunehmen, schafft ein Gefühl von Freiheit und Flexibilität.

Achtsamkeitspraxis kann Mitgefühl, Perspektivübernahme und Hilfsbereitschaft fördern

Dabei ist es mitnichten so, dass nun alle Achtsamkeitspraktizierenden zu ausschließlich sich selbst wahr- und wichtig nehmenden Menschen werden. Vielmehr geht die neue Wahrnehmung dieses Menschseins damit einher, dies auch dem Gegenüber zu erlauben. Die aktuelle Studienlage zu dem Thema legt vielmehr nahe, dass Achtsamkeitspraxis Kompetenzen wie Mitgefühl, Perspektivübernahme und Hilfsbereitschaft fördert.

Prototypische Verhaltensfälle

***Julia** steht zunehmend besser mit sich selbst im Kontakt. Früher ist es ihr oft passiert, dass sie mit den sie stressenden Situationen vollkommen verbunden war. Sie war eins mit ihren negativen Gefühlen und hat sich kaum davon distanzieren können. In solchen Phasen hat sie sich durch die Negativität des gestressten Kollegen sehr anstecken lassen. In manchen Teamsitzungen haben die Kollegen sich so in Rage geredet, dass sich die Unzufriedenheit im ganzen Raum breitmachte, auch wenn man selbst gar nicht betroffen war. Sie ließ sich davon oft herunterziehen, war abends häufig erschöpft. Heute nimmt sie sich als Person in diesem Szenario besser wahr. Manchmal nutzt sie die in ihren Augen vergeudete Zeit für eine kleine Atem- oder Beobachtungsübung. Manchmal lenkt sie das Thema bewusst auf etwas anderes, zielführendes. Viel besser kann sie aber nun auch die Belastung des Kollegen wahrnehmen, während sie sich früher einfach nur über ihn geärgert hat, weil er schon wieder so schlecht gelaunt war.*

***Karsten** gelingt es inzwischen zunehmend besser, in herausfordernden und konfliktreichen Situationen bei sich zu bleiben. Als die Kollegin neulich wegen einer unmöglich zu schaffenden Deadline aus der Chefetage ausrastete, konnte er gut in die Beobachterrolle gehen, statt sich direkt angegriffen zu fühlen. Er hat wahrgenommen, dass auch ihn diese Frist unter Druck setzt und diese Frist zu Anspannungen in seinen Schultern führte. Trotz dieser Anspannung hat er sich nicht in dem Stress verloren. Gleichzeitig hat er die Kollegin nicht gleich als unangenehm wahrgenommen. Stattdessen konnte er einfach stehen lassen, dass die Kollegin diesen Weg wählt, mit ihrem Druck umzugehen. Auch bei Dingen, die ihm nicht optimal gelungen sind, kann Karsten sich nun wertschätzender wahrnehmen. Früher hätte er sich in Selbstvorwürfen und endlosen inneren „Wäre es besser gelaufen, wenn ich nur ...“-Diskussionen verloren. Nun kann er besser anerkennen, dass er in dieser Situation getan hat, was ging.*

3.2

Der Biophilia-Effekt und Stressabbau für das Reptiliengehirn

Achtsamkeit funktioniert mit ein bisschen Übung überall und arbeitet sogar ganz bewusst mit einer wertfreien Haltung. Mögliche Umgebungsgeräusche und gegebenenfalls als unangenehm empfundene Situationen werden bewusst akzeptiert. Wie eine meiner Achtsamkeitslehrerinnen immer zu sagen pflegte: „Bevor Sie das Schnarchen des Nachbars oder den donnernden Lkw bei der Übung verurteilen, machen Sie sich bewusst, dass das alles ganz wunderbare Gelegenheiten für das Training des eigenen Achtsamkeitsmuskels sind."

Alles daran ist richtig und doch: Versuchen Sie einmal, neben einem hungrigen Löwen ein Picknick zu genießen. Genau! Manchmal sind unsere urzeitlichen Stressmechanismen, wie ja bereits weiter oben thematisiert, so schnell, dass man sich dem gar nicht erwehren kann, in eine erste Unruhe und Wertung zu kommen. Auf dem Übungsweg dahin können wir der Natur also helfen, leichter und angenehmer in die Praxis der Achtsamkeit hineinzufinden.

Dieses Kapitel trägt zudem dem Wunsch vieler Teilnehmenden Rechnung, dass sie zur Achtsamkeit gefunden haben, um Stress abzubauen und Erholung und einen Ausgleich zu dem Hamsterrad zu finden, in dem sie sich befinden. Und auch wenn die Reinform der Achtsamkeit zunächst einmal absichtsfrei daherkommt, so halte ich es für wichtig, diesen legitimen Wunsch wertschätzend zu respektieren.

Die Wirkung der Natur auf den menschlichen Geist

Was ist es nun, was die faszinierende Wirkung der Natur ausmacht? Warum gelingt es uns, bei einer Wanderung, einem Spaziergang so gut zu entspannen. Warum neigen wir Trainerinnen und Trainer dazu, grüne Umgebungen zu nutzen, um Teilnehmende in den Austausch zu bringen oder Übungen anzuleiten?

Die tief in uns angelegte Sehnsucht des Menschen nach der Natur nannte der Psychotherapeut und Philosoph Erich Fromm „Biophila". Der Begriff stammt aus dem Griechischen und bedeutet wörtlich übersetzt „Liebe zum Leben".

Umweltpsychologie

Die Umweltpsychologie hat in den vergangenen Jahren zahlreiche spannende Erkenntnisse dazu erbracht. Einige ausgewählte Ergebnisse sollen hier erwähnt werden:

- Dass uns Abläufe in der Natur, oder auch Tiere, Pflanzen, Berge und vieles mehr so faszinieren, hängt damit zusammen, dass unser Gehirn über Jahrmillionen an die Reize aus der Natur gewöhnt und angepasst ist.
- Wir sind fasziniert von der Schönheit der Natur, weil sie evolutionär einen Nutzen für uns hatte. Bäume dienten unseren Vorfahren als Schutz, sicherer Schlafplatz und Schattenspender. Lichtungen und weite Wasserflächen boten einen sicheren Überblick über die Landschaft und nicht selten ein Nahrungsangebot.
- Waldluft erhöht die Anzahl natürlicher Killerzellen und macht sie aktiver.
- Die Natur wertet nicht. Auch wenn wir unsere oft wertenden Gedanken mit in die Natur bringen, so sind die Hinweise doch deutlich, dass „So sein zu dürfen, wie man ist" eine der Heilwirkungen des Aufenthaltes in der Natur ist.

> „Wenn wir das menschliche Gehirn als ein Organ betrachten, das sich im Laufe der Evolution entwickelt hat, um urzeitlich Umwelten zu analysieren und darauf zu reagieren, dann beginnen wir, die menschliche Interaktion mit der natürlichen Welt auf ganz andere Weise zu sehen."
> (Gordon Orians, Professor Emeritus für Biologie, Universität von Washington, Seattle)

Waldbaden

Immer häufiger wird auch hier der ursprünglich in Japan geprägte Begriff des Waldbadens genutzt. Und entgegen der dabei oft im Kopf entstehenden Bilder von Menschen, die Bäume umarmen, ist damit doch ganz einfach das achtsame Sein in der Natur gemeint. Die meisten Forschungen zu dem Thema legen den Begriff Waldbaden sogar sehr großzügig aus. Ein Park, ein Feld, eine Weide oder der Garten tun in der Regel auch ihre Wirkung. Und ja, inzwischen gibt es sogar ermutigende Studien zur Wirkung von Büropflanzen.

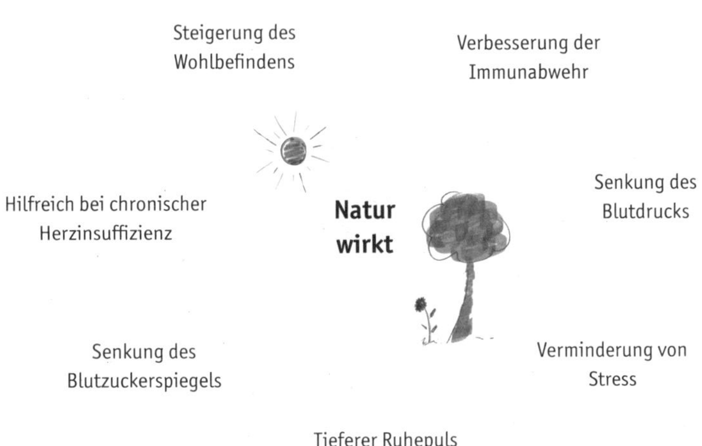

Abb.: Eine Auswahl von positiven Auswirkungen des achtsamen Seins in der Natur auf unsere Gesundheit.

Wiliam James, ein US-amerikanischer Psychologe und Mitbegründer der wissenschaftlichen Psychologie, stellte schon 1890 fest, dass wir Menschen zwei Formen der Aufmerksamkeit besitzen (Arvay 2023). Die erste ist die gerichtete Aufmerksamkeit. Sie wird uns täglich abverlangt, bei der Arbeit, in der Schule, im Straßenverkehr. Die gerichtete Aufmerksamkeit kostet uns Energie und ist nicht selten anstrengend. Wir müssen sie aktiv aufrechterhalten. Sie kann ermüden und zu Stress führen. Dem gegenüber existiert eine völlig andere Form der Aufmerksamkeit, die uns keine Kräfte kostet, sondern unsere geistigen Kräfte sogar regeneriert. Es ist die Faszination.

Die Naturfaszination ist eine evolutionär tief in uns angelegte Variante dieser Art der Aufmerksamkeit. Dabei konnte in zahlreichen Studien nachgewiesen werden, dass Naturfaszination tatsächlich in der Lage ist, die erschöpfte gerichtete Aufmerksamkeit rasch wiederherzustellen. So hat etwa das Ehepaar Kaplan (1995), beide Professo-

Naturberührung stärkt Konzentrationsfähigkeit

ren für Umweltpsychologie an der Universität von Michigan, wertvolle Forschungsarbeit auf diesem Gebiet geleistet, welche anschließend in die Formulierung der Attention Restauration Theory (1989) mündete. Im Rahmen einer Befragung von 1.200 Büroangestellten fanden sie zum Beispiel heraus, dass diejenigen Mitarbeitenden, die durch ein Fenster Ausblick auf Natur oder Grünflächen hatten, im Vergleich zu denen, die keinen solchen Ausblick hatten, deutlich seltener an Konzentrationsschwierigkeiten litten oder frustriert waren.

In Schweden stellte Terry Hartig, Professor für angewandte Psychologie der Uppsala Universität, Untersuchungen an Rucksacktouristen an. Eine Gruppe begab sich auf Wanderschaft in die Natur, eine andere war in Städten unterwegs, die dritte Gruppe blieb zu Hause. In anschließenden Aufmerksamkeitstests schnitten die Versuchspersonen, die in der Natur unterwegs waren, mit Abstand am besten ab und konnten sich länger und aufmerksamer konzentrieren. Für diese Ergebnisse sind zudem keine skandinavischen Traumlandschaften oder idyllischen Berggipfel notwendig. Die Untersuchungen fanden bewusst in alltäglichen, zum Teil städtischen Natur- und Parklandschaften statt. (Arvay 2023)

All diese Forschungsergebnisse bieten also genug Anlass, die Natur in Formen des Achtsamkeitstrainings einzubeziehen. Sie kann in Übungen in einem Seminaralltag einfließen oder aber auch Gegenstand von Reflexion sein, wenn es darum geht, die täglichen Arbeitsroutinen und das Arbeitsumfeld zu reflektieren.

Kapitel 4

Formen der Achtsamkeit – formelle Übungen und achtsame Alltagsgestaltung

Nun, wo die wesentlichen Grundlagen zur Achtsamkeit an sich und ihrer Wirkmechanismen gelegt sind, stellt sich unweigerlich die Frage: „Und wie lerne ich das jetzt?" Dazu sei zuallererst einmal gesagt, dass niemand die Achtsamkeit erst völlig neu lernen muss. Im Leben eines jeden Menschen und ja, auch in dem der völlig gestressten Topmanagerin oder des Abteilungsleiters gibt es achtsame Momente, auch ohne eine einzige Übungseinheit oder einen Kurs in Achtsamkeit. Der bewusste Genuss einer wohlverdienten Tasse Kaffee, das tiefe Durchatmen im Park in der Mittagspause oder die spontane Tierbeobachtung am Bürofenster sind Beispiele für solche Momente.

Doch natürlich lassen sich diese in uns angelegten Kompetenzen immer kultivieren und ein achtsamer Arbeitsalltag weitaus leichter gestalten, wenn der schon öfter erwähnte Achtsamkeitsmuskel trainiert wird. Im Folgenden sollen daher wesentliche Übungsformen beschrieben werden. Für die konkrete Umsetzung und diverse Spielarten dieser Übungselemente sei dann auf den praktischen Übungsteil dieses Buches (ab Seite 122) verwiesen.

> „Ruhe ist nicht die Voraussetzung für Achtsamkeitspraxis,
> sondern ein wahrscheinlicher Gewinn."
> (Unbekannt)

Formelle Übungspraxis

Wir können Achtsamkeit im Wesentlichen auf zwei Arten trainieren. Die eine ist das achtsame Ausführen alltäglicher Verrichtungen, die andere ist das bewusste Üben in einer ritualisierten Form. Um das Beispiel mit dem Muskeltraining noch einmal zu bemühen, lässt sich das Prinzip auf die folgende Weise veranschaulichen: Wir können unsere Muskulatur und Fitness ganz wunderbar im Alltag trainieren. So können wir etwa Treppen steigen, statt den Aufzug zu nehmen. Nun ist es aber so, dass wir, wenn nicht eine gewisse Grundfitness schon vorhanden ist, diese Dinge oft als anstrengend empfinden. Und so nehmen wir dann doch den Aufzug, weil wir nicht völlig außer Atem beim Kunden im dritten Stock ankommen möchten.

Das „Fitnesstraining": Meditation, Atembeobachtung, Body Scan und Gehmeditation

In diesem Moment kommt dann idealerweise ein bewusstes und ritualisiertes Fitnesstraining ins Spiel: Mit der Erkenntnis, dass wir körperlich in einem nicht idealen Zustand sind, gehen wir das Thema aktiv an. Wir gehen ins Fitnessstudio, auf die Yogamatte, ins Schwimmbad und trainieren die Muskulatur, die so lange vernachlässigt wurde, wieder fit. Und im Zuge dieser neu gewonnenen Fitness kommt auch in die Alltagsbewegung wieder mehr Schwung und beide Prinzipien beginnen sich auf wunderbare Weise zu ergänzen.

Ähnlich verhält es sich mit dem Achtsamkeitstraining. Die Teilnehmenden berichten in den Eingangsrunden häufig von hoher Ablenkbarkeit am Arbeitsplatz, abendlichen Grübelschleifen oder dauerhaft pessimistischen Wertungen gegenüber den täglichen Arbeitsaufgaben. Auch hier kann das Erlernen und Praktizieren formeller Übungen die Basis legen, um dann zunehmend auch wieder achtsam Tee trinken oder spazieren gehen zu können. Die wesentlichen Methoden formeller Übungspraxis wie Meditation, Atembeobachtung, Body Scan und Gehmeditation sollen daher hier im Folgenden näher beschrieben werden. Konkrete Übungsanleitungen zu den einzelnen Methoden finden Sie dann im Anwendungsteil.

Meditation

Der Begriff Meditation stammt vom lateinischen Wort „meditatio“, was so viel wie „nachsinnen“ bedeutet. Die Praxis der Meditation hat ihren Ursprung in vielen verschiedenen Religionen und Kulturen. So unterschiedlich diese Traditionen, so unterschiedlich sind auch die verschiedenen Meditationsformen und Ziele der Mediation.

Ein Mittel zur Stressbewältigung

Die moderne westliche Welt setzt Meditation längst völlig losgelöst von religiösen Hintergründen oder spirituellen Kontexten in der Regel als Mittel zur Stressbewältigung ein. Jon Kabat-Zinn hat mit der Entwicklung seines „Mindfulness Based Stress Reduction“-Programms einen wesentlichen Beitrag zur Säkularisierung der Techniken geleistet.

Das MBSR-Konzept

„MBSR“ ist eine Abkürzung für „Mindfulness-Based Stress Reduction“ und wurde in den 1970er-Jahren von dem Mediziner Dr. Jon Kabat-Zinn an der University of Massachusetts entwickelt. Das Konzept wurde insbesondere für Menschen mit chronischen Schmerzen, Stress, Angstzuständen und Depressionen entwickelt, um ihnen zu helfen, ihre Symptome zu lindern und ihre Lebensqualität zu verbessern.

Typische Elemente des MBSR-Kurses sind Achtsamkeitsübungen wie der Body Scan, bei dem man die Aufmerksamkeit systematisch durch den Körper lenkt, sowie verschiedene Meditations- und Yoga-Übungen. Der Kurs ist zeitlich und organisatorisch gut strukturiert und umfasst in der Regel acht Wochen, in denen wöchentliche Sitzungen mit einer Dauer von zwei bis drei Stunden stattfinden. Die Teilnehmenden erhalten zudem Übungen für zu Hause, die etwa 45 bis 60 Minuten pro Tag dauern.

Der MBSR-Kurs ermöglicht den Teilnehmenden, eine neue Art der Selbstwahrnehmung zu erlernen und dadurch einen besseren Umgang mit Stress und Schmerzen zu finden. Durch das bewusste Wahrnehmen von Körper und Geist soll eine Steigerung der Achtsamkeit, Selbstakzeptanz und des Wohlbefindens erreicht werden.

Die Wirksamkeit des MBSR-Kurses wurde in vielen wissenschaftlichen Studien untersucht. Es konnte gezeigt werden, dass MBSR eine positive Wirkung auf die körperliche und geistige Gesundheit hat und etwa chronische Schmerzen lindert, Stressempfinden reduziert, Angst- und Depressionssymptome sowie die Schlafqualität verbessert. Auch konnten Veränderungen in der Gehirnstruktur von MBSR-Teilnehmenden nachgewiesen werden, die mit einer besseren Stressbewältigung und Emotionsregulation in Verbindung gebracht werden.

Insgesamt ist das MBSR-Konzept ein wissenschaftlich fundiertes Programm, das den Teilnehmenden dabei helfen kann, einen bewussteren Umgang mit sich selbst und ihrer Umwelt zu erlernen und dadurch ein höheres Wohlbefinden zu erreichen. Es ist hervorragend geeignet, um Teilnehmenden, die im Rahmen eines beruflichen Seminars im Hinblick auf Achtsamkeit auf den Geschmack gekommen sind, eine Vertiefung und Fortführung der Praxis zu ermöglichen.

Der Geist ist gleichermaßen wach und entspannt

Im Zustand der Meditation ist der Geist völlig wach, klar und gleichzeitig entspannt. Viele Teilnehmenden befürchten, dass sie nun erlernen müssen, an nichts mehr zu denken und machen sich folglich bei Wahrnehmung des eigenen, oft sehr vollen Geistes zu Recht Gedanken über die Erfolgschancen dieses Unterfangens. Umso beruhigender wirkt an dieser Stelle die Botschaft, dass es eher darum geht, die Gedanken, Gefühle, Körperempfindungen, die da sind, zu beobachten, ohne auf sie zu reagieren.

Die Ruhe ist also nicht die Voraussetzung für den Beginn mit der Meditationspraxis, sondern vielmehr ein sehr wahrscheinlich eintretender Gewinn dessen. Durch das immer wieder neugierige Beobachten der inneren Prozesse in der Stille und körperlichen Regungslosigkeit kommen Körper und Geist automatisch allmählich zur Ruhe. Und so ist es auch okay, zu Beginn der Übungspraxis körperlich oder geistig unruhig zu sein. Diese Unruhe wahrzunehmen und eine Weile einfach nur zu beobachten, ohne ihr weiter nachzugehen, ist Teil der Meditation. Zu Beginn reichen für diese Übungen bereits wenige Minuten. Hier ist es wichtig, genügsam in kleine Routinen zu kommen und den Achtsamkeitsmuskel regelmäßig zu trainieren. Zielvorstellungen von in sich ruhenden und im Schneidersitz verknoteten Menschen, die zwei Stunden still auf einem Kissen sitzen, können an dieser Stelle nur frustrieren.

Sitzhaltung

Für die Mediation benötigt man kein besonderes Equipment. Die Sitzhaltung sollte sich aufrecht und stabil anfühlen. In der richtigen Haltung muss der Körper kaum noch aktiv angespannt oder gehalten werden. Meditation im Sitzen kann daher auf jedem Stuhl oder Sofa ausgeführt werden. Dabei sollte das Becken etwas höher sein als die Knie. So kann es etwas nach vorn kippen und eine angenehme Länge im Rücken schaffen. Auf einem Stuhl erreicht man diese Haltung oft schon, indem man sich an den vorderen Rand setzt. Soll es eine Sitzhaltung im klassischen Schneidersitz sein, bietet sich ein (Meditations-)Kissen oder eine zusammengerollte Decke an, um den Sitz etwas zu erhöhen. Die Beine werden voreinander und nicht übereinander gefaltet, sodass sie bei längerer Übung nicht einschlafen.

Stabil und angenehm soll es sein. Das ist es im Wesentlichen. Um zu erreichen, dass Meditation zu einem alltagstauglichen Begleiter wird, ist es daher wichtig, kein zu großes Ding aus dem richtigen Equipment oder der Haltung zu machen. Denn schließlich sollen die Techniken demnächst im ICE nach München genauso funktionieren wie am Schreibtisch oder auf der Autofahrt zum nächsten Kunden.

Ein wenig Ausprobieren rund um das Thema Sitzhaltung vor der ersten angeleiteten Meditation schadet dennoch nicht. Erstes, weil die wenigsten Teilnehmenden sich dazu bisher Gedanken gemacht haben, zweitens, weil man so durch Fehlhaltung induzierte körperliche Unruhe für die Folgeübung schon einmal vermeiden kann und drittens, weil es für die eigene Praxis im Anschluss an die Veranstaltung Sicherheit schafft.

Wie schon beschrieben, gibt es unzählige verschiedene Meditationsformen. Viele Teilnehmende haben Erfahrungen mit Fantasiereisen, Visualisierungsübungen oder Entspannungsverfahren wie der progressiven Muskelentspannung. Diese Verfahren unterscheiden sich deutlich von der Achtsamkeitsmeditation. Viele Meditationstechniken arbeiten damit, durch aktives Anregen etwas zu erzeugen, das vorher noch abwesend war und verfolgen damit in der Regel ein bestimmtes Ziel. So soll beispielsweise durch das Vorstellen eines schönen Ortes ein Gefühl des Wohlbefindens entstehen oder durch die aktive Anspannung und Entspannung eines Muskels eine Entspannung erfolgen.

Achtsamkeitsmeditationen nehmen im Gegensatz dazu ausschließlich wahr, was ist. Gedanken, Gefühle, Körperwahrnehmung, den Atem, Beobachtungen der Umgebung. Dies erfolgt mit der schon bekannten Grundhaltung der zugewandten und freundlich interessierten Neugier. Das Wahrgenommene wird nicht bewertet und Veränderungsimpulse werden zwar wahrgenommen, ihnen wird aber nicht reflexhaft nachgegangen.

Somit muss Achtsamkeitsmeditation auch nicht zwingend zu einer schönen Wahrnehmung führen. Das Entdecken von Unruhe, Verspannung, übler Laune oder Erschöpfung gehört zur Übung. Achtsamkeit führt zu mehr Bewusstheit, nicht aber zwingend zu sofortiger Glückseligkeit.

Meditationsbeispiele finden Sie ab Seite 211.

Body Scan

Der Body Scan ist eine meditative Übung, bei der man systematisch seinen Körper von Kopf bis Fuß aufmerksam wahrnimmt. Die Übung geht zurück auf die buddhistische Praxis der Achtsamkeitsmeditation und wird heute auch in vielen anderen Bereichen, wie der Psychotherapie oder der Stressbewältigung, eingesetzt.

Die Grundzüge

Die Grundzüge des Body Scan sind relativ einfach. Man legt sich bequem auf den Rücken und schließt die Augen. Dann konzentriert man sich darauf, wie man ein- und ausatmet, und richtet seine Aufmerksamkeit allmählich auf die verschiedenen Körperregionen. Dabei kann man sich z.B. vorstellen, dass man mit dem Atem durch den Körper wandert oder ihn wie mit einem inneren Scanner abtastet. Wichtig ist, jede Körperregion für einige Zeit bewusst wahrzunehmen und dabei auf mögliche Spannungen, Schmerzen oder Empfindungen zu achten, ohne sie jedoch zu bewerten oder verändern zu wollen.

Wirkungen

Die hauptsächlichen Wirkungen des Body Scan, die wissenschaftlich belegt sind, umfassen unter anderem eine Reduktion von Stress und Angst, eine Verbesserung des Körperbewusstseins und der Körperakzeptanz sowie eine Steigerung des Wohlbefindens. Ferner kann die Übung auch helfen, die Konzentration zu verbessern und die Gedanken zu beruhigen. Insgesamt trägt der Body Scan dazu bei, dass man sich besser spürt, sich von äußeren Reizen und Gedanken lösen kann und eine tiefere Verbindung zum eigenen Körper aufbaut.

Eine Body-Scan-Übung finden Sie auf Seite 198.

Atembeobachtung

Die Atembeobachtung ist der Ausgangspunkt für die meisten Meditationen der Achtsamkeitspraxis. Sie ist zudem ein ganz zentrales Element der formellen Übungspraxis. Mit etwas Übung kann die Atembeobachtung jederzeit im Alltag als „Atempause" eingebaut werden, wenn man merkt, dass man sich gedanklich im Kreis dreht oder vielleicht auch sehr aufgewühlt ist.

Dabei wird zunächst, wie der Name es schon vermuten lässt, dazu eingeladen, den Atem so, wie er gerade ist, zu beobachten. Die Herausforderung dabei ist, ihn nicht verändern oder anpassen zu wollen. So kann man beobachten, ob der Atem gerade flacher oder tiefer ist, eher im Brust- oder im Bauchraum stattfindet, schnell oder langsam geht.

In erweiterten Formen erfolgt die Anregung, aufkommende Gedanken wahrzunehmen und die Aufmerksamkeit wieder zurück auf den Atem zu lenken. Auch kann man die Pause am Ende des Ein- und Ausatmens bewusst wahrnehmen.

Das Atmen beruhigt und vertieft sich

Bei dieser Beobachtung des Atems passiert es beinahe unweigerlich und automatisch, dass sich das Atmen beruhigt und vertieft. Durch spezielle zusätzliche Atemübungen, die über die reine Beobachtung hinausgehen, kann dieser Effekt noch verstärkt werden. So entsteht ein gutes Handwerkszeug, dass sich in vielfältigen stressigen Arbeitssituation einsetzen lässt. Der Chef hat einen gerade kritisiert? Die Kollegin nervt mit dem lauten Telefonat am Tisch gegenüber? Die Aufregung vor dem Pitch in der gleich anstehenden Konferenz? Alles Gelegenheiten für eine Achtsamkeitspraxis. Mit zunehmender Übung der Atembeobachtung gelingt es dabei praktischerweise auch zunehmend früher, aufkommende Anspannung wahrzunehmen. So können selbstfürsorgliche Maßnahmen lange vor der Panikattacke oder dem Wutausbruch eingeleitet werden.

Der Atem spielt eine wichtige Rolle bei der Entspannung und der Aktivierung des parasympathischen Nervensystems. Der parasympa-

Aktivierung des parasympathischen Nervensystems

thische Nervenzweig ist ein Teil des autonomen Nervensystems, das die Funktionen des Körpers steuert, die normalerweise außerhalb unserer bewussten Kontrolle liegen, wie die Verdauung, die Herzfrequenz oder die Atmung.

Wenn wir tief und ruhig atmen, signalisiert dies unserem Körper, dass wir uns in einem sicheren und entspannten Zustand befinden. Der parasympathische Nervenzweig wird aktiviert und fördert so die Entspannung und Regeneration des Körpers. Wenn wir hingegen flach und schnell atmen, signalisiert dies unserem Körper, dass wir uns in einer stressigen Situation befinden und der sympathische Nervenzweig wird aktiviert, welcher wiederum eher ein Stresserleben auslöst.

Die Polyvagaltheorie

Die Polyvagaltheorie, die von dem US-amerikanischen Neurowissenschaftler Stephen Porges entwickelt wurde, beschreibt, wie der Vagusnerv, der größte Nerv des parasympathischen Nervenzweigs, mit der Regulation von Stress und sozialer Interaktion zusammenhängt. Wenn der Vagusnerv aktiviert wird, fördert er eine Entspannungsreaktion, die es uns ermöglicht, uns mit anderen Menschen zu verbinden und soziale Interaktionen aufzubauen. Wenn der Vagusnerv hingegen unteraktiv ist, können Schwierigkeiten in der sozialen Interaktion auftreten und Stressreaktionen können verstärkt werden.

Durch bestimmte Atemübungen, wie z.B. die Bauchatmung oder die 4-7-8-Atmung, kann man gezielt den parasympathischen Nervenzweig aktivieren und so zur Entspannung beitragen. Bei dieser speziellen Atemübung atmet man ein, während man bis 4 zählt, atmet aus, während man bis 7 zählt und übt 8 Minuten lang.

Die Polyvagaltheorie kann dabei helfen, das Verständnis für die Zusammenhänge zwischen Atmung, Entspannung und sozialer Interaktion zu vertiefen.

Eine Atembeobachtung finden Sie auf Seite 209.

Gehmeditation

Die Gehmeditation ist eine Form der Achtsamkeitsmeditation, bei der man sich während des Gehens auf seine Bewegungen und Empfindungen konzentriert. Auch diese Übung geht auf die buddhistische Praxis der Achtsamkeitsmeditation zurück und wird als weiteres formelles Übungselement in MBSR-Kursen im Bereich der Psychotherapie oder Stressbewältigung eingesetzt.

Wie sie funktioniert und sich auswirkt

Bei der Gehmeditation sucht man sich einen zumindest anfangs ruhigen Ort, an dem man ungestört gehen kann, und beginnt langsam und bewusst zu gehen. Später kann der Ort auch alltagstauglicher und reizvoller sein und z.B. auch typische Straßengeräusche o.Ä. bieten. Beim Gehen richtet man die eigene Aufmerksamkeit auf den Ablauf der Bewegungen, spürt den Boden unter den Füßen, die Füße selbst, den Wind auf der Haut, und nimmt die Umgebung bewusst wahr. Wichtig ist es dabei, jeden Schritt bewusst zu setzen und die Aufmerksamkeit immer wieder auf die Gegenwart zu richten, ohne sich von Gedanken und Emotionen ablenken zu lassen. Dies gelingt durch den Fokus auf die Empfindungen beim Gehen besonders gut, da der Geist „ausreichend" beschäftigt ist.

Auch die Gehmeditation wirkt stress- und angstreduzierend, verbessert die Stimmung, das Wohlbefinden, das Körperbewusstsein und die Selbstwahrnehmung. Die Übung spricht besonders Menschen an, die sich von Natur aus gerne bewegen und denen das Sitzen auf einem Stuhl zunächst schwerfällt. Die Gehmeditation lässt sich zudem wunderbar in den Arbeitsalltag integrieren. Sei es das kurze Stück von der U-Bahn oder dem Parkplatz zur Eingangstür des Bürogebäudes oder der Gang zum inzwischen üblichen Etagendrucker. Auch ein achtsamer Spaziergang in der Mittagspause nach dem Essen lässt sich in der Regel „verträglicher" in den Tag einbauen, als die kurze Meditation mit geschlossenen Augen im Großraumbüro.

4.2

Achtsame Gestaltung von Alltagshandlungen

… funktioniert auch beim Ausräumen der Spülmaschine

Sobald formelle Übungen ihren Platz im Alltag gefunden haben, können allmählich ganz alltägliche Verrichtungen des Alltags in den Fokus genommen werden. Der große Vorteil dieser Übungsform ist dabei, dass sie keinen zusätzlichen Zeitaufwand benötigt. Während wir für die morgendliche Atembeobachtung nach dem Aufstehen fünf Minuten oder für den Body Scan nach der Arbeit 15 Minuten einplanen müssen, fallen die alltäglichen Dinge des Lebens ohnehin an. Also können wir sie auch achtsam tun. Dabei ist alles denkbar, was täglich ansteht. Wir können achtsam die Spülmaschine ausräumen, kochen, einen Kaffee trinken, mit einer Kollegin diskutieren, eine Präsentation halten, eine Veranstaltung moderieren oder mit einem Kunden verhandeln. Je komplexer die Tätigkeit, desto herausfordernder ist es natürlich, diese wach und präsent durchzuführen. Deswegen gibt es einige Übungsfelder, anhand derer man in den ersten Übungskontakt zu achtsamer Alltagsgestaltung kommen kann. Sie haben zudem den Vorteil, dass sie sowohl im beruflichen als auch im privaten Kontext viel Raum einnehmen. So ergeben sich nach einer ersten Übungsphase, zum Beispiel in einem Seminarkontext, gleich zahlreiche Anwendungsfelder zur Vertiefung des Gelernten. Es handelt sich beispielsweise um achtsames Essen, achtsames Gehen oder achtsames Kommunizieren.

Achtsam essen und konsumieren

Es gibt viele Möglichkeiten, Achtsamkeit täglich im Alltag zu üben. Denn alle Handlungen des täglichen Lebens können im Grunde bewusst und mit voller Aufmerksamkeit ausgeführt werden. Zwei dieser Tätigkeiten, die sowohl im privaten als auch im beruflichen Alltag eine enorme Rolle spielen, sollen hier im Folgenden nun genauer beleuchtet werden

Täglich treffen wir Hunderte Entscheidungen rund um das Thema Essen. Essen gehört damit zu einem zentralen Thema unseres Alltags und ist somit eine gute Gelegenheit für weitere Achtsamkeitsübungen, die keine zusätzliche Zeit oder großen Aufwand kosten. Achtsamkeit bedeutet in diesem Zusammenhang, dass wir uns auf unsere Sinneswahrnehmungen konzentrieren, während wir essen, wie auf den Geschmack, den Geruch, die Textur und das Aussehen unserer Mahlzeit. Indem wir uns auf unsere Sinneswahrnehmungen konzentrieren, können wir eine tiefere Verbindung zu unserem Essen aufbauen und uns mehr auf unsere Sättigungssignale konzentrieren.

Die Rosinenübung

Die bekannteste Übung dazu ist die sogenannte Rosinenübung. In dieser kann in einer Gruppe erlebbar gemacht werden, wie komplex der Vorgang des Essens ist und welch vielfältige Erfahrungen gemacht werden können, wenn wir wirklich ganz bei dem Vorgang des Essens sind. Für die meisten Teilnehmenden ist das eine ganz neue Erfahrung, da Essen in der heutigen Zeit oft nebenbei geschieht, während wir uns unterhalten, weiter am Rechner tippen oder gar die neueste Serienfolge schauen. Eine Anleitung der Übung findet sich im Praxisteil (Seite 191). Ebenso eine Variante dessen, die den Entscheidungsprozess für ein Nahrungsmittel selbst einbezieht und dem Rechnung trägt, dass ich zunehmend die Rückmeldung erhalte, dass Teilnehmende Rosinen fies finden.

Körperliche Bedürfnisse bewusst machen

Durch achtsames Essen können wir neben der Beobachtung des Geschmackserlebens auch lernen, uns bewusster für unsere körperlichen Bedürfnisse zu machen, wie für Hunger und Sättigung. Wenn wir uns auf unser Essen konzentrieren und langsamer essen, haben wir mehr Zeit, unsere Sättigungssignale wahrzunehmen und zu erkennen, wann wir genug gegessen haben. Das kann dazu beitragen, dass wir weniger essen und uns bewusster ernähren, was wiederum langfristig positive Auswirkungen auf unsere Gesundheit haben kann.

Ferner kann achtsames Essen auch dazu beitragen, unsere Beziehung zu Lebensmitteln zu verbessern und uns dabei helfen, ein gesundes Verhältnis zu Essen aufzubauen. Indem wir uns bewusster mit unserem Essen auseinandersetzen und uns Zeit nehmen, um es zu genießen, können wir ein tieferes Verständnis für die Nahrungsmittel und deren Nährstoffgehalt entwickeln.

Zu guter Letzt schließt das Thema nicht beim reinen Essen ab. Beschäftigt man sich mit dem Essen, kommen nicht selten ganz automatisch Gespräche rund um das Thema Kompensation von Stress und unangenehmen Emotionen auf. Spätestens dann gibt es den einen oder die andere mutige Teilnehmerin, die von dem Glas Wein zu viel oder zu häufig am Abend, dem exzessiven Serienmarathon nach Feierabend oder der viel zu übertriebenen Shopping-Eskalation berichtet. So ist man recht schnell bei einem Austausch auf einer tiefgründigeren Ebene und dem eigentlichen Thema, nämlich der Frage, was sind achtsame Strategien zum Umgang mit Stress und unguten Emotionen?

Es geht um die Auseinandersetzung mit den eigenen Mustern

Sicherlich eignet sich nicht jeder Seminarkontext dafür, das Thema in dieser Ausführlichkeit anzusprechen. Doch gerade, wenn es Hinweise darauf gibt, dass die Teilnehmenden sich in einem stressigen und gar stark belastenden Arbeitsumfeld bewegen, kann es nützlich sein, hier im Rahmen eines kleinen Exkurses das Thema etwas intensiver zu beleuchten. Denn Stress hat Auswirkungen auf unsere Achtsamkeit, unser Ess- und generell unser Konsumverhalten. Unser Essverhalten kann aber umgekehrt wieder dazu führen, dass wir den durch den Stress angegriffenen Körper erneut mit guter Energie und Nährstoffen versorgen, sodass stressige Phasen wieder besser bewältigt werden können.

Eine bewusste Auseinandersetzung mit diesen eigenen Mustern kann Körper, Emotionen und Geist wieder gut in Kontakt miteinander bringen und so zu wachsameren, in der Regel gesundheitszuträglicheren Entscheidungen führen.

Die folgenden Fragen sind in diesem Zusammenhang besonders spannend und auch im beruflichen Kontext von besonderem Interesse.

- Wie treffe ich meine Essens-, meine Konsumentscheidungen?
- Warum mag ich, was ich mag?
- Welchen Einfluss haben Stress und Belastung auf mein Ess- oder Konsumverhalten?
- Warum konsumiere ich Ungesundes, obwohl ich weiß, dass es mir nicht guttut?
- Welche Lebensmittel und Rituale rund um das Essen tun mir gut und liefern mir die Energie für einen zufriedenen Arbeitstag?
- Was tut mir zu welcher Uhrzeit gut?
- Welche Rituale würden mir helfen, bezüglich dieses Themas einen achtsameren Umgang zu finden?
- Wie belohne ich mich für Erfolge?
- Welche Freizeitentscheidungen treffe ich und welche dieser Aktivitäten sind geeignet, die Akkus wieder aufzufüllen?

Zu all diesen Fragen kann eine erste Inspiration in einem theoretischen Impulsvortrag erfolgen. Ergänzend sind Übungen und Reflexionsaufgaben zum Thema unbedingt zu empfehlen. Denn ebenso wie auf der Wissensebene, geht es auch in diesem Bereich darum, bewusste Erfahrungen mit dem Essen und dem eigenen Konsum zu machen.

Einfluss der Emotionen auf unser Essverhalten

Einflussfaktoren

Emotionen können das Essverhalten auf verschiedene Weisen beeinflussen. Hier sind einige Beispiele:

- **Heißhunger:** Emotionale Belastungen können dazu führen, dass Menschen Heißhunger auf bestimmte Nahrungsmittel bekommen. Dies ist oft auf die Freisetzung von Stresshormonen wie Cortisol zurückzuführen, die den Appetit steigern können.
- **Essen aus Frust:** Wenn Menschen sich frustriert, einsam oder traurig fühlen, können sie dazu neigen, aus emotionalen Gründen zu essen. Dies wird manchmal als „emotionales Essen“ bezeichnet. Hierbei wird Essen nicht nur als Nahrungsmittel betrachtet, sondern auch als Möglichkeit, die Auswirkungen von negativen Emotionen zu lindern.
- **Appetitlosigkeit:** Bestimmte emotionale Zustände wie Trauer, Depressionen oder starke Anspannung können dazu führen, dass

Menschen keinen Appetit haben oder das Essen nicht genießen können. Dies kann dazu führen, dass sie nicht gut mit Nährstoffen versorgt werden und Leistungseinbußen spüren.

- **Positive Emotionen:** Schließlich können auch positive Emotionen das Essverhalten beeinflussen. Menschen können etwa dazu neigen, mehr zu essen, wenn sie glücklich sind oder eine Feier haben. Dies liegt oft daran, dass Essen mit positiven Erlebnissen und Erfahrungen und dem Thema „Sich etwas gönnen" assoziiert wird.

Essen als Belohnung

Essen wird oft als Belohnung angewendet, weil es mit positiven Emotionen und Erlebnissen verbunden ist. Viele Menschen haben in ihrer Kindheit gelernt, dass Essen als Belohnung verwendet wird. Eltern können unter anderem ihren Kindern nach einem erfolgreichen Schuljahr oder einer besonderen Leistung ein besonderes Essen oder ein Dessert versprochen haben. Auf diese Weise wurde Essen als positive Belohnung dargestellt und kann daher später im Leben mit positiven Gefühlen und Erinnerungen assoziiert werden.

Weiterhin kann Essen als Belohnung auch deshalb attraktiv sein, weil es unmittelbar verfügbar und einfach zu beschaffen ist. Im Gegensatz zu anderen Belohnungen wie einem neuen Buch oder einer Reise erfordert Essen keine Vorbereitung oder Planung. Es ist in der Regel sofort verfügbar und kann zeitnah konsumiert werden.

Allerdings kann die Verwendung von Essen als Belohnung auch negative Auswirkungen haben. Wenn Essen zu oft und als einzige Belohnung eingesetzt wird, kann dies dazu führen, dass sich eine Person zu sehr auf Essen als Quelle für Freude und Zufriedenheit verlässt. Dies kann zu einer übermäßigen Kalorienaufnahme führen, was langfristig zu Übergewicht und anderen gesundheitlichen Problemen führen kann.

„Wenn Hunger nicht das Problem ist, ist Essen nicht die Lösung."
(Bastienne Neumann, deutsche Ernährungspsychologin)

Es ist daher wichtig, alternative Belohnungen zu finden, die nicht mit Essen verbunden sind. Zum Beispiel können Aktivitäten wie Sport, Kunst oder Musik als Belohnungen eingesetzt werden, um positive

Gefühle und Erlebnisse zu schaffen, die nicht mit Essen assoziiert sind. Oder auch Achtsamkeit, die, wie in zahlreichen Studien belegt, nicht nur Erkenntnisse zu ungesunden Mustern liefert, sondern ganz nebenbei schon an sich glücklicher und zufriedener macht.

Essen und Stress

Ein gestörter Zellstoffwechsel

Es gibt einen Zusammenhang zwischen Stress und Übergewicht. Wenn der Körper unter Stress steht, produziert er Hormone wie Cortisol, die den Stoffwechsel verändern und dazu führen können, dass der Körper mehr Fett speichert. Auch kann Stress dazu führen, dass Menschen ungesündere Nahrungsmittel konsumieren und weniger körperlich aktiv sind, was ebenfalls zur Gewichtszunahme beitragen kann.

Im Extremfall kann dieser Teufelskreis lang anhaltender Stressphasen in einen chronischen Erschöpfungszustand führen. Der sogenannte Burnout ist ein komplexes Syndrom, das durch lang anhaltenden und starken emotionalen, körperlichen und geistigen Stress verursacht werden kann. Und so komplex wie das Phänomen selbst sind auch die verschiedenen Theorien darüber, was im Körper bei Burnout vor sich geht und wie es zu dieser tiefen Energiekrise kommt. Eine dieser Theorien macht einen gestörten Zellstoffwechsel für viele der zum Burnout gehörigen Symptome verantwortlich.

Ein gestörter Zellstoffwechsel kann dazu führen, dass Zellen nicht mehr richtig funktionieren und dadurch den Körper anfälliger für verschiedene Erkrankungen machen. Es gibt einige wissenschaftliche Studien, die darauf hindeuten, dass ein gestörter Zellstoffwechsel bei Burnout eine Rolle spielen kann. Hierbei scheint insbesondere der Energiestoffwechsel betroffen.

Eine gute Versorgung mit Mikronährstoffen kann helfen, den Zellstoffwechsel zu unterstützen und die Funktionen der Zellen zu verbessern. Mikronährstoffe wie Vitamine, Mineralstoffe und Spurenelemente sind wichtige Bausteine für den Körper und spielen eine wichtige Rolle bei vielen Stoffwechselprozessen. Es gibt einige wissenschaftliche Hinweise darauf, dass eine unzureichende Versorgung mit Mikronährstoffen das Risiko für Burnout erhöhen kann. So wurde beispielsweise bei Menschen mit Burnout-Symptomen häufiger ein Mangel an bestimmten Mikronährstoffen wie Vitamin D, B-Vitaminen und Magnesium festgestellt.

Es ist jedoch wichtig zu beachten, dass Burnout eine komplexe Erkrankung ist und die Ursachen von Person zu Person unterschiedlich sein können. Eine gute Versorgung mit Mikronährstoffen kann zwar dazu beitragen, den Zellstoffwechsel zu unterstützen, es ist jedoch nicht das alleinige Heilmittel gegen Burnout. Eine umfassende Behandlung von Burnout sollte immer unter Berücksichtigung aller relevanten Faktoren erfolgen, wie der psychischen Belastung und des sozialen Umfelds.

Körpersignale wahrnehmen

Auch hier kann Achtsamkeit ein Schlüssel sein. Denn mit zunehmender Praxis gelingt es besser, belastende Situationen und die eigenen darauffolgenden Muster wahrzunehmen. Für die einen heißt ein solch mögliches Muster: „Jetzt erst recht!" Sie mobilisieren bei Widerstand oder Herausforderung trotz Erschöpfung noch zahlreiche Energiereserven. Damit dies gelingen kann, geht dieser Prozess oft einher mit einer Abkopplung der Wahrnehmungen für die eigene Person. Personen, die dieses Muster an den Tag legen, drängen Emotionen so lange weg, bis sie sich nicht mehr ignorieren lassen. Nehmen Körpersignale erst wahr, wenn sie sich wie bei einer Migräne oder einem Hexenschuss nicht mehr ignorieren lassen. Und selbst in diesen Momenten hilft ein starkes Schmerzmittel, um wieder arbeitsfähig zu sein. Das überdrehte Gedankenkarussell, die zunehmenden Sorgen, mögliche Katastrophenszenarien des präfrontalen Kortex werden kurzerhand mit dem Glas Alkohol am Abend zum Herunterkommen zum Schweigen gebracht. Andere Menschen nehmen sich durch Achtsamkeitsübungen in diesen Phasen als Personen wahr, die sich schnell als undiszipliniert und schwach abwerten, wenn es ihnen nicht gelingt, den Schokoriegel oder das Glas Wein am Abend wegzulassen. Oder wenn sie mal vor dem Fernseher oder Instagram gelandet sind, statt sich zum Sport aufzuraffen.

Das sind dann die Momente, in denen Achtsamkeit zunächst einmal gar nicht glücklich macht, wenn die Baustellen des Alltags in den Fokus rücken und so nicht mehr leichter Hand an den Rand der Wahrnehmung gedrängt werden können. Wenn diese Erkenntnisse den Wunsch auslösen, Veränderungen anzustoßen, man aber möglicherweise nicht weiß, ob man den Mut oder die Energie für diese Veränderungen aufbringen kann. Wenn die Erkenntnis entsteht, dass manche sich zugelegte Routine langfristig schädlich für das eigene Wohlergehen ist, und es nicht selten um das Thema „Belohnung" für einen harten Arbeits- und Familienalltag geht.

Der Dopaminstoffwechsel

In diesem Kontext kann es Sinn ergeben, mit der Gruppe einen kleinen Exkurs zum Thema Dopaminstoffwechsel zu machen. Ähnlich, wie das Wissen um die neuronalen Prozesse und die Wirkung von Achtsamkeit motivieren konnten, sich mit einem möglicherweise noch neuen und befremdlichen Thema auseinanderzusetzen, so kann das Wissen um die biophysiologischen Zusammenhänge des Belohnungskreislaufes Verständnis und Entlastung bringen.

Die Rolle von Dopamin für die Verhaltenssteuerung

Dopamin ist ein Neurotransmitter, der eine wichtige Rolle im menschlichen Gehirn spielt. Er ist bekannt für seine Rolle im Belohnungssystem des Gehirns, wo er als Signal für Freude und Vergnügen dient. Dopamin ist jedoch auch an anderen Funktionen beteiligt, wie an der Regulierung der Bewegung, der Motivation, der Kognition und der Aufmerksamkeit.

Dopamin regt uns dazu an, bestimmte Verhaltensweisen zu wiederholen, die uns Freude oder Befriedigung bereiten. Dies kann dazu führen, dass wir uns motiviert fühlen, unsere Ziele zu erreichen oder uns an Aktivitäten zu beteiligen, die uns glücklich machen, wie Essen oder Sex. Dopamin wird ausgeschüttet, wenn wir Erfolg haben, wenn wir ein Ziel erreichen, wenn wir gelobt werden oder wenn wir eine soziale Interaktion haben, die uns Freude bereitet.

Dopamin motiviert, macht glücklich, treibt an

Dopamin wird auch bei der Erwartung auf eine Belohnung oder Befriedigung freigesetzt. Das heißt, wenn wir etwas tun oder uns auf etwas vorbereiten, was uns wahrscheinlich eine Belohnung oder ein positives Ergebnis bringt, kann unser Gehirn Dopamin freisetzen, bevor die Belohnung tatsächlich eintritt. Dies kann uns motivieren und dazu beitragen, dass wir bestimmte Verhaltensweisen wiederholen, die uns positive Erfahrungen bringen.

Dopamin spielt auch eine Rolle bei der Regulation der Emotionen und bei der Bewältigung von Stress. Es kann helfen, negative Emotionen zu reduzieren und positive Emotionen zu fördern, was uns dabei unterstützen kann, mit schwierigen Situationen umzugehen und uns auf positive Aspekte im Leben zu konzentrieren.

Kurz gesagt, Dopamin macht uns glücklich, motiviert und antriebsstärker. Hohe Dopaminspiegel führen dazu, dass wir unser Leben mit Schwung und Leichtigkeit meistern und uns energiegeladen fühlen.

Was soll also falsch daran sein, so viel Dopamin wie nur möglich in den Körper zu fluten? Ganz einfach: Dieses gute Gefühl kann süchtig machen und damit eine Reihe negativer Konsequenzen nach sich ziehen.

Die Dopaminfalle

Mit Blick auf das Thema Ernährung kann eine regelrechte Dopaminfalle entstehen. Diese bezieht sich auf das Verlangen nach Nahrungsmitteln, die reich an Zucker sind und dadurch eine Freisetzung von Dopamin im Gehirn auslösen. Dabei war die ursprüngliche Bevorzugung eines süßen Geschmackes einmal ein biologischer Vorteil. Süß war ein sicherer Hinweis darauf, dass das Lebensmittel genießbar war. Es gibt nichts Süßes in der Natur, das gleichzeitig giftig ist. Gleichzeitig lieferte es schnell und ausreichend Energie fürs Überleben. Der heutige „Überlebenskampf" findet im Büro, auf Dienstreisen und in einem fordernden Familienleben statt. Wenn wir süße Nahrungsmittel essen, schüttet unser Körper Dopamin aus, wir fühlen uns glücklicher und belohnt, was uns dazu veranlassen kann, mehr davon zu essen, um dieses Gefühl aufrechtzuerhalten. Dies kann dazu führen, dass Menschen übermäßig viel von diesen Nahrungsmitteln essen und dadurch ein erhöhtes Risiko für Übergewicht und andere gesundheitliche Probleme haben.

Die Dopaminfalle kann verstärkt werden, wenn Menschen unter Stress stehen, da diese oft besonders ausgehungert nach positiven Emotionen sind. Der Konsum dieser Nahrungsmittel aktiviert kurzfristig das Belohnungssystem im Gehirn und reduziert dadurch vorübergehend den Stress. Allerdings kann dies langfristig zu den bereits skizzierten gesundheitlichen Folgen führen.

Dopamin als Belohnung für harte Tage

Der Dopaminkreislauf spielt bei verschiedenen Süchten, einschließlich Alkohol-, Medien-, Zucker- und Shopping-Sucht, eine wichtige Rolle. Dopamin ist ein Neurotransmitter, der an der Regulation von Vergnügen, Belohnung und Motivation beteiligt ist. Bei der Entstehung von Suchtverhalten kommt es oft zu Veränderungen im Dopaminsystem, die dazu führen, dass die Betroffenen immer mehr und mehr konsumieren oder bestimmten Verhaltensweisen nachgehen müssen, um die gleiche Befriedigung zu erlangen.

Im Falle der Alkoholsucht kann der regelmäßige Konsum von Alkohol dazu führen, dass der Körper weniger empfindlich auf Dopamin reagiert. Es werden immer größere Mengen an Alkohol benötigt, um das gleiche Glücksgefühl wie zuvor zu erreichen.

Auch bei Mediensucht, etwa der Sucht nach Videospielen oder sozialen Medien, kann Dopamin eine Rolle spielen. Wenn eine Person eine hohe Anzahl an „Likes“ auf Social Media Posts oder Erfolge in Videospielen erreicht, führt dies zur Freisetzung von Dopamin und kann dazu führen, dass die Person immer mehr Zeit auf diesen Plattformen verbringt, um das gleiche Glücksgefühl zu erlangen.

Ähnlich verhält es sich bei Zucker- und Shopping-Sucht. Der Konsum von Zucker führt zur Freisetzung von Dopamin, was dazu führt, dass die Betroffenen immer mehr Zucker konsumieren, um das gleiche Glücksgefühl zu erlangen. Bei der Shopping-Sucht kann das Einkaufen von Dingen, die einem ein Gefühl von Befriedigung und Freude geben, die Freisetzung von Dopamin auslösen und dazu führen, dass die Betroffenen immer mehr kaufen, um das gleiche Glücksgefühl zu erreichen.

In einer Studie (2004) setzte man Mäuse in einen Käfig, in dem sie mit einem Hebel ihre eigenen Dopaminneuronen aktivieren konnten. Dann beobachteten die Forscher ein seltsames Verhalten: Wenn man die Mäuse einfach machen ließ, taten sie nichts anderes, als ständig diesen Hebel zu betätigen, und so aktivierten sie immer und immer wieder ihre Dopamin-Neuronen. Sie hörten sogar auf zu essen und zu trinken, sodass die Forscher sie aus dem Käfig holen mussten, weil sie sonst gestorben wären.

Die Lebensmittelindustrie hat diesen Markt schon lange entdeckt und arbeitet mit ganzen Entwicklungsabteilungen daran, diesen Kreislauf weiter zu füttern. Sie hat den begehrtesten Geschmack der Natur, die Süße, destilliert und konzentriert und diesen gleichzeitig von Ballaststoffen befreit, sodass ein Sättigungsgefühl ganz ausbleibt und wir möglichst viel davon essen können. Die perfekte Mischung aus Kohlenhydraten und Fett sollen uns immer wieder aufs Neue dazu verleiten, diesen kurzfristigen Gefühlen der Zufriedenheit nachzugehen.

„Wir leben in einer ernährungsfeindlichen Umgebung und diese Umgebung heißt Supermarkt. Und in diesem haben wir zu 80 bis 90 Prozent Produkte, die ich nicht kaufen würde, die ich niemandem empfehlen würde, die aber gekauft werden und die Leute krank machen."
(Dr. Matthias Riedel, deutscher Ernährungsmediziner)

Es ist daher viel zu kurz gegriffen, wenn wir Übergewicht und unachtsames Essen zu einem alleinigen Thema der Betroffenen machen und es allein fehlender Disziplin zuschreiben, dass wieder eine dieser zahlreichen Diäten oder ein fester Vorsatz gescheitert sind. Ein achtsamer Umgang mit diesem Thema kann jedoch zu mehr Bewusstheit rund um die Kreisläufe Stress – Emotionen – Dopamin – Belohnung führen und langfristig eine neue Weichenstellung begünstigen.

Gesundheit und Leistungsfähigkeit

Persönliche Gesundheitsfürsorge

Was hat all das nun in einem Seminar für das Personal eines Betriebes zu suchen? Ist Essen und Konsumieren nicht eine höchst private Handlung? Jein. Zum einen ist die persönliche Gesundheitsfürsorge sicherlich etwas, das jeder einzelne Mensch höchstpersönlich verantwortet. Zum anderen tragen Arbeitsbedingungen nicht selten zu einem unachtsamen Umgang mit diesem Thema bei. Letztendlich tut es beiden Seiten gut, hier in dieses Thema zu investieren. Es führt direkt oder indirekt immer auch zu einer Leistungssteigerung sowie einer insgesamt gesünderen, nachhaltigeren Arbeitskultur.

Die übergewichtige Gesellschaft

Die Balance und Gesundheit zu bewahren, ist heute herausfordernder denn je geworden. Eine nie dagewesene Epidemie von Übergewichtigen zeugt von einem Arbeits- und Freizeitleben, in dem das Sitzen im Auto, am Schreibtisch, auf dem Sofa, allgegenwärtig ist. Viele der sogenannten Zivilisationskrankheiten hängen zu einem großen Anteil mit ungesundem Essverhalten zusammen und verursachen viel persönliches Leid, zahlreiche Fehltage am Arbeitsplatz und noch viel mehr Unproduktivität durch verminderte Leistungsfähigkeit. Laut Daten des Robert Koch-Instituts sind in Deutschland rund 67 % der Männer und 53 % der Frauen im Alter von 18 bis 79 Jahren übergewichtig oder fettleibig. Das bedeutet, dass mehr als die Hälfte der erwachsenen Bevölkerung in Deutschland von Übergewicht betroffen ist.

Übergewicht führt häufig zu verschiedenen Folgeerkrankungen, wie zum Beispiel Typ-2-Diabetes, Herz-Kreislauf-Erkrankungen wie Bluthochdruck, Herzinfarkt, Fettstoffwechselstörungen, Gelenkproblemen, Schlafapnoe und verschiedenen Krebsarten. Auch die Lebenserwartung kann durch Übergewicht verkürzt werden. Zudem hat Übergewicht nicht unerhebliche Auswirkungen auf die Leistungsfähigkeit, da es das Herz-Kreislauf-System belasten und zu einer schlechteren körperlichen Fitness führen kann. Menschen mit Übergewicht haben oft auch ein höheres Risiko für Erschöpfungszustände, Müdigkeit und Schlafprobleme, was sich ebenfalls auf die Leistungsfähigkeit auswirken kann.

Übergewicht kann zu einem erhöhten Krankenstand am Arbeitsplatz führen, da es mit verschiedenen gesundheitlichen Problemen verbunden ist, welche dazu führen können, dass Menschen mehr Zeit für Arztbesuche und Behandlungen benötigen. Eine Studie des Instituts für Arbeitsmarkt- und Berufsforschung (IAB) aus dem Jahr 2018 ergab, dass Beschäftigte mit Übergewicht im Durchschnitt 2,3 Tage mehr pro Jahr krankgeschrieben sind als Beschäftigte ohne Übergewicht.

Ernährung ist der Treibstoff für den Motor des Körpers, und doch treffen wir täglich zahlreiche Entscheidungen, die dazu führen, dass der Motor mit minderwertigem und manchmal gar leistungsminderndem Kraftstoff betankt wird. Auch in diesem Bereich haben wir all dies den zahlreichen Gewohnheiten zu verdanken, die sich über die Jahre und Jahrzehnte etabliert haben. Denn viele dieser ungesunden Entscheidungen treffen wir wieder einmal im Autopiloten.

Dagegen werden all die Entscheidungen, die zu Veränderungen und zu dauerhaft gesundem Konsumverhalten führen, im gegenwärtigen Moment getroffen. Achtsamkeit ist also auch in diesem Kontext ein Schlüssel zu nachhaltiger Veränderung.

Achtsam essen kann so eine informelle Übungsgelegenheit ganz ohne Meditationskissen sein, die sich täglich auch am Arbeitsplatz bietet. Da ist das Frühstück zum Start in den Tag, der Snack im Auto auf dem Weg zum Kunden, der Kaffee in der Teeküche mit Kollegen, die Einladung zum Geburtstagskuchen in der Abteilung, der mittägliche Gang in die Kantine oder in das Bistro auf der anderen Straßenseite. All das sind Gelegenheiten, die man bewusst begehen kann.

Prototypische Verhaltensfälle

Julia *hat sich mit zunehmender Achtsamkeit immer häufiger dabei ertappt, wie automatisiert und unbewusst sie isst. Die schnelle Banane auf der Fahrt ins Büro, das Müsli, während sie gleichzeitig durch die eingehenden E-Mails scrollt und ein Abendessen, dass oft von dem Blick aufs Handy begleitet war. Dabei wählte sie nach wie vor weitgehend gesunde Lebensmittel. Dennoch aß sie durch die fehlende Aufmerksamkeit oft zu viel, ohne Genuss und viel zu häufig zwischendurch. Mit Blick auf das Thema Essen hat sie ein simples, aber hoch wirkungsvolles Ritual eingeführt: Sobald sie etwas isst, lässt sie alles andere sein. Ist das nicht möglich, isst sie nicht. Wenn sie nun isst, isst sie, und zwar mit allen Sinnen und genussvoll. Sich die alten Gewohnheiten abzugewöhnen, war alles andere als leicht. Auf dem Weg hat ihr geholfen, sich abends vor dem Schlafengehen mit einer Handyerinnerung kurz daran zu erinnern und zu reflektieren, wie das tagsüber geklappt hat und wie es ihr am nächsten Tag noch besser gelingen könnte.*

Karsten *ist oft mit den Gedanken ab dem ersten Augenaufschlag bei den Aufgaben des Tages. Ständig plant er bereits den vierten Schritt, während er noch bei der Umsetzung des zweiten Schrittes ist. So passiert es ihm relativ häufig, dass er das Essen schlicht vergisst und jegliche Körpersignale wie zum Beispiel Hunger kaum wahrnimmt. So geht er ohne Frühstück aus dem Haus, hat keine gesunden Mahlzeiten dabei. Mittags in der Kantine wählt er entsprechend ausgehungert deftige und schwere Speisen, die ihm den ganzen Nachmittag noch im Magen liegen. Nach einem langen Arbeitstag fehlt ihm die Energie zum Kochen – und so greift er abends oft zu salzigen Snacks oder einem Fertiggericht für den Backofen. Karsten hat sich mit Blick auf sein Essen für zwei Interventionen entschieden. Eine Stunde in der Woche investiert er in Kochen. Das gelingt ihm oft am Sonntagvormittag. Hier erstellt er auf Vorrat gesunde Gerichte für den Gefrierschrank, die er zukünftig an den Abenden auftauen kann. Zudem hat er im Supermarkt nach schnellen, aber einigermaßen gesunden Snacks für ein Frühstück gesucht. Diese lagern nun im Bürokühlschrank. Eine Handyerinnerung mahnt ihn nun, um 9:00 Uhr hier zuzugreifen.*

Achtsam kommunizieren im Arbeitskontext

Beschäftigt man sich mit dem Thema „Achtsam kommunizieren", so fällt direkt auf, dass Kommunikation in diesem Zusammenhang oft deutlich weiter gefasst wird, als es in den gängigen Kommunikationstheorien üblich ist.

Drei Themenbereiche werden in diesem Zusammenhang immer wieder besprochen.

- Kommunikation als Nahrung
- Kommunikation mit uns selbst
- Achtsam zuhören und wertschätzend sprechen

Kommunikation als Nahrung

Viele Achtsamkeitstraditionen betrachten Kommunikation als eine Form, sich die Umwelt einzuverleiben. Lässt man sich auf diesen Gedankengang erst einmal ein, so folgen daraus spannende Überlegungen hinsichtlich der Frage, welche Inhalte wir wie in uns aufnehmen möchten.

Hier lassen sich relativ schnell Parallelen zu den Schilderungen rund um die VUKA-Welt finden. Die Informationen, die uns heutzutage erreichen, sind oft widersprüchlich, komplex, in den meisten Fällen negativ und vor allem eins: zu zahlreich.

Die Informationsaufnahme

Achtsame Kommunikation beginnt daher noch vor dem ersten gesprochenen Wort mit einer bewussten Aufnahme von Informationen. Zur Entwicklung eines achtsamen Umgangs mit der Informationsaufnahme können dabei die folgenden Fragen dienen.

- Mit welchen Nachrichten muss, mit welchen möchte ich mich beschäftigen?
- Wie häufig muss ich die gleichen Nachrichten konsumieren?

Die Beschäftigung mit dem Informationsangebot

- Wie bekomme ich trotz der durch die Medienwelt oft gezielt ausgewählten negativen Schlagzeilen eine ausgewogene Informationslage aus guten und negativen Nachrichten aus der Welt?
- Wie gehe ich mit den Emotionen um, die diese Informationen bei mir auslösen?
- Was motiviert mich, derart viele Informationen zu suchen und aufzunehmen?
- Welche Menschen, welche Medien, welche Inhalte lösen was in mir aus?
- Wie viele Informationen möchte ich analog oder digital erhalten?
- Welche Erfahrungen möchte ich selbst machen, welche mir stellvertretend präsentieren lassen?

Beschäftigt man sich auf diese Weise mit der Informationsaufnahme, kommen schnell die ganz großen Themen auf den Tisch. Da ist unsere Neugierde und der tief in uns sitzende Reflex, sich mittels so vieler Informationen wie möglich Sicherheit zu verschaffen in der komplexer werdenden Welt. Da sind wir wieder bei dem Prinzip von „Fear of missing things out" und dem Reiz digitaler Medien. Und schnell sind wir bei der Frage, wie wir als Menschen evolutionär „gebaut" sind und in welchem Ausmaß diese Aufnahme von Informationen für uns funktioniert. Auch dieser Frage kann sich jeder Teilnehmende durch wachsames Hinschauen, was welche Informationsausnahme auslöst, nähern.

Für die Teilnehmenden ist es in der Regel überraschend, sich auf diese Weise dem Thema zu beschäftigen. Und doch herrscht bald große Akzeptanz für die These, dass wir, bevor wir überhaupt zu kommunizieren beginnen, uns erst einmal bewusst mit den Kommunikationsangeboten der Außenwelt beschäftigen und bewusst wählen sollten, welche bei uns ankommen sollen und wie wir mit ihnen umgehen möchten.

Kommunikation mit uns selbst

Und noch bevor wir das erste Wort an einen potenziellen Gesprächspartner richten, lädt das Prinzip der achtsamen Kommunikation erst einmal dazu ein, sich zunächst mit der Kommunikation mit uns selbst zu beschäftigen.

„Achtsamkeit kann uns dabei helfen,
wieder zu kommunizieren, vor allem mit uns selbst."
(Thích Nhât Hanh, vietnamesischer Mönch und Schriftsteller)

Kontinuierliche „Selbstgespräche"

Mit zunehmender Achtsamkeitspraxis wächst das Bewusstsein dafür, dass wir uns in kontinuierlichen Selbstgesprächen befinden. Diese Selbstgespräche sind nicht selten voller Vorwürfe, voller Kritik und von unbarmherzigem Antreiben geprägt. Könnten wir solche Gespräche mitschneiden, hieße es da vielleicht:

- Warum ist dir da nicht eine bessere Antwort eingefallen? Bei der Kollegin letzte Woche klang das souverän.
- So, jetzt aber flott, da hast du schon wieder am Handy die Zeit vergessen. Total süchtig bist du und Pünktlichkeit lernst du auch nicht mehr in diesem Leben.
- Ach Mist. Ich habe schon wieder überzogen und komme jetzt zu spät zum Kindergarten. Toller Vater bist du.
- Da sitzt du wieder mit deiner Schokolade vor dem Fernseher. Du bist wirklich fürchterlich undiszipliniert!
- Hm, ob ich wirklich der Richtige bin, der hier zu dem Thema referieren sollte?
- Okay, ist einigermaßen gut gelaufen mit der Moderation. Demnächst musst du dich aber wirklich noch besser vorbereiten.
- Du bist schon wieder müde. Was ist nur los mit dir? Andere bringen das auch alles wunderbar unter einen Hut.

Nicht selten steht am Ende der Betrachtung solcher Mitschnitte die Erkenntnis, dass wir oft wenig freundlich mit uns umgehen. Der innere Kritiker plappert ununterbrochen und treibt uns zu Verbesserungen, mehr Schnelligkeit oder Gründlichkeit an. Und ganz ehrlich, würden wir einen Freund so mit uns reden lassen?

Sich des inneren „Plapperns" bewusst werden

Sich dieses Plapperns in einem ersten Schritt bewusst zu werden, ist ein weiteres, für Teilnehmende zunächst überraschendes Element der achtsamen Kommunikation. Auch bietet es sich je nach Seminarkontext an, bei diesem Thema den Wurzeln des inneren Kritikers auf den Grund zu gehen. Dabei kann man sich z.B. mit dem Konzept der inneren Antreiber befassen. Vielen Teilnehmenden hilft der Gedanke, dass man diese Wertmaßstäbe in der Regel ungefiltert von den Eltern und anderen wichtigen Bezugspersonen übernommen hat, dass diese Maßstäbe vielleicht auch mal eine Berechtigung hatten, dass der innere Kritiker es nun aber maßlos übertreibt mit seinen Ansprüchen. So kann man bei einer solchen Betrachtung gnädig über sich selbst schmunzeln und diesen Gedanken besser loslassen.

Innere Antreiber

Das Konzept der inneren Antreiber geht auf die Transaktionsanalyse zurück, die von Eric Berne, einem kanadischen Psychiater, entwickelt wurde. Die Transaktionsanalyse ist eine Theorie der menschlichen Persönlichkeit und des Verhaltens, die die Kommunikation und Interaktion zwischen Menschen untersucht.

Innere Antreiber sind psychologische Muster oder Glaubenssätze, die sich im Laufe der Zeit entwickeln und unser Verhalten und unsere Entscheidungen beeinflussen. Sie sind in der Regel früh in der Kindheit entstanden und können sowohl positive als auch negative Auswirkungen auf unser Leben haben.

Die fünf wesentlichen inneren Antreiber sind:

Sei perfekt: Menschen, die von diesem Antreiber beeinflusst werden, setzen sich selbst unter Druck, alles perfekt zu machen und haben oft hohe Ansprüche an sich selbst und an andere.

Mach es allen recht: Diese Menschen fühlen sich dazu verpflichtet, es allen recht zu machen und können Schwierigkeiten haben, ihre eigenen Bedürfnisse und Wünsche auszudrücken.

Sei immer stark: Menschen mit diesem Antreiber lassen sich mögliche Belastungen nicht anmerken. Sie bitten selten um Hilfe und sind stattdessen eher für andere da.

Mach schnell: Dieser Antreiber beeinflusst Menschen, effizient zu sein und möglichst viel in möglichst wenig Zeit zu schaffen.

Streng dich an: Menschen, die von diesem Antreiber beeinflusst werden, sind bereit, für Leistungen einiges an Energie aufzubringen.

Diese inneren Antreiber entstehen oft durch die Interaktionen mit unseren Eltern, Erziehungspersonen und anderen wichtigen Bezugspersonen während unserer Kindheit. Unsere frühen Erfahrungen, wie Lob, Kritik, Belohnungen oder Bestrafungen, formen unsere Überzeugungen und Denkmuster.

Um reflektiert mit den inneren Antreibern umzugehen, ist es wichtig, sich ihrer bewusst zu werden und ihre Auswirkungen auf unser Verhalten zu erkennen. Das Wissen um diese inneren Antreiber kann die Achtsamkeitspraxis daher bereichern.

Selbstgespräche haben eine wertvolle Funktion

Auch kann es im Rahmen dieses Themas Sinn ergeben, sich noch einmal bewusst zu machen, dass alles, was wir tun, nicht nur negative Konsequenzen hat, sondern immer auch mal eine Funktion hatte oder vielleicht noch immer hat. Verschiedene Forschungsergebnisse zeigen in diesem Zusammenhang, dass Selbstgespräche eine wertvolle Funktion haben und uns dabei helfen können, unser emotionales Wohlbefinden zu verbessern, unsere Leistung zu steigern und mit Stress umzugehen.

So zeigen Untersuchungen zum Beispiel, dass Selbstgespräche eine Rolle bei der Regulation von Emotionen spielen können. Indem wir unsere Gedanken verbalisieren, können wir negative Emotionen abschwächen und positive Emotionen verstärken.

Andere Forschungsergebnisse deuten darauf hin, dass positive Selbstgespräche vor herausfordernden Aufgaben die Leistung verbessern können. Indem wir uns selbst ermutigen und positive Affirmationen aussprechen, können wir unsere Fähigkeiten und unser Selbstvertrauen steigern.

Selbstgespräche können außerdem dazu beitragen, Stress abzubauen und mit belastenden Situationen umzugehen. Indem wir uns selbst beruhigen und uns positive Botschaften geben, können wir unsere Stressreaktionen reduzieren.

Ethan Kross, ein renommierter Sozialpsychologe und Professor an der University of Michigan, hat umfangreiche Forschungen auf diesem Gebiet durchgeführt und zahlreiche wissenschaftliche Artikel zum

Thema Selbstgespräche veröffentlicht. In seinem Buch „Chatter" diskutiert er das Thema Selbstgespräche ausführlich und beschreibt in diesem Zusammenhang drei wesentliche Funktionen:

- Selbstgespräche dienen dazu, unsere Gedanken zu steuern, unsere Emotionen zu regulieren und unsere Handlungen zu lenken. Sie fungieren als innerer Dialog, der Einfluss auf unsere Wahrnehmung und Interpretation von Ereignissen hat.
- Durch Selbstgespräche können wir unsere Erfahrungen reflektieren, Probleme analysieren und Lösungen entwickeln. Sie ermöglichen uns, uns selbst besser zu verstehen und unsere Denkmuster zu überprüfen.
- Positive Selbstgespräche können uns stärken, unsere Motivation steigern und unser Selbstvertrauen aufbauen. Negative Selbstgespräche hingegen können zu Selbstzweifeln, Angst und negativer Stimmung führen.

Im Rahmen zunehmender Achtsamkeit kann es daher nicht darum gehen, diese inneren Selbstgespräche durchweg abzustellen. Vielmehr wird die Kompetenz trainiert, diese wahrzunehmen. Aus der inneren Beobachtung heraus können wir dann neugierig betrachten, was uns gerade beschäftigt. Wir können nachspüren, ob uns dieses Selbstgespräch gerade guttut, stärkt oder sich im Kreis dreht. Mit Blick auf die bereits beschriebene VUKA-Welt (Seite 20) ist genau diese Beobachtungsgabe eine Kompetenz der Zukunft. Denn die einstmals evolutionär sinnvolle Kompetenz ist in Form eines völlig überdrehten Geistes heute nicht mehr zielführend.

Achtsam zuhören und wertschätzend sprechen

Kommen wir nun zu dem Teil achtsamer Kommunikation, der am ehesten den üblichen Kommunikationstheorien entspricht, wie sie in so vielen Gesprächsführungsseminaren gelehrt werden. Dabei geht es auch beim achtsamen Kommunizieren um die beiden Elemente Zuhören und Sprechen. Aus dem Zusammenspiel beider Elemente ergibt sich im Idealfall dann ein achtsames Gespräch zwischen zwei oder gar mehreren Gesprächspartnern.

Achtsames Zuhören

Beginnen wir mit dem achtsamen Zuhören. Zuhören kommt in unserer Gesellschaft zunehmend zu kurz, denn viel zu oft sind wir doch auf uns selbst fixiert. Achtsames Zuhören beinhaltet, dass wir uns mit voller Aufmerksamkeit auf unser Gegenüber einlassen. Wir wenden uns ihm zu, suchen den Blickkontakt und versuchen, das Gesagte mit allen Sinnen wahrzunehmen. Damit bedeutet achtsames Zuhören nicht nur, die vermittelten Inhalte wahrzunehmen, sondern auch gleichzeitig zu beobachten, welche inneren Reaktionen das Gesagte bei einem selbst auslöst. Lasse ich mich einmal auf diesen Prozess ein, das Gesagte, den Gegenüber und mich selbst wahrzunehmen, wird es unweigerlich voll in der Wahrnehmung. Dabei sind die folgenden Dinge relativ wahrscheinlich.

Auswirkungen

- Ich beginne, das Gesagte in irgendeiner Form zu werten. Ich finde es entweder spannend, ärgerlich, unterhaltsam oder auch langweilig.
- Es entstehen Emotionen, indem ich bei dem Gesagten mitschwinge.
- Das Gesagte lädt mich ein, in einen inneren Dialog zu gehen und mir möglicherweise eine Geschichte zu erzählen, wie ich in dieser Situation vorgegangen wäre.
- Ich kann wahrnehmen, wie ich das Ende oder den weiteren Verlauf schon erahne oder wie mein Kopf verschiedene Szenarien weiterdenkt.
- Gegebenenfalls kommen durch Assoziationen Erinnerungen an ähnliche Erlebnisse hoch.
- Und das verführt mich möglicherweise dann, die Ebene des Zuhörens zu früh zu verlassen und Nachfragen in eine Richtung zu stellen, die mich interessiert – oder aber schlicht von einem eigenen ähnlichen Erlebnis zu erzählen und den Fokus damit gänzlich von meinem Gegenüber auf mich zu lenken.
- Oder wir nehmen den Impuls, helfen zu wollen nicht früh genug wahr und haben einen Ratschlag gegeben, noch bevor danach gefragt wurde.

Prototypische Verhaltensfälle

***Karsten** kennt sich als sehr quirligen und schnell begeisterungsfähigen Menschen. Wenn er mit anderen im Gespräch ist, passiert es rasant, dass er auf eine Geschichte anspringt. Die Menschen in seinem Umfeld kennen ihn nicht anders und schätzen seine impulsive und dynamische Art sogar sehr. Karsten ist jedoch schon oft aufgefallen, dass er Leute häufig unterbricht, weil er sich spontan einbringen will. Auch hat er oftmals eine Lösung parat, die eigentlich gar nicht angefragt war. Neulich sagte ihm ein Kollege sogar einmal: „Komm, lass gut sein. Ich weiß ja selbst, was zu tun ist. Ich wollte einfach nur mal Dampf ablassen.“ Inzwischen gelingt es ihm am Telefon bei Kundengesprächen, und auch, wenn seine Kinder von ihren Erlebnissen berichten, geduldiger zuzuhören.*

Für das Führen eines achtsamen Gesprächs bedarf es zunächst einmal einer guten Verbindung mit uns selbst. Nur wenn wir uns selbst gut verstehen, wird es uns gelingen, eine gute Verbindung zu anderen aufzubauen. Um uns gut kennenzulernen, können wir kultivieren, die eigenen Gedanken, Gefühle und den Körper regelmäßig wahrzunehmen. Wo bin ich mit meinen Gedanken? Welche Emotionen sind da gerade? Sind sie für diese Situation relevant oder kommen sie gegebenenfalls aus einer vergangenen Situation? Auf welche Bedürfnisse weisen mich diese Emotionen hin? Wie kann ich mich bezüglich dieser Bedürfnisse gut versorgen? Welche Wünsche lassen sich aus diesen Bedürfnissen ableiten, die ich formulieren möchte? Ist es wirklich wichtig, das zu besprechen? Brauchen wir die Erkenntnis, die sich aus einem solchen Gespräch ergibt? Macht es mich oder mein Gegenüber zufrieden(er)?

Zentrale Grundhaltungen

Für die achtsame Kommunikation gibt es weniger genaue sprachliche Formulierungsvorschläge als die Anregung, sich auf drei zentrale Grundhaltungen einzulassen, während wir sprechen. Diese lauten wie folgt.

„Ich bin für dich da." Das bewusste Da-Sein für den Gesprächspartner betrachten wir als Geschenk. Ihm die volle Aufmerksamkeit zu schenken und sich ganz auf ihn und sein Thema einzulassen, ist die Basis von Mitgefühl. Diesen Satz auszusprechen, kann dem Gegenüber Kraft und Zuversicht spenden.

„Ich weiß, dass du da bist und darüber freue ich mich." Diese Grundhaltung ist eine gute Weise zu transportieren, dass wir das Gegenüber mögen, achten und dessen Anwesenheit schätzen und nicht für selbstverständlich nehmen.

„Ich weiß, dass du leidest und deshalb bin ich für dich da." Diese Grundhaltung hilft zu transportieren, dass man auch in schwierigen Zeiten gewillt ist, an der Seite des Gegenübers zu bleiben. Auch lässt sich mit dieser Haltung leichter hinter zunächst einmal unangenehmes Verhalten schauen und die wahren Bedürfnisse entdecken.

Viele der Grundprinzipien der achtsamen Kommunikation finden sich auch in der Grundhaltung der Gewaltfreien Kommunikation. Auch diese beschäftigt sich intensiv mit Gefühlen und Bedürfnissen in Gesprächssituationen und wie diese in zielführende und Verbindung schaffende Kommunikation münden kann.

Prototypische Verhaltensfälle

***Julia** hat die drei Prinzipien der achtsamen Kommunikation inzwischen in viele Bereiche ihres Arbeitslebens einfließen lassen. Wenn eine Kollegin ihr Büro betritt und sie um ihre Meinung zu einer Projektidee bittet, klappt sie bewusst das Laptop zu, legt das Handy weg, schließt die Tür und formuliert dann ganz bewusst. „Alles klar. Ich bin ganz Ohr." Den Kollegen aus der Nachbarabteilung, der sie neulich so vorwurfsvoll angeraunzt hat, konnte sie mit den Worten entwaffnen: „Hey, was ist das denn? Lass uns bitte einmal kurz setzen und du erzählst mir, worüber du dich wirklich ärgerst." So konnte sie anschließend viel besser verstehen, was den Kollegen gerade so überfordert und wo er sich mehr Unterstützung wünscht.*

Gewaltfreie Kommunikation und Theorie U als Ansätze achtsamer Kommunikation

Gewaltfreie Kommunikation als achtsame Kommunikation

Die Gewaltfreie Kommunikation (GFK) geht auf Marshall B. Rosenberg zurück, einen amerikanischen Psychologen, der das Konzept in den 1960er-Jahren entwickelte. Rosenberg war davon überzeugt, dass viele Konflikte und Missverständnisse in zwischenmenschlichen Beziehungen auf unklare Kommunikation und mangelndes Einfühlungsvermögen zurückzuführen sind. Er wollte ein Kommunikationsmodell schaffen, das Menschen dabei unterstützt, auf eine respektvolle, einfühlsame und konstruktive Weise miteinander zu sprechen und Konflikte zu lösen. Dabei arbeitet die Gewaltfreie Kommunikation immer mit den folgenden vier Kernelementen/Prozess-Schritten:

Die vier Kernelemente der GFK

1. **Beobachtungen:** Gewaltfrei zu kommunizieren setzt eine gute unvoreingenommene und neutrale Beobachtung der Situation voraus. Nur so kann eine klare und objektive Beschreibung einer konkreten Handlung oder Situation ohne Wertung oder Interpretation erfolgen.
2. **Gefühle:** Wahrzunehmen, welche Gefühle eine Situation auslöst, ist ein weiteres wichtiges Element der GFK. Dabei ist es wichtig, die eigenen Emotionen, die in dieser beschriebenen Situation aufkommen, nicht ursächlich der anderen Person zuzuschreiben.
3. **Bedürfnisse:** Hinter jedem Gefühl steht ein berechtigtes und in der Regel nicht erfülltes Bedürfnis. Um konstruktiv in ein Gespräch gehen zu können, ist es wichtig, sich dieses Bedürfnisses bewusst zu werden. Dieses Bedürfnis zu kennen, ist die Grundvoraussetzung für Schritt vier.
4. **Bitte:** Im vierten Schritt steht die Formulierung einer konkreten Bitte, die klar ausdrückt, was die Person von der anderen Person möchte, um ihre Bedürfnisse zu erfüllen.

Betrachtet man allein diese vier Kernelemente der Gewaltfreien Kommunikation, wird bereits klar, wie eng diese mit dem Konzept der achtsamen Kommunikation verbunden ist.

Beobachtung: Die neutrale Beobachtung einer Situation wird systematisch durch die Achtsamkeitspraxis trainiert. Sie lädt im Kern dazu ein, die Dinge so zu betrachten, wie sie gerade sind, und sich vorhandene Wertungen und Interpretationen der Lage bewusst zu machen. Statt diesen nachzugehen oder sich gar in sie hineinzusteigern, übt sie die Kompetenz, immer wieder in eine neutrale, offene und neugierige Haltung zurückzukommen. Achtsamen Menschen gelingt es daher gut, eine Situation neutral und faktisch zu beschreiben.

Gefühle: Die eigenen Gefühle wahrzunehmen und ihnen in einem hektischen Alltag ausreichend Raum zu geben, wird über die Achtsamkeitspraxis systematisch geübt. Die Entwicklung des inneren Beobachters schafft eine Wahrnehmung der Gefühle, aber eben auch ausreichend Distanz, sodass wir uns nicht hilflos von diesen Gefühlen mitreißen lassen müssen. So müssen wir nicht aufgrund einer bestimmten Situation direkt in die Gegenreaktion einsteigen. Stattdessen entsteht nach und nach die Fähigkeit, Worte für die Benennung dieser Gefühle zu finden oder den Körper als Indikator für aufkommende Gefühle zu nutzen. Auch führt Achtsamkeitspraxis zu der Erkenntnis, dass Gedanken und die damit oft verbundenen Wertungen Gefühle verstärken können. Negative Gefühle sind somit zunehmend nicht eine unabdingbare Reaktion auf das Verhalten einer anderen Person. Stattdessen werden eigene Handlungsspielräume und Wahlmöglichkeiten gesehen.

Fürsorglicher Umgang mit sich selbst und den Mitmenschen

Bedürfnisse: Achtsamkeit schult einen fürsorglichen Umgang mit sich selbst und den Mitmenschen. Statt sich ständig zu Höchstleistungen anzutreiben, sich Pausen zu versagen oder sich in innerer Kritik zu verlieren, gelingt es einer achtsamen Person zunehmend gut, sich zu fragen, was sie gerade braucht, um glücklich zu sein, zufrieden arbeiten oder leben zu können. Gefühle werden dabei zunehmend als Indikatoren für nicht erfüllte Bedürfnisse wahrgenommen. Eine solche Erkenntnis kann anschließend in kluge Handlungen überführt werden. Dabei ist nicht zwingend notwendig, dass eine andere Person einem die Erfüllung des Bedürfnisses ermöglicht. Manchmal beinhaltet diese Erkenntnis auch die Einsicht, dass man selbst mehr für sich tun könnte.

Bitte: Wenn hier in diesem Buch immer wieder von der Unterbrechung der Reiz-Reaktions-Muster die Rede ist, dann beschreibt die Gewaltfreie Kommunikation auf sehr anschauliche und praxisnahe Weise, was in dieser kleinen achtsamen Pause zwischen Umgebungsreiz und

Handlung geschehen kann. Und nur wenn dieser Raum auf diese achtsame Art und Weise genutzt wird, kann am Ende dann eine klar formulierte Bitte stehen, die frei von Vorwürfen und emotionalen Ausbrüchen ist und somit ein gewaltfreies und konstruktives Miteinander ermöglicht.

Die Theorie U

Die Theorie U wurde von dem deutschen Physiker und Managementberater Claus Otto Scharmer entwickelt. Sie ist ein Konzept des transformativen Wandels und der persönlichen Entwicklung. Die Theorie U (2009) wurde ursprünglich im Kontext des „Organisational Learning" und des „Systemdenkens" entwickelt, hat sich aber seitdem auf verschiedene Bereiche wie Führung, Innovation und sozialen Wandel ausgedehnt.

Eine Systemtransformation kann nur durch individuellen Bewusstseinswandel erreicht werden

Im Wesentlichen besagt die Theorie U, dass der Wandel und die Transformation von Systemen nur durch einen tiefen individuellen Bewusstseinswandel erreicht werden können. Sie postuliert, dass die Qualität der Ergebnisse, die ein System erzeugt, durch die Aufmerksamkeit und das Bewusstsein der beteiligten Menschen bestimmt wird. Die Theorie U möchte einen Rahmen für diesen Bewusstseinswandel bieten und schlägt einen Prozess vor, der von der Erkundung der gegenwärtigen Realität über das Loslassen alter Muster und Annahmen bis hin zum Erzeugen einer neuen Zukunft reicht.

Dabei geht sie von den folgenden Grundannahmen aus:

1. Du wirst ein System erst verstehen, wenn du beginnst, es zu verändern. (K. Levin)
2. Du kannst ein System erst verändern, wenn du die Bewusstheit, die Denkmodelle aller Beteiligten veränderst.
3. Du kannst Denkmodelle nicht verändern, wenn du nicht anfängst, in den Spiegel zu schauen.

Die Theorie U zielt darauf ab, eine Lösung für Zukunftsprobleme zu bieten, indem sie einen Ansatz zur Überwindung von Gewohnheiten, Denkmustern und Systemgrenzen anbietet, die uns daran hindern, nachhaltige Veränderungen herbeizuführen. Sie befasst sich mit komplexen Herausforderungen wie sozialer Ungerechtigkeit, Umweltzerstörung, organisatorischer Trägheit und anderen systemischen Problemen, die ein Umdenken erfordern.

Das Konzept des „Deep Listening"

In diesem Zusammenhang wird immer wieder auf das Konzept des „Deep Listening" oder „tiefes Zuhören" und damit auf einen zentralen Bestandteil der Theorie U verwiesen. Hierbei handelt es sich um eine Form des Zuhörens, bei der man vollkommen präsent ist und ohne Vorurteile oder Ablenkungen auf das hört, was andere Menschen sagen. Beim „Deep Listening" versucht man nicht nur die Worte zu verstehen, sondern auch die Bedeutung dahinter zu erfassen und empathisch auf die Erfahrungen und Perspektiven anderer einzugehen. Durch „Deep Listening" können wir uns bewusst mit anderen verbinden, ihre Sichtweise besser verstehen und eine Grundlage für achtsame Kommunikation schaffen.

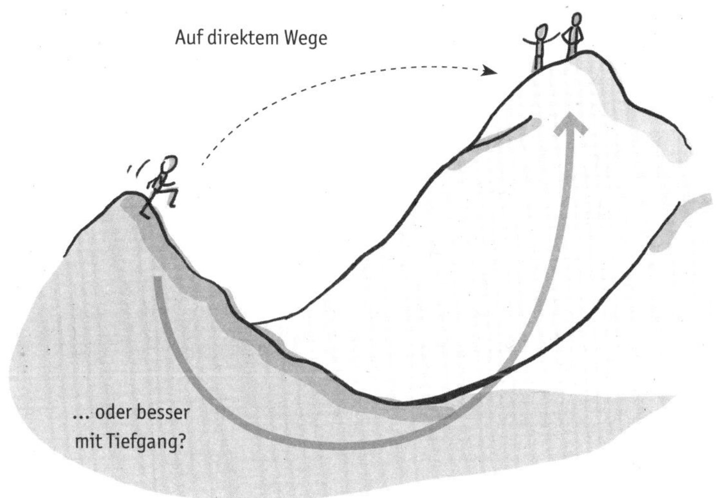

Abb.: Unter Zeitdruck erscheint der direkte Weg attraktiv. Die Theorie U ist dagegen eine nachhaltigere Alternative.

Statt also wie sonst in der von Effizienz und Zeitdruck geprägten Arbeitswelt den direkten Weg von A nach B zu gehen, nimmt diese Methode bewusst Tempo raus und schafft stattdessen Tiefgang. Ziel ist es dabei, eine nachhaltigere, qualitativ hochwertigere und von allen Beteiligten besser getragene Lösung zu erarbeiten.

Die Theorie U besteht aus einem Prozess mit sieben Schritten, welche diesen tiefgreifenden Wandel und eine Transformation ermöglichen sollen. Diese Schritte, die statt des direkten Weges eingeschlagen werden, werden in Form eines U dargestellt, was der Theorie ihren Namen verlieh.

Prozess-Schritte

Die einzelnen Schritte der Theorie U sind dabei wie folgt:

1. **Beobachten:** In diesem Schritt geht es darum, bewusst zuzuhören und die gegenwärtige Realität wahrzunehmen. Man nimmt die unterschiedlichen Perspektiven, Muster und Dynamiken wahr, ohne vorschnelle Bewertungen abzugeben.
2. **Verstehen:** Hier geht es darum, die Situation aus verschiedenen Blickwinkeln zu verstehen und die zugrunde liegenden Ursachen und Kräfte zu erfassen. Es geht darum, tiefere Zusammenhänge zu erkennen und die eigenen Annahmen und Vorurteile zu hinterfragen.
3. **Entdecken:** In diesem Schritt öffnet man sich für neue Möglichkeiten und Ideen jenseits der bisherigen Denkmuster. Man erkundet die Zukunftspotenziale und lässt neue Erkenntnisse, Visionen und Innovationen entstehen.
4. **Verdichten:** Der vierte Schritt beinhaltet das Fokussieren und Verdichten der Erkenntnisse aus den vorherigen Schritten. Man konzentriert sich auf das Wesentliche und entwickelt eine klare Vision für die gewünschte Zukunft.
5. **Loslassen:** Hier geht es darum, alte Gewohnheiten, Vorstellungen und Blockaden loszulassen, die den Wandel behindern könnten. Man befreit sich von alten Mustern und öffnet sich für neue Möglichkeiten.
6. **Herabspringen:** In diesem Schritt geht es um das konkrete Handeln und Umsetzen der entwickelten Vision. Man übersetzt die Vision in konkrete Maßnahmen und setzt diese schrittweise um.
7. **Verkörpern:** Der letzte Schritt besteht darin, den Wandel zu verkörpern und kontinuierlich zu lernen. Man integriert die neuen Erkenntnisse und Verhaltensweisen in das eigene Sein und Handeln und teilt diese mit anderen.

Diese sieben Schritte bilden den Prozess der Theorie U und sollen individuelle und kollektive Transformation ermöglichen, um komplexe Probleme anzugehen und nachhaltige Veränderungen herbeizuführen.

Downloading
herunterladen

Performing
in die Welt bringen

Öffnung des Denkens

innehalten

verkörpern

Seeing
hinsehen

Öffnung des Fühlens

Prototyping
erproben

Sensing
hinspüren

Öffnung des Willens

Crystallizing
verdichten

loslassen

kommen lassen

Presencing
mit der Quelle verbinden,
anwesend werden

Abb.: Die Stationen der Theorie U nach C. Otto Scharmer, 2009.

Die Theorie U kann hier im Rahmen dieses Buches nur stark verkürzt dargestellt werden. Das wird dem ganzen Potenzial und der Wirksamkeit dieser „Methode“ nicht im Ansatz gerecht. Sie zeigt aber auch bereits in dieser verkürzten Version auf, welches Potenzial in dem Thema achtsame Kommunikation liegt und was in Teams und Organisationen geschehen kann, wenn wir einen bewussten Austausch von Informationen pflegen, bei dem wir unsere Aufmerksamkeit, Empathie und Offenheit einsetzen, um eine tiefere Verbindung und Verständnis zwischen den Beteiligten herzustellen. Achtsame Kommunikation hilft so, Konflikte zu reduzieren, Vertrauen aufzubauen und gemeinsame, langfristig tragende Lösungen zu finden.

Die Dinge des Alltags in wacher Präsenz ausführen

Informelle Übungspraxis

Neben diesen vielen Möglichkeiten, Achtsamkeit ritualisiert zu üben, wie Sitz- oder Gehmeditation zum Beispiel, gibt es eine fast noch größere Vielzahl an Optionen sogenannter informeller Übungspraxis. So können wir das achtsame Gehen, in einer ruhigen Umgebung und einem formellen Ritual folgend (in abgewandelter Form auf dem Weg zur Kantine, dem Konferenzraum oder Kopierer oder auch in der Pause beim Gang um den Block), praktizieren. Die in der formellen Sitzmeditation geübte Gedankenbeobachtung können wir immer mal wieder zwischendurch am Schreibtisch, dem anstehenden Meeting oder abends auf dem Sofa nutzen.

Formelle und informelle Übungswege haben jeweils ihre eigenen Vorteile und dienen dazu, Achtsamkeit in verschiedenen Aspekten des Lebens zu kultivieren. Die formelle Praxis ermöglicht es, die Fähigkeiten der Achtsamkeit gezielt zu entwickeln und zu vertiefen, während die informelle Praxis dazu beiträgt, Achtsamkeit in den Alltag zu integrieren und sie in verschiedenen Situationen anzuwenden.

Vielleicht ist es ein wenig so wie beim Training der Muskulatur. Während das Stemmen von Gewichten und der Yogakurs die Muskulatur auf formelle Art und Weise stärken, kann dies auch durch Treppensteigen auf dem Weg ins Büro oder durch das Tragen des schweren Einkaufs ins Haus geschehen.

Risiken und Nebenwirkungen von Achtsamkeitspraxis

Achtsamkeit ist keine weitere Entspannungsmethode und schon gar kein Garant dafür, sich durch regelmäßiges Üben pauschal besser zu fühlen. Es ist vielmehr eine bewusste Schulung des Geistes, welche einen nach und nach befähigt, wachsam und fokussiert zu arbeiten, kreativ zu denken und bewusste Entscheidungen zu treffen. Mit zunehmender Übung kann es vielleicht zunächst zu unerwünschten Nebeneffekten kommen. Wenn wir uns darin üben, die Dinge bewusster wahrzunehmen, nehmen wir möglicherweise auch Dinge wahr, die wir unangenehm finden. So fällt uns vielleicht auf, wie wir uns verspannen, wenn eine bestimmte Kollegin den Raum betritt, oder wir nehmen Gefühle wie Traurigkeit, Enttäuschung oder Wut bewusster wahr, die wir vielleicht früher durch ablenkenden Aktionismus verdrängt hätten.

Ein Motor für konstruktive Veränderungen

Diese vermeintlich negativen Nebenwirkungen sind allerdings ein nicht zu unterschätzender Motor für konstruktive Veränderungen. Wenn es uns gelingt, durch die bewusste Wahrnehmung innerer Prozesse herauszufinden, was genau diese unangenehmen Gefühle oder körperlichen Reaktionen auslöst, können wir in dem bewussten Raum zwischen Reiz und Reaktion eine andere Reaktion wählen als die bisher übliche. Wir können die Anspannung wahrnehmen und statt dem Griff zum Schokoriegel eine kleine Atemübung wählen. Wir können, statt uns in die Arbeit zu stürzen und ggf. Raubbau an unserem Körper zu betreiben, durch einen bewussten Spaziergang versuchen, diese Gefühle zu beruhigen. Oder wir erfahren einfach das Prinzip, dass nichts von Dauer ist und bestimmte Dinge von ganz alleine „besser" werden und wir manchmal schon genug tun, wenn wir uns nicht noch durch zusätzliches Gedankenkarussell hineinsteigern. Schon gar nicht müssen wir uns in diesem Prozess unter Druck setzen, ständig gut gelaunt zu sein. So ist es z.B. auch achtsam, bewusst die Entscheidung zu treffen, sich mal für fünf Minuten allen Frust von der Seele zu schimpfen, um anschließend zu beschließen, es dann fürs Erste wieder auf sich beruhen zu lassen.

Achtsamkeit ist kein Selbstoptimierungstool

Achtsamkeit darf zudem nicht zu einem weiteren Selbstoptimierungstool werden. Wir sollten nicht direkt alles, was wir mit zunehmender Praxis wahrnehmen, direkt verbessern wollen. Hier helfen vielleicht drei Grundsätze:

- Ich muss es nicht erklären.
- Ich muss es nicht bewerten.
- Ich muss es nicht ändern.

Es darf einfach einmal so sein, wie es ist.

Wenn wir die Regeln der Arbeitswelt auf die Erholungswelt übertragen, haben wir nichts gewonnen. So wird aus der vorgenommenen Mentalhygiene ein weiterer Quell schlechten Gewissens, ganz so, wie es das die Mitgliedschaft für das Fitnessstudio so oft ist.

Kapitel 5

Übungen und Geschichten

Es gibt kaum ein Thema, das sich so schlecht in der Theorie erarbeiten lässt wie die Achtsamkeit. Achtsamkeit benötigt Training und Übung. Und es kann nur wirken, wenn es ganz praktisch angewandt wird.

Genauso wenig wie es hilft, zu wissen, dass Sport Muskeln aufbaut, reicht es aus, sich kognitiv klarzumachen, dass die vielen äußeren und inneren Reize das Arbeitsleben erschweren. Es braucht daher unbedingt einen hohen Praxisanteil in den Seminaren, um Erfahrungen machen und wesentliche Wirkungen wirklich erleben zu können.

Dieses Kapitel widmet sich ganz der praktischen Umsetzung der bisher in der Theorie erarbeiteten Konzepte. Dabei werden Übungen und Geschichten angeboten, die zu jeweils unterschiedlichen Schwerpunkten oder auch zu unterschiedlichen Zeitpunkten des Seminars passen.

Die nun folgenden Übungen und Geschichten können Sie im Baukastenprinzip nutzen, um sich entweder ein Seminar, das Achtsamkeit selbst zum Thema macht, zusammenzustellen oder Sie nutzen einige ausgewählte Übungen zur Anreicherung eines Seminars mit anderem Themenschwerpunkt. Die Sammlung ist keinesfalls erschöpfend. Sie darf daher hauptsächlich Ihrer Inspiration dienen. Falls Sie das Gefühl haben, dass Sie eine der Übungen noch an die Zielgruppe oder das Thema anpassen und so abwandeln möchten, fühlen Sie sich herzlich eingeladen, das zu tun.

- Übungen zu Beginn und im Rahmen der Einführung in das Thema
- Übungen und Impulse zur Erarbeitung der Grundprinzipien
- Formelle Übungen der Achtsamkeitspraxis – die Klassiker
- Meditationen mit thematischer Anbindung
- Übungen und Impulse für den Praxistransfer in den Berufsalltag
- Geschichten zur Erarbeitung typischer Achtsamkeitselemente

Übungen zu Beginn und im Rahmen der Einführung in das Thema

Hier finden Sie Übungen, die sich besonders gut zum Einstieg in die Thematik und zu Beginn einer Veranstaltung anbieten. Sie verbinden zum Teil das Warming-up bereits mit ersten inhaltlichen Impulsen und machen neugierig auf das Thema. Dabei helfen diese Übungen auch potenziell skeptischen Teilnehmenden, sich in die Thematik einzufinden.

Erfahrungen und Erwartungen im Gruppenspiegel

- Ziele: In der Gruppe und im Thema ankommen; die eigene Erwartung und Haltung reflektieren
- Dauer: 60 Minuten
- Material: Bodenschilder oder vorbereitete Moderationskarten zur Orientierung und Visualisierung der Frage

Darum geht es

Mit einer bewegenden Übung in das Seminargeschehen zu starten, lockert die neugierige, erwartungsvolle und möglicherweise etwas gespannte Stimmung direkt auf. Die Seminarleitung kann an dieser Stelle direkt darauf verweisen, dass das praktische Tun und Ausprobieren ein zentrales Element der Veranstaltung sein wird.

Die Übung folgt dem Prinzip von Aufstellungs- und Skalierungsübungen. Sie ermöglicht es der Seminarleitung, wichtiges Wissen über Vorerfahrungen, Erwartungen und Befürchtungen der Teilnehmenden zu erlangen. Gleichzeitig bringt es die Gruppe auf lockere Art und in unterschiedlichen Konstellationen miteinander ins Gespräch. Ohne die oft als ermüdend empfundene Vorstellungsrunde können schon erste Kontakte in der Gruppe geknüpft werden. Die Seminarleitung kann zudem anknüpfend an die Ausgangsfrage bereits erste inhaltliche Impulse setzen und so schon sanft den Einstieg ins Thema gestalten. Die hier genannten Leitfragen dienen lediglich der Inspiration und können beliebig abgewandelt und auf die Gruppe angepasst werden.

Moderation

„Ich stelle Ihnen gleich diverse Fragen und bitte Sie anschließend, sich möglichst spontan einer der Antwortalternativen zuzuordnen. Wenn Sie das Gefühl haben, zwischen zwei Alternativen zu schwanken, wählen Sie die, die am ehesten passt. Es gibt kein Richtig oder Falsch; es geht lediglich darum, sich selbst in dem Thema zu verorten und ein Gefühl für die Gruppe zu bekommen.

Welche Vorerfahrungen zum Thema Achtsamkeit haben Sie bereits gemacht?

- Keine, deshalb bin ich ja hier.
- Ich habe was zum Thema gehört, etwas gelesen oder einen Film gesehen. Praktische Erfahrungen habe ich aber eher nicht.
- Ich habe erste praktische Versuche zum Thema hinter mir. Es gelingt aber bis jetzt nicht gut, diese im Alltag aufrechtzuhalten.
- Achtsamkeit ist ein fester Bestandteil meines Alltages.

Bitte stellen Sie sich nun spontan zu der Aussage, die am ehesten zu Ihrer aktuellen Situation passt. Tauschen Sie sich dann in der Kleingruppe zu zweit oder dritt darüber aus, welche Erfahrungen Sie bisher mit dem Thema gemacht haben. Sollten Sie noch keine Erfahrungen gemacht haben, tauschen Sie sich darüber aus, was Sie neugierig aufs Thema gemacht hat."

Hinweise

Als Seminarleitung können Sie während des Austausches durch die Gruppen gehen, dabei zuhören und so bereits erste Eindrücke zur Ausgangslage der Gruppe mitnehmen. Im Anschluss an die kurze Murmelphase, die voraussichtlich fünf Minuten benötigt, können Sie dann erste Impulse geben, die in das Seminarthema einführen. Hier bietet es sich an, den Unerfahrenen Anerkennung für ihren Mut und ihre Neugierde auszusprechen und den Erfahrenen zu signalisieren, dass die Veranstaltung sich eignen wird, das bisher Erreichte erneut wachzurufen, zu vertiefen und weiter zu festigen. Auch eine Einladung, sich aktiv mit den bisherigen Erfahrungen in die Austauschrunden einzubringen, ist als Signal für die Gruppe hilfreich.

Mit Blick auf die „Theoretiker" und „ersten Praktiker" können Sie bereits die Botschaft setzen, dass genau das der Kern von Achtsamkeit ist. Zu verstehen, wie es wirkt, neugierig sein aufs Thema, ist ein wichtiger Grundstein. Es geht aber auch nichts über das praktische Ausprobieren. Das Thema wach- und im Alltag lebendig zu halten, ist eine der größten Herausforderungen. Ein Seminar kann den Grundstein legen. Anschließend müssen sich allerdings Schritt für Schritt Routinen entwickeln. Möglicherweise kann hier ein inhaltlicher

Impuls zum Thema Autopilot, Achtsamkeit als Gegenentwurf und die Entwicklung von Routinen bereits hilfreich sein.

Weitere Fragen können sein:

Welche Hoffnungen verbinden Sie mit diesem Seminarbesuch? Was soll Achtsamkeit bewirken?

- Ich erhoffe mir einen konzentrierteren, fokussierten und effizienteren Arbeitsalltag.
- Ich erhoffe mir einen stressfreien Alltag.
- Ich erhoffe mir mehr Sinnerleben und intensivere Begegnungen am Arbeitsplatz.
- Wenn etwas für die Arbeit dabei herausspringt, freue ich mich. Aber eigentlich wollte ich mal wieder was nur für mich tun.

Auch hier bietet sich ein anschließender kurzer Austausch zu der Frage an: *„Welche Dinge, Situationen sollen sich verändern? Wie soll es stattdessen werden?"* In diesem Zusammenhang lernen alle Beteiligten schon ein paar typische Arbeitssituationen kennen, an die später in Transfersituationen angeknüpft werden kann.

Sie können im Anschluss an die Austauschphase einige Bespiele berichten lassen. Hier können Sie auch exemplarisch schon erste Wirkungen von Achtsamkeit benennen. Es bietet sich an dieser Stelle ebenfalls oft an, bereits einen ersten Impuls zu der veränderten Arbeitswelt zu setzen, ebenso zu den damit verbundenen Anstrengungen und Herausforderungen und den neuen Kompetenzen, die diese neue Arbeitswelt benötigt.

Ebenfalls sinnvoll ist ein Hinweis, dass sich bei dem Thema private und berufliche Effekte nicht trennen lassen, da in beiden „Welten" sowohl geübt werden wird als auch Erfahrungen zur Wirksamkeit gemacht werden. Damit einher geht auch der Hinweis, dass es völlig okay ist, erst einmal nur etwas für sich zu machen – oder es im Gegenteil sogar der einzige Weg ist, sich dem Thema zu nähern. Denn der Weg zu den Zielen „mehr Fokus" oder „mehr Sinnerleben" geht immer zunächst über die Beschäftigung mit sich selbst.

Was ist meine größte Befürchtung mit Blick auf das Seminar?

- Zu viel Theorie
- Zu viel Praxis
- Dass ich bei den Übungen fürchterlich unruhig werde
- Dass ich bei den Übungen einschlafe

Hier bietet es sich an, nach der Aufstellung direkt in ein Plenumsgespräch einzusteigen. Dazu können einzelne Teilnehmende berichten, warum sie sich entsprechend zugeordnet haben. Sie können als Seminarleitung im Anschluss einordnend die Botschaften senden, dass es eine Mischung aus Theorie und Praxis geben wird, weil die Darlegung der theoretischen Fundierung nicht wegfallen darf, es aber auch einen großen Raum zum Ausprobieren und Erfahren geben soll. Hier gehört auch die Einladung hin, sich auf alle Erfahrungen neugierig einzulassen. Ehrgeizige Disziplin und es unbedingt richtig machen zu wollen, sind in diesem Kontext nicht die relevanten Größen. Alles darf, nichts muss. Einschlafen ist ebenso okay wie unruhig werden. Ruhe ist nicht die Voraussetzung für Achtsamkeit, sondern ein möglicher Gewinn. Die gemachten Erfahrungen werden in der Gruppe immer wieder eingeordnet.

Für den Fall, dass Sie das hier überzeugt …

- Ziele: Sensibilisierung für den Trainingsbedarf; das Etablieren von Übungsroutine vorbereiten
- Dauer: 10 Minuten
- Material: Keines

Darum geht es

Es gibt ernst zu nehmende Stimmen, die behaupten, dass man für Achtsamkeit keine Extrazeit einplanen muss. Denn schließlich kann man alles, was man tut, künftig achtsamer tun. Wir können die Kollegin achtsamer begrüßen, uns emotional und körperlich bewusster wahrnehmen, wenn ein aufgebrachter Kunde anruft. Wir können achtsam zum Kopierer gehen und unsere Kinder mit voller Aufmerksamkeit begrüßen, wenn sie aus der Kita oder Schule kommen.

Ich habe dennoch die Erfahrung gemacht, dass es gerade am Anfang eines Trainings des Achtsamkeitsmuskels gut ist, eine kleine Vereinbarung mit sich selbst zu schließen und sich ein festes Ritual zu schaffen, in dem man eine kleine formelle Übung einbaut. Denn wie bei einem wirklichen Muskeltraining ist es auch hier: Viel hilft viel.

Lassen Sie daher die Teilnehmenden, um das Commitment zum Thema zu erhöhen, am Anfang jeder für sich selbst und für wenige Minuten die folgende Frage beantworten:

Moderation

„Nehmen Sie bitte für einen Moment an, Sie würden dieser Tag und das Thema hier begeistern und Sie möchten gerne dranbleiben … Was könnten Sie lassen, um sich 10 Minuten Zeit für eine tägliche Übungsroutine freizuräumen?“

Die Frage danach, was man lassen könnte, irritiert spannenderweise vielfach. Viele Teilnehmende sind so durch den Dauerstress geprägt, dass es für sie selbstverständlich wäre, das einfach noch „on top“ zu machen und reinzuquetschen. Dieses Vorgehen ist jedoch relativ sicher aufgrund von Selbstüberforderung zum Scheitern verurteilt.

Hinweise

Nach dieser ersten Einzelarbeit können die Teilnehmenden, wenn es das Zeitkonto zulässt, noch einmal zu dritt die jeweiligen Ideen austauschen. Das ist eine kurze Murmelrunde von nur wenigen Minuten, die jedoch als sehr inspirierend erlebt wird. So findet der eine oder die andere weitere spannende Entrümpelungsideen und nicht selten kommen auch schon an diesem Punkt die üblichen Verdächtigen im Hinblick auf Zeitfresser, wie der Serienkonsum oder die Handynutzung zum Vorschein.

Achtsamkeits-Parcours

- Ziele: Erste praktische Erfahrungen sammeln; Gefühl für die Bandbreite der Achtsamkeit entwickeln
- Dauer: 30–45 Minuten
- Material: Anleitung an den Stationen

Darum geht es

Diese Übung bietet sich zum Einstieg in das Thema Achtsamkeit an. Sie erlaubt es den Teilnehmenden, in verschiedene Formen hineinzuschauen, sich auszuprobieren und bereits früh ein erstes Gefühl für die Wirkungsbreite von Achtsamkeitspraxis zu bekommen.

Die Dauer kann je nach Anzahl der Stationen und der Intensität der Nachbesprechungen variieren. Wichtig ist jedoch, dass die Stationen so gestaltet werden, dass die Übungszeit an allen Stationen in etwa gleich lang ist. Die Anleitungen der Stationen und eventuell benötigte Materialien können in einer Pause oder vor Seminarbeginn vorbereitet werden.

Dabei muss in der Regel mit den Umgebungsbedingungen der Veranstaltungsräume gearbeitet werden. Vor Beginn ist es wichtig, dass alle Teilnehmenden orientiert sind, wie viele Stationen durchlaufen werden sollen und wo sich diese Stationen befinden. Kleben Sie dazu zur Orientierung immer die Zahlen der jeweiligen Station an die Wand, sodass bei dem Rundlauf schon von Weitem zu sehen ist, dass man sich auf dem richtigen Weg befindet. Die Anleitung zur Übung liegt dann in der Nähe der angebrachten Ziffer. Bitten Sie die Teilnehmenden zudem, sich trotz vielleicht spannender Erfahrungen während der Übung oder auf den Wegen zwischen den Stationen noch nicht auszutauschen, um diese Erfahrungen erst einmal besser nachwirken zu lassen und durch das Gemurmel nicht andere in ihrer Übung zu stören.

Ablauf

Ich arbeite gerne mit fünf Stationen à drei Minuten. So bleibt die Übung spannend und hat ein gewisses Tempo. Dabei ergibt der Hinweis Sinn, dass es erst einmal um das Hineinschnuppern geht und verschiedene Dinge im Verlauf des Tages noch vertieft werden. Bei fünf Stationen kommt man zudem mit den typischen Seminargruppengrößen auf Kleingruppen von 2 bis 3 Personen. So entsteht dann kein Gedränge an den Stationen.

Die im Folgenden genannten Übungsideen dürfen gerne als Inspiration dienen, eigene „Stationen" zu entwickeln. Auch benötigt die eine oder andere Station gegebenenfalls eine Anpassung an die Zielgruppe.

Station: Spürbare Fortschritte

Anleitung

- Widmen Sie in den nächsten Minuten alle Aufmerksamkeit dem Gehen.
- Experimentieren Sie mit verschiedenen Geschwindigkeiten.
- Versuchen Sie, so langsam und bewusst wie möglich zu gehen, erhöhen Sie dann das Tempo deutlich und finden anschließend eine Geschwindigkeit, die gut zu Ihnen passt.

Wenn möglich, eignet es sich besonders gut, diese Übung auf den Flur vor dem Seminarraum oder in die Hotellobby zu legen. So ist ausreichend Platz, um sich auszuprobieren.

Station: Gedankenfluss

Anleitung

- Nehmen Sie auf einem Stuhl Platz und atmen Sie einige Male ein und aus, bis Sie spüren, dass Sie allmählich ruhiger werden.
- Achten Sie nun besonders auf Ihre Gedanken, die Ihnen in den Sinn kommen.
- Betrachten Sie jeden Gedanken, der sich zeigt, neugierig und aufmerksam, ohne zu tief einzusteigen.

- Beobachten Sie neugierig, was Ihren Geist gerade beschäftigt.
- Erzwingen Sie keine Gedanken. Halten Sie aber auch nicht zu sehr an ihnen fest.

An dieser Station sollten Sitzgelegenheiten in Kleingruppenzahl vorhanden sein.

Station: Achtsames Essen

Anleitung

- Essen Sie eines der hier liegenden Lebensmittel mit so viel Genuss wie möglich.
- Wählen Sie sorgfältig aus, welches Lebensmittel Ihnen im Augenblick zusagt.
- Nutzen Sie anschließend alle fünf Sinne, um dieses Lebensmittel zu essen.
- Lassen Sie sich dabei so viel Zeit wie möglich.

An der Station liegt eine kleine Auswahl an Lebensmitteln bereit.

Station: In das Tun vertiefen

Anleitung

- Sicher haben Sie schon einmal Kinder beobachtet, wie sie sich ganz in ein Tun vertiefen. Probieren Sie es selbst einmal aus!
- Wählen Sie ein Motiv und legen Sie los. Arbeiten Sie, so weit Sie kommen und wenn Sie mögen, nehmen Sie die Vorlage mit.

An der Station liegen kleine Mandala-Vorlagen im Notizblockformat und diverse Stifte bereit. Große Vorlagen im klassischen DIN-A4-

Format eignen sich nicht ganz so gut, weil diese kaum auch nur halb zu schaffen sind. Diese Übung lässt sich beliebig abwandeln. Mit kleinen Geschicklichkeitsspielen oder Minipuzzles kann man auch gut ins achtsame Tun kommen.

Station: Drei, zwei, eins

Anleitung

- Diese Technik hilft wunderbar, sich von Grübelschleifen zu lösen.
- Achten Sie auf drei Dinge in Ihrem Blickfeld und betrachten Sie sie genau. Nehmen Sie sich für jeden Gegenstand einige Sekunden Zeit.
- Konzentrieren Sie sich dann auf zwei Geräusche. Lauschen Sie genau hin! Welche zwei Geräusche dringen Ihnen zuerst ans Ohr?
- Finden Sie anschließend einen Gegenstand, den Sie gründlich ertasten.
- Sie haben noch Zeit? Beginnen Sie wieder von vorn!

Diese Station benötigt keine besonderen Materialien. Bisher gab es in jeder noch so unscheinbaren Seminarraumecke etwas zu entdecken. Der Effekt, genau das wahrzunehmen, ist sogar für viele Teilnehmende ganz lehrreich.

Hinweise

Die Übung kann nun auf verschiedene Arten ausgewertet werden. Je nach zur Verfügung stehender Zeit und Zielsetzung kann das unterschiedlich intensiv laufen.

Variante 1

In einem klassischen Plenumsgespräch dürfen alle Teilnehmenden reihum einmal von ihren Erlebnissen erzählen. Dabei können etwa diese drei Leitfragen beantwortet werden:

- Welche Übung hat mir besonders gefallen? Warum?
- Welche Übung hat mich herausgefordert? Warum?
- Wie bin ich mit dieser herausfordernden Situation umgegangen?

Im Anschluss an diese Runde kann die Seminarleitung dann anknüpfend an die Erzählungen der Teilnehmenden erste inhaltliche Prinzipien der Achtsamkeit erläutern.

Variante 2

Nach Rückkehr von den Stationen erhalten die Teilnehmenden die folgende Instruktion: *„Nehmen Sie für einen Moment wieder Ihren Sitzplatz ein. Spüren Sie kurz nach, wie es Ihnen gerade geht. Was haben diese Übungen gerade insgesamt bei Ihnen ausgelöst? Gehen Sie dann mit mir noch einmal gedanklich die einzelnen Stationen durch.* (Die Stationen langsam aufzählen und dabei die Anweisungen von den Stationen im Raum ablegen.) *Welche Station hat Ihnen besonders gut gefallen? Stehen Sie nun auf und stellen Sie sich spontan auf die Station, die Ihnen gutgetan hat.* (Pause, bis alle Ihren Platz gefunden haben.) *Bitte kommen Sie an dieser Station nun zu den folgenden Leitfragen ins Gespräch:*

- *Was an dieser Station hat Ihnen gut gefallen? Was hat die Übung bei Ihnen ausgelöst?*
- *Gibt es Dinge aus Ihrem Alltag, die ähnlich dieser Übung sind? Erzählen Sie davon.*
- *Welche Dinge könnten Sie zukünftig in Ihren Alltag etablieren, die ähnlich dieser Übung sind? Brainstormen Sie gemeinsam!*
- *Welche der anderen Übungen in diesem Raum fanden Sie herausfordernd? Warum?*
- *Wie sind Sie mit dieser herausfordernden Situation umgegangen?"*

Im anschließenden Plenum können dann aus jeder Gruppe ein paar wesentliche Gedanken und Erkenntnisse gehört werden. Die Seminarleitung kann daran anknüpfen und wesentliche Grundprinzipien der Achtsamkeit mit der Gruppe erarbeiten.

Zitronenübung

- Ziel: Sensibilisieren für die Macht der Gedanken
- Dauer: 15 Minuten
- Material: Anleitung

Darum geht es

Die Zitronenübung nutze ich gerne kurz vor Einführung in das Konzept der Achtsamkeit. Ich habe die Erfahrung gemacht, dass diese kleine praktische Selbsterfahrung aufgeschlossener werden lässt, die Macht der Gedanken ernst zu nehmen. Andernfalls kommt möglicherweise der Gedanke auf: „Schon wieder solch eine Trainerin, die mir weismachen will, dass Grübeln nichts bringt und ich mich öfter mal entspannen soll."

Der Input zu den Grundprinzipien und der Wirksamkeit von Achtsamkeit kann sich gut an diese Übung anschließen. Die Übung kann wie folgt angeleitet werden.

Moderation

Download-Ressource

„Ich möchte Sie bitten, sich mit mir auf eine kleine Fantasiereise einzulassen. Stellen Sie dazu die Füße vor Ihrem Stuhl auf und kommen Sie ganz in einer bequemen Haltung auf dem Stuhl an. Wenn Sie Ihre Position gefunden haben, schließen Sie gerne Ihre Augen. Ich bitte Sie nun, sich vorzustellen, dass Sie heute etwas für Ihre Gesundheit unternehmen wollen.

Sie haben gelesen, dass frisches Obst und Gemüse und vor allem Vitamin C gut ist, um sich vor Erkältung zu schützen. Betreten Sie mit mir zusammen nun einen Supermarkt. In der gut sortierten Gemüseabteilung gleich am Eingang entdecken Sie einen großen Berg verlockend aussehender Zitronen. Kurzentschlossen packen Sie einige dieser Zitronen in den Einkaufskorb und nehmen sie mit nach Hause. Dort angekommen, legen Sie die Zitronen auf ein Schneidebrett, holen das scharfe Messer heraus und schneiden von der ersten Zitrone mehrere Scheiben ab. Sofort steigt Ihnen der typische Duft in die Nase und Sie können sich schon vorstellen, wie sie schmecken werden. Den Saft, der dabei entsteht, fangen Sie in einem kleinen Glas auf. Dieses genießen Sie nun, nachdem Sie das Messer weggelegt haben, als Erstes. Setzen Sie das Glas an die Lippen und lassen Sie den Saft der Zitrone in Ihren Mund fließen. Genießen Sie den besonderen Geschmack mit allen Sinnen. Belassen Sie die Flüssigkeit dazu für eine Weile in Ihrem Mund, bevor Sie sie hinunterschlucken. Nehmen Sie sich zum Abschluss dieser Mahlzeit noch zwei der Zitronenscheiben und beißen Sie kräftig hinein. Kauen Sie das Fruchtfleisch gründlich, schlucken es hinunter und kommen Sie anschließend mit der Aufmerksamkeit zurück in diesen Raum und öffnen Sie in Ihrem eigenen Tempo Ihre Augen."

Hinweise Es ist immer wieder ein großer Spaß, in die „sauren" Gesichter zu schauen und manch einer raunt amüsiert: „Oh, Mann, das war gemein." Ich lasse dann trotz der Offensichtlichkeit noch einmal ein paar Stimmen zu Wort kommen zu den Fragen:

- Was ist passiert?
- Was habe ich wahrgenommen?
- Was ist körperlich passiert, was gedanklich, was emotional?

Kaum einer, der nicht heftige Körperreaktionen in der Übung erlebt und auch emotional oder gedanklich auf diese Übung reagiert hat. Und ganz ehrlich? Mir gelingt es selbst nur selten, diese Anweisung vorzutragen, ohne Speichelfluss und einen Schluckreflex auszulösen.

Im Anschluss an diese Übung bietet sich ein Plenumsgespräch und kurzer Input zu den folgenden Themen an:

- Wenn allein die von außen eingebrachte Geschichte ganz ohne real anwesende Zitronen eine solche Reaktion auslöst, ist das ein unschlagbarer Beweis dafür, wie mächtig unsere Gedanken sind und welche körperlichen Reaktionen sie auslösen können.
- Das können gute, aufbauende Gedanken sein. Viel häufiger haben wir jedoch sorgenvolle oder selbstkritische Gedanken.
- Manche dieser Gedanken schauen vielleicht kritisch auf die Vergangenheit, nach dem Motto: „Hätte ich nur ..." Oder: „Warum ist das nur so blöd gelaufen?" Durch diese Gedanken ausgelöst, befinden wir uns dann körperlich wieder in der stressigen Situation, obwohl

wir sie eigentlich längst hinter uns gelassen haben und nun längst zu Hause auf dem Sofa sitzen.

- Andere machen sich Sorgen um eine Zukunft, die so noch gar nicht eingetreten ist. Hier machen wir uns in den allermeisten Fällen zu viele Sorgen und durchdenken zum Teil höchst unrealistische Szenarien.
- Achtsamkeit kann hier helfen, all das abzustellen, mentale Hygiene zu betreiben und unnötigen Stress für den Körper zu vermeiden.

Monkey Mind – Variante 1

- Ziel: bewusste Wahrnehmung des Gedankenwanderns. Vorbereitung der Einführung des Konzeptes des Monkey Minds
- Dauer: 10 Minuten
- Material: Timer

Darum geht es

In meinen Kursen biete ich häufig relativ früh zu Beginn des Tages eine erste Gelegenheit zur Praxiserfahrung. Dazu starte ich noch vor den ersten theoretischen Impulsen in eine leichte Kurzmeditation, um möglichst früh erste Erfahrungen zu ermöglichen. Diese sind dann bei der Erarbeitung der nachfolgenden theoretischen Elemente hilfreich.

Kurzzeitmeditation

Moderation

„Ich gebe Ihnen nun zwei mögliche Aufgaben. Ich stelle beide zunächst vor. Im Anschluss wählen Sie die Aufgabe, die Ihnen passender erscheint, und führen diese für den Übungszeitraum aus."

Option 1:
„Beobachten Sie in den kommenden zwei Minuten Ihre Atmung. Machen Sie sich zunächst bewusst, dass Sie atmen. Lenken Sie anschließend die Aufmerksamkeit auf den Prozess des Atmens. Schweift Ihre Aufmerksamkeit ab, registrieren Sie das und kommen mit der Aufmerksamkeit wieder zurück zur Atmung."

Option 2:
„Bleiben Sie einfach zwei Minuten sitzen, ohne Absichten jeglicher Art zu verfolgen. Ganz einfach nur dies. Dahinter steckt die Idee, zwei Minuten lang vom ‚Tun' ins ‚Sein' zu wechseln, was auch immer das für Sie bedeutet."

Der sich anschließende Erfahrungsaustausch führt wunderbar an das Thema heran und bringt für die Teilnehmenden einen ersten praktischen Bezug, an dem allmählich die Grundprinzipien erläutert werden können.

Hinweise

Monkey Mind – Variante 2

- Ziel: Bewusste Wahrnehmung des Gedankenwanderns. Vorbereitung der Einführung des Konzeptes des Monkey Minds.
- Dauer: 10 Minuten
- Material: Timer

Darum geht es

Die Übung dient der ersten bewussten Beobachtung des Geistes. Laden Sie die Teilnehmenden ein, für eine kurze Übung entspannt auf dem Stuhl Platz zu nehmen, die Augen entweder zu schließen oder den Blick ohne Fokus auf einen Bereich auf dem Tisch oder Boden zu richten. Stellen Sie einen Timer auf 60 Sekunden und bitten Sie die Teilnehmenden, in den nächsten 60 Sekunden nichts anderes zu tun, als den eigenen Atem zu beobachten. Dabei sollen sie sich weder von Geräuschen noch Gedanken ablenken lassen und mit der vollen Aufmerksamkeit bei der Beobachtung des Atmens bleiben.

Moderation

Laden Sie im Anschluss an die Übung zu einem Erfahrungsaustausch ein: *„Wie gut ist es gelungen, uneingeschränkt bei der Atembeobachtung zu bleiben? Was hat mich möglicherweise davon abgebracht? Wann habe ich gemerkt, dass ich den Fokus verloren habe? Wie bin ich dann damit umgegangen?“*

Hinweise

Diese Übung ist ein wunderbarer Einstieg, um das Prinzip des Monkey Minds zu erläutern. Gleichzeitig können die grundsätzlichen Haltungen der Achtsamkeitspraxis deutlich gemacht werden, wie das neugierige Beobachten und das sanfte Zurückführen des Fokus, ohne gleich in eine Bewertung zu verfallen, wenn einem der Fokus abhandengekommen ist. An dieser Stelle kann auch der Impuls zum Thema Quellen der Ablenkung erfolgen. In der praktischen Übung haben die

Teilnehmenden gleich erfahren können, dass Ablenkungen entweder von außen oder von innen kommen können.

5.2

Übungen und Impulse zur Erarbeitung der Grundprinzipien von Achtsamkeit

Die nun folgenden Übungen dienen der praktischen Erarbeitung wesentlicher Grundprinzipien der Achtsamkeitspraxis. Über verschiedene Wahrnehmungs- und Reflexionsübungen vertiefen Sie Konzepte wie die achtsame Kommunikation, das Thema Autopilot und Multitasking. Sie schulen zunehmend die Selbstbeobachtung, also den „inneren Beobachter". Die gemachten Erfahrungen eignen sich zudem, sich die große Bandbreite des alltäglichen (Arbeits-)Lebens zu vergegenwärtigen, das in der Achtsamkeit zum Einsatz kommen und seine guten Wirkungen entfalten kann. Ein Transfer in die Praxis schließt sich also nach diesen Übungen in der Regel ganz natürlich an.

Achtsam kommunizieren

- Ziele: Sensibilisieren für die Komplexität von Kommunikation; erste Selbstbeobachtungen anregen
- Dauer: 45 Minuten
- Material: Keines

Darum geht es

Achtsam kommunizieren bedeutet ein ständiger bewusster Wechsel zwischen der Aufmerksamkeit und Reaktion auf das Gesagte des Gegenübers. Das löst in der Regel Mitgefühl oder Verständnis, aber nicht selten auch eine Reihe loser gedanklicher Assoziationen aus. So kann das Gespräch schnell dynamisch, aber auch unachtsam werden. In der folgenden Übung können die Teilnehmenden durch gezielte Beobachtungsaufgaben erfahren, wie komplex diese inneren Prozesse sind, die außerhalb des Gesagten ablaufen.

Moderation

„Bitte machen Sie sich zunächst kurz Gedanken über ein kürzliches Erlebnis, das Sie sehr bemerkenswert oder angenehm fanden."

Je nach Gruppe geben Sie die Frage auch etwas direkter rein. Hier könnten die folgenden Fragen das spätere Erzählen anregen:

- Was liebe ich an meinem Job am meisten?
- Eine Situation, über die ich mich erst kürzlich aufgeregt habe.
- Das schönste Lob, dass ich je erhalten habe.
- Was ich ursprünglich als Kind mal werden wollte und warum.
- Ein Moment in der kürzlichen Vergangenheit, in dem ich sehr glücklich war.

Nach einer kurzen Bedenkzeit von wenigen Minuten bitten Sie die Teilnehmenden, sich möglichst in Tandems zusammenzufinden. Diese sollen sich gleich in zwei Gespräche begeben. Wenn Sie die Gespräche aufgrund von Wetter oder räumlichen Bedingungen im Seminarraum stattfinden lassen, können Sie selbst den Taktgeber spielen.

Ich empfehle jedoch, wenn eben möglich, die Teilnehmenden auf einen Spaziergang zu schicken. Hier ergibt der Hinweis Sinn, sich mit einem Handy den Timer auf 15 Minuten oder eine andere von Ihnen gewählte Zeit zu stellen, um den Wechsel und die pünktliche Rückkehr zu markieren.

Phase 1

▸ Gespräch 1

Der erste Teilnehmer beginnt entsprechend der Leitfrage zu erzählen. Dabei gibt es so weit keine Regeln, außer dass er vielleicht wirklich emotional und detailreich berichten sollte. Die Gesprächspartnerin hat die Aufgabe, aufmerksam zuzuhören, nicht zu unterbrechen und auch möglichst wenig interessierte Rückfragen zu stellen. Stattdessen soll sie beobachten, welche inneren Prozesse das Gespräch auslöst. Das können Gedanken sein, Impulse, eigene Erlebnisse zu berichten oder auch das Erzählte positiv oder negativ zu finden, sprich zu werten.

Hinweise

In den ersten Einsätzen dieser Übung habe ich es relativ streng gehalten mit dem Verbot von Rückfragen und Interaktion. Dies ist allerdings für die erzählende Person sehr herausfordernd, ohne jegliche Resonanz 15 Minuten lang zu erzählen. Das ist ein wenig so, wie man es von Videokonferenzen mit Hunderten von Teilnehmenden kennt und bei der man auch nicht einschätzen kann, was das Gesagte auslöst oder ob und wie es ankommt. In diesem Fall würde ich die Übung maximal fünf Minuten laufen lassen. Die Übung wird durch das Erlauben von etwas Interaktion komplexer, dynamischer – aber auch realitätsnäher. Denn keine Konferenz, kein Gespräch auf dem Flur im Büro würde so ablaufen, dass das Gegenüber sich komplett in einen inneren Reflexionszustand wegbeamt.

▸ Gespräch 2

Sobald der vorher eingestellte Timer klingelt, wechseln beide Gesprächspersonen ohne Zwischenauswertung ihre Rollen. Wer gerade noch in der zuhörenden Rolle war, wechselt nun die Rolle und darf die eigene zuvor vorbereitete Geschichte erzählen, der vorherige Erzähler wechselt nun in die selbst beobachtende Rolle.

Phase 2

Geben Sie den Gesprächspartnern zunächst Zeit, sich kurz zu den gemachten Erfahrungen auszutauschen. Im Plenum kann im Anschluss an diese zweite Gesprächsphase nun die Auswertung der gemachten Erfahrungen erfolgen. Hierzu können folgende Leitfragen dienen.

Leitfragen zur Auswertung

- Was ist mir an der Übung leichtgefallen?
- Was war schwieriger?
- Welche inneren Impulse habe ich besonders häufig wahrgenommen – Gedanken, Emotionen, Wertungen, Handlungsimpulse?
- Welche alltäglichen Arbeitssituationen fallen mir spontan ein, in denen ein wenig mehr dieser Haltung sinnvoll wäre?

Gemeinsames Zählen

- Ziele: Dynamische Übung zum Erfahren von Komplexität und Wirkung achtsamer Kommunikation; Gruppenfokussierung
- Dauer: 15 Minuten
- Material: Keines

Darum geht es

Die folgende Übung eignet sich besonders zum Einstieg in das Thema achtsame Kommunikation – aber auch als kleine Auffrischung nach der Mittagspause, wenn das Thema bereits bekannt ist.

Moderation

„Bitte bewegen Sie sich nun entspannt, still und relativ frei im Raum oder auf einer Außenfläche. Die Abstände zu den anderen Teilnehmenden wählen Sie dabei so, dass Sie sich noch gut verstehen können."

Die Aufgabe klingt zunächst einfach: Es soll von 1 bis 20 nach oben gezählt werden, indem ein Mitspieler „1" sagt, dann eine andere Person „2" und so weiter. Zwischen den einzelnen Zahlen dürfen beliebig lange Pausen entstehen. Darüber hinausgehendes Planen und Abstimmen ist nicht erlaubt. Sprechen zwei Menschen gleichzeitig die nächste Zahl, beginnt die ganze Gruppe wieder von vorn bei „1". Das Spiel ist beendet, wenn ohne einen solchen Zwischenfall die Zahl „20" ausgesprochen wurde.

Hinweise

Die Übung wird mit zunehmender Gruppengröße herausfordernder. Bei Teilnehmerzahlen von 14 bis gegebenenfalls sogar 16 Personen empfiehlt es sich, in zwei Gruppen zu arbeiten.

In der anschließenden Auswertung können erste Prinzipien achtsamer Kommunikation und die Komplexität von Kommunikation im Allgemeinen zum Thema gemacht werden.

Praxistransfer achtsame Kommunikation im Arbeitsalltag

- Ziel: Erste Anwendungsmöglichkeiten durchdenken
- Dauer: 45 Minuten
- Material: Anleitungen

Darum geht es

Viele Übungen lösen spannende innere Prozesse und Erkenntnisse aus. Diese sind unglaublich wichtig, um ein wirkliches Gefühl zur Wirksamkeit von Achtsamkeit zu erhalten. Es besteht aber auch die Gefahr, dass am Ende die Idee entsteht, dass es für den Einsatz von Achtsamkeit einen cleanen, stillen Raum mit Meditationskissen benötigt. Um den Transfer in das ganz alltägliche Arbeitsleben anzubahnen, baue ich mindestens eine Transferaufgabe ein, in der in Einzelarbeit und einem späteren Gruppenaustausch schon erste Ideen für den Transfer durchdacht werden können. Das Thema Kommunikation eignet sich meiner Meinung nach dabei besonders für den Transfer.

Moderation

„Bitte entwickeln Sie in Einzelarbeit erste Ideen für eine Umsetzung mithilfe der folgenden Leitfragen …"

Leitfragen für das Entwickeln erster Ideen in Einzelarbeit

Wie sieht Ihrer Meinung nach eine praktische Umsetzung aus, für …

- das achtsame Telefonieren?
- die achtsame Teambesprechung oder Konferenz?
- das achtsame Schreiben von E-Mails oder WhatsApp?
- achtsame Kurzgespräche auf dem Flur mit Kollegen oder Kunden?

„Notieren Sie zu jedem Punkt mindestens zwei Ideen."

Gruppenaustausch und Vertiefung

Es gibt nun verschiedene Möglichkeiten, diese Vorarbeit in den Austausch zu bringen. Ich bilde gerne Schwerpunktgruppen, zu denen sich die Teilnehmenden dann selbst etwa gleichmäßig aufgeteilt einfinden können.

„Tauschen Sie sich über Ihre Vorüberlegungen aus. Entwickeln Sie diese Ideen gemeinsam weiter oder finden Sie neue.

Schreiben Sie eine 10-Schritte-Anleitung für … (Ihr Thema) und stellen Sie diese gleich im Plenum vor.

Dies könnte für das Thema achtsam Telefonieren so aussehen …"

1. Wenn es klingelt, nehme ich kurz wahr, in welcher Stimmung ich mich befinde.
2. Ich löse mich gedanklich von dem, was ich gerade tue.
3. Ich höre auf mit dem, was ich gerade tue.
4. Bevor ich den Hörer abnehme, atme ich einmal tief ein und aus.
5. Ich gehe mit einer neutralen und erst einmal neugierigen Haltung ans Telefon.
6. Auch wenn ich weiß, wer anruft und was er vermutlich will, bleibe ich offen für den Gesprächsverlauf.
7. Ich nehme wahr, wenn ich eine Meinung zu einem Anrufer habe und löse mich von dieser Bewertung.
8. Während des Gesprächs höre ich gut zu.
9. Ich beobachte aufkommende Gedanken wie „Eigentlich müsste ich mich jetzt mit dieser Bilanz beschäftigen" oder Wertungen wie „Mit etwas Nachdenken hätte er das auch selbst herausgefunden" oder Handlungsimpulse wie „Ach, eben noch die letzten Zeilen der E-Mail zu Ende schreiben, während der Kollege erzählt".
10. Ich löse mich von all dem, atme stattdessen vielleicht kurz durch und bleibe aufmerksam beim Gesprächspartner.

Hinweise

In der anschließenden Auswertung kann es dann sinnvoll sein, wenn sich jeder Teilnehmende für jedes Thema zunächst einmal eine Handlungsoption vornimmt, die ihm passend erscheint. Denn wenn ich mir erst einmal angewöhnt habe, vor dem Telefonieren einmal ein- und auszuatmen, ist doch schon ein großer Schritt in Richtung achtsames Arbeiten getan.

Der magische Zauberstab

- Ziele: Dynamische Übung zum Erfahren der Komplexität und Wirkung achtsamer Kommunikation; Gruppenfokussierung erlebbar machen
- Dauer: 5–30 Minuten
- Material: Pro 6 Teilnehmende einen Bambusstab

Darum geht es

Eine klassische Übung aus dem Fundus der Teamentwicklung und Gruppendynamik kann hier ganz wunderbar auf das Thema Achtsamkeit übertragen werden. Besonders einladend wird das Szenario, wenn Sie die Übung mit einer kleinen Geschichte einleiten. Diese könnte in etwa wie folgt lauten.

Moderation

„Ich habe Ihnen hier einen Stab mitgebracht. Er ist aus einem ganz bestimmten Holz geschnitzt und hat magische Eigenschaften. Er scheint nicht zu funktionieren wie andere Gegenstände und widersetzt sich manchmal sogar der Schwerkraft. Sie müssen daher für die folgende Übung in eine ganz besondere Beziehung mit dem Stab treten.

Kommen Sie dazu einmal in Sechsergruppen zusammen. Stellen Sie sich in zwei Dreiergruppen voreinander auf. Strecken Sie die Arme und Ihren Zeigefinger so aus, dass in der Mitte gleich 12 Zeigefinger auf gleicher Höhe sind.

Ich lege den Stab nun auf diesen Fingern ab. Achten Sie bitte darauf, dass Ihre Finger diesen Stab immer berühren. Sie dürfen den Kontakt zum Stab nicht verlieren. Sobald ich den Stab loslasse und Ihnen das Kommando gebe, versuchen Sie bitte gemeinsam als Team diesen Stab zu Boden zu führen. Erst, wenn alle Hände den Boden berühren, ist die Übung gemeistert. Denken Sie daran, in eine besondere Beziehung zu diesem magischen Stab zu kommen. Und los geht's."

Durch die sich nun entspinnende Gruppendynamik schnellt der Stab in vielen Fällen erst einmal nach oben. Anschließend folgt eine Reihe unkoordiniert zugerufener Anweisungen, die sich nicht selten widersprechen. Innerlich und auch äußerlich lassen sich zahlreiche spannende emotionale Reaktionen beobachten. Die einen entwickeln einen enormen Ehrgeiz, werden laut und möchten die Führung für das Kommando übernehmen. Die anderen sind genervt oder frustriert, machen das Fehlverhalten von anderen verantwortlich für das Scheitern oder geben auf, ziehen sich zurück und lassen die anderen mal machen. Mit nur genügend Geduld und Ehrgeiz schafft es dann aber doch jede Gruppe, den Stab auf den Boden zu bringen. Dazu bedarf es einer wie auch immer gearteten Gruppenfokussierung. Ob durch rhythmisches Zählen wie „auf eins" oder schlicht durch die Vereinbarungen weniger hektisch, dafür langsam und stetig nach unten zu arbeiten, der Erfolg stellt sich über kurz oder lang ein. Diese Form der Gruppenfokussierung ist das eigentlich magische. Wenn sich eine ganze Gruppe auf ein gemeinsames Ziel und einen Weg besinnt und bis in die Fingerspitzen achtsam miteinander umgeht, hat sie etwas erlebt, das es unbedingt auf den Arbeitsalltag zu übertragen gilt.

Hinweise

In der anschließenden Auswertung kann mit den folgenden beispielhaften Fragen zu einem Praxistransfer eingeladen werden:

- Wie habe ich mich erlebt in dieser Situation? War ich mir meiner Emotionen bewusst? Wenn ja, wie bin ich mit ihnen umgegangen?
- Was war ein Schlüsselmoment auf dem Weg zum Erfolg? Wie hat sich dieser Moment angefühlt? Wodurch wurde er erreicht?
- Wann ist das Gefühl von Verbundenheit in der Gruppe entstanden? Wie sind wir zu dem Punkt gelangt?
- Welche Situationen der Zusammenarbeit kennen Sie, die ähnlich verlaufen sind?
- Was können wir aus dieser Übung für solche Situationen Hilfreiches ableiten?

Die achtsame Teamsitzung

- Ziel: Eine typische Arbeitssituation praktisch durchdenken
- Dauer: 30 Minuten
- Material: Arbeitsanleitung

Darum geht es

Der Titel dieser Übung kann beliebig ausgetauscht werden. Im Rahmen der Vorbereitung auf die Gruppe und der Auftragsklärung erhält man in der Regel wertvolle Hinweise zu typischen Baustellen in Arbeitsabläufen und auch zu den typischen Arbeitsprozessen der jeweiligen Branche, für die man tätig wird.

Hier ein paar Beispiele für Arbeitssituationen, die in vielen Branchen vorkommen.

- Die Moderation und Leitung einer Konferenz
- Das Verkaufs- oder Beratungsgespräch mit einem Kunden
- Das Onboarding einer neuen Kollegin
- Die Teilnahme an einer Konferenz
- Das Halten einer Präsentation
- Die Erstellung einer Projektskizze mit dem Planungsteam

Ziel der Übung ist es, sich intensiv mit einer dieser typischen Arbeitssituationen auseinanderzusetzen. Das erfolgt idealerweise zu einem Zeitpunkt, zu dem das theoretische Konzept von Achtsamkeit bekannt ist und bereits erste praktische Erfahrungen gemacht wurden.

Durch die intensive Auseinandersetzung mit einem Prozess entsteht eine tiefe Erkenntnis, wie viele und vielfältige Möglichkeiten es gibt, am Arbeitsplatz achtsam zu sein. Über diese Transferleistung erfolgt die Festigung des Verständnisses, dass es immer um das Einnehmen einer neutralen, wertfreien, neugierigen und offenen Grundhaltung geht und dass es dafür wichtig ist, die eigenen Gedankengänge und Emotionen wahrzunehmen und ggf. zu regulieren. Hinzu kommt die

Erkenntnis, dass in jedem Arbeitsprozess tief verankerte Muster und Automatismen aktiv sind, die es wahrzunehmen und ggf. zu ändern gilt. Unweigerlich führen diese Transferaufgaben auch immer zu einem intensiven Austausch darüber, wie sehr man doch im Alltag im Multitasking steckt und eben nicht ganz präsent bei der gerade wichtigen Sache ist.

Moderation

„Finden Sie in der Gruppe eine eigene Arbeitssituation oder wählen Sie eine der hier vorgeschlagenen Arbeitssituationen und machen Sie sich Gedanken, wie Sie diese zukünftig achtsamer gestalten können."

Hinweise

Sie können die Übung beschließen, indem Sie eine Runde zu der folgenden Frage machen: „Was ist meine persönliche Erkenntnis aus dieser Übung? Was wird die eine Sache sein, die ich zukünftig anders angehe?"

Reflexion zum Thema Autopilot

- Ziele: Das Für und Wider des Autopiloten und die eigenen Muster beleuchten
- Dauer: 20 Minuten
- Material: Arbeitsanweisung

Darum geht es

Nach Einführung des Konzeptes bietet es sich an, kurz Vor- und Nachteile des Autopiloten mit Blick auf die eigene Situation zu beleuchten.

Moderation

„Bitte bearbeiten Sie nun in Einzelarbeit die folgenden Leitfragen."

- In welchen Lagen oder Situationen ist es hilfreich, im Autopiloten zu arbeiten?
- In welchen Situationen war das schon mal hinderlich oder schädlich?
- Wer oder was treibt mich an, wenn ich im Autopiloten arbeite?
- In welchen Situationen möchte ich präsenter, aufmerksamer sein?
- Wie würde das diese Situationen verändern?

Den Blick offenhalten

- Ziel: Sensibilisieren für Perspektivwechsel und Wahrnehmungsveränderungen
- Dauer: 15 Minuten
- Material: Keines

Darum geht es

Diese Übung kommt besonders gut an, wenn Ihre Teilnehmenden viel vor dem Bildschirm sitzen. Sie sensibilisiert gleichzeitig dafür, dass wir unseren Fokus und die Perspektive bewusst wählen können.

Moderation

„Bitte suchen Sie sich im Raum einen Platz – wenn möglich, auch gerne außerhalb des Seminarraums an der frischen Luft. Legen Sie dort die Hände vor dem Körper aufeinander und heben Sie die Arme dann auf Schulterhöhe an. Über diese gestreckten Arme fixieren Sie dann bitte mit dem Blick Ihre Daumen. Nun breiten Sie die Arme mit den gestreckten Daumen langsam aus und lassen den Blick dabei weit werden. Die Daumen sollen so lange wie möglich ohne Bewegen des Kopfes gesehen werden."

Nach dieser Grundübung können Sie die Teilnehmenden bitten, zu zweit zusammenzukommen und sich voreinander mit etwa einem Meter Abstand aufzustellen. Eine der beiden Personen breitet nun die Arme aus und zeigt an beiden Händen mit den Fingern die gleiche Zahl. Sein oder ihr Gegenüber muss diese Zahl benennen, ohne den Blickkontakt mit der Person zu verlieren. Die beiden variieren den Abstand zueinander und finden dabei die richtige Position, in der der offene Blick ebenso wie das Sehen der Zahl gelingt. Nach einer Weile wechseln beide Personen die Rollen.

In einer dritten Phase dieser Übung können Sie die Teilnehmenden bitten, durch das Hotel oder die angrenzende Parkanlage zu spazieren und mit diesem wechselnden Fokus zu spielen; den Blick also einmal weit und dann wieder fokussiert zu halten.

Hinweise Zurück im Plenum können Sie mit den folgenden Leitfragen in den Praxistransfer leiten:

- In welchen ganz praktischen Arbeitssituationen geht es ebenfalls darum, den Fokus bewusst zu verändern?
- Wie gestalte ich solche Situationen jetzt schon?
- Welche spontanen Ideen kommen mir nach der Übung, wo ich das noch öfter oder bewusster anwenden könnte?

Multitasking ist spitze!

- Ziele: Multitasking erfahrbar machen; eine Reflexion über Sinn und Unsinn anbahnen
- Dauer: 20 Minuten
- Material: Ein weißes DIN-A4-Blatt pro Person, Stift, ein (Handy-)Timer pro Person

Darum geht es

Die folgende Übung soll den täglichen Wahnsinn von Multitasking am Arbeitsplatz in den Seminarraum holen, dort erfahrbar machen und zu einer bewussten Auseinandersetzung mit dem Phänomen führen. Ich nutze die Übung gerne zur Sensibilisierung vor dem Impulsvortrag zum Thema Multitasking.

Moderation

Die Übung verläuft in zwei Durchgängen. Wenn alle Teilnehmenden mit einem leeren DIN-A4-Blatt, einem Stift und einem Timer ausgestattet sind, bitten Sie zunächst alle, das quer liegende Blatt mit vier Linien (Zeilen) zu versehen, auf denen gleich geschrieben werden soll.

Anschließend moderieren Sie den ersten Durchgang wie folgt an:

„Sobald Sie den Timer gestartet haben, schreiben Sie in die erste Zeile in Druckbuchstaben ‚MULTITASKING IST SPITZE' und in die zweite Zeile die Ziffern 1–20. Schreiben Sie lesbar, so schnell wie möglich und ohne Abkürzungen – und notieren Sie anschließend die gestoppte Zeit."

MULTITASKING IST SPITZE

1 2 3 4 5 6 7 8 9 10 11 12 13 14 15 16 17 18 19 20

Wenn alle Teilnehmenden den ersten Durchgang beendet haben, kann der zweite Durchgang direkt im Anschluss in etwa so anmoderiert werden:

„Sobald der Timer wieder läuft, schreiben bitte jeweils im Wechsel auf die dritte und vierte Linie. Beginnen Sie mit dem ‚M' von ‚Multitasking' und schreiben Sie es auf Linie drei. Schreiben Sie anschließend die ‚1' auf Linie 4, dann das ‚U' auf Linie 3, dann die ‚2' auf Linie vier – und so weiter. Stoppen Sie den Timer, wenn Sie fertig sind und notieren Sie sich dann die Zeit. Sie sind fertig, wenn auf den Linien drei und vier das Gleiche steht wie auf den Linien eins und zwei."

MULTITASKING IST SPITZE

1 2 3 4 5 6 7 8 9 10 11 12 13 14 15 16 17 18 19 20

M U L

1 2 3

Hinweise Die Auswertung kann dann per Handzeichen zu folgenden Leitfragen in der Gruppe erfolgen:

Welcher Durchgang hat länger gedauert?

- Durchgang 1
- Durchgang 2

Bei welchem Durchgang hatte ich das Gefühl, fehleranfälliger zu sein?

- Durchgang 1
- Durchgang 2

Bei welchem Durchgang war ich angespannter?

- Durchgang 1
- Durchgang 2

Mit den Händen sehen

- Ziel: Fokussierung auf einen bestimmten Sinn und Wechsel zwischen Sinnen erlernen
- Dauer: 15 Minuten
- Material: Verschiedene Gegenstände

Darum geht es

Durch die Fokussierung auf einen bestimmten Sinn entsteht ganz automatisch eine Reizreduzierung und eine kleine Achtsamkeitsübung. Diese kann nach der ersten Erfahrung im Seminarkontext dann wunderbar im Arbeitsalltag eingebaut werden. Wenn die Dinge wieder alle auf einmal auf einen einströmen, man nicht weiß, womit man zuerst beginnen soll, der Kopf so voll oder der Geist so sprunghaft ist, dass ein effektives Arbeiten nicht möglich scheint, in all diesen Situationen kann eine kleine „Sinnübung" die Lage wieder klären.

Moderation

Für die Tastübung sitzen oder stehen die Teilnehmenden in einem geschlossenen Kreis. Bei sehr großen Gruppen braucht es ggf. zwei Kreise. Jeder Teilnehmende erhält nun ein blickdichtes Säckchen, in dem sich ein zu ertastender Gegenstand befindet. Die Augen können bei dieser Variante geöffnet bleiben. *„Bitte greifen Sie alle gleichzeitig in Ihr Säckchen und ertasten neugierig, ohne zu sprechen und ohne zu werten, was Sie vorfinden. Auf ein weiteres Zeichen von mir gehen alle ihr Säckchen im Uhrzeigersinn einen Platz weiter und die Übung beginnt von vorn."*

Hinweise

Tipp: Sie möchten keine Säckchen vorbereiten oder entscheiden sich spontan für diese Übung? Kein Problem. Als Variante dieser Übung können Sie die Teilnehmenden einen Gegenstand wählen lassen, der in ihre Hand passt und den sie spontan im Raum finden oder bei sich tragen. Anschließend bitten Sie die Teilnehmenden, sich in einen Kreis zu stellen. Der Gegenstand befindet sich dabei in der rechten

Hand. Mit geschlossenen Augen wird der Gegenstand nun auf ihr Zeichen hin nach rechts weitergegeben. Das eigene Fühlobjekt kommt dann von links. Draußen in der Natur können ebenfalls Objekte gesammelt werden und an der frischen Luft macht die Übung noch mal so viel Spaß.

Nachdem die Runde beendet ist, kann ein moderierter Austausch im Plenum stattfinden. Dabei geht es im Wesentlichen nicht mehr darum, über die Fühlobjekte zu sprechen. Vielmehr stehen in dieser Phase die vielen an sich selbst beobachteten Prozesse im Vordergrund. Sprich: Bei dieser Übung geht es um die Schulung des inneren Beobachters.

Die folgenden Fragen können ein Gespräch im Plenum in Gang bringen:

- Welche Wertungen habe ich während dieser Übung beobachtet?
- Wie war es für mich, den sonst so dominanten Sehsinn nicht nutzen zu können?
- Gab es Gefühle, die hochgekommen sind? Wenn ja, welche?
- Welche Gedanken haben mich während dieser Übung beschäftigt?
- Wie könnte mich diese Übung zu einer Achtsamkeitspraxis im Arbeitsalltag inspirieren?

Immer der Nase nach

- Ziel: Wahrnehmungskompetenz und Gefühlsbeobachtung erlernen
- Dauer: 15 Minuten
- Material: Riechproben

Darum geht es

Der Geruchssinn schützt uns vor verdorbenem Essen, Gas oder Feuer. Er beeinflusst die Partnerwahl und ist eng mit unseren Gefühlen und Erinnerungen verbunden. Der Geruchssinn ist der unmittelbare der menschlichen Sinne.

Während beim Sehen, Hören oder Fühlen die Signale erst in der Großhirnrinde des Gehirns verarbeitet werden müssen, wirken Düfte im Gehirn direkt auf das limbische System. So kommt auch die nahezu automatisierte Emotionsauslösung zustande.

Ein gesunder Mensch kann mehr als 10.000 verschiedene Duftnoten unterscheiden. Wer sich gezielt Düften aussetzt und versucht, diese zu kategorisieren, trainiert seine Wahrnehmung und kann die Geruchsinformationen besser verarbeiten und benennen.

Um dies erfahrbar zu machen, bereiten Sie für die folgende Übung verschiedene Riechproben vor. Die Teilnehmenden erhalten jeweils eine Probe. Gut geeignet sind etwa kleine, dicht verschließbare und blickdichte Döschen oder Schraubgläser. So wird gleichzeitig verhindert, dass ein Geruchspotpourri im Raum entsteht.

Hier ein bisschen Inspiration, wo Sie mit relativ wenig Aufwand Riechproben finden können:

- Die Welt der Gewürze: Zimt, Nelken, italienische Kräuter
- Andere geruchsintensive Lebensmittel: Zitrone, Essig, Tomatengrün

- Die Welt der Pflanzen: Lavendel, Flieder, Lilien, Rosen
- Aus der Drogerieabteilung: Duschgel, Gesichtscreme, Weichspüler
- Sonstiges: Hölzer, Gras, klein gebrochene Duftstäbchen

Moderation

Sind alle Teilnehmenden mit einer solchen Probe ausgestattet, kann die Runde beginnen. *„Bitte riechen Sie an Ihrer Probe und geben Sie sie dann auf mein Signal hin an Ihren Sitznachbarn oder Ihre Sitznachbarin rechts von Ihnen weiter."*

Wenn Sie blickdichte Behälter nutzen, können bei der Übung die Augen geöffnet bleiben. Um das Erleben des Riechens zu intensivieren, kann es aber hilfreich sein, zumindest in diesem Moment die Augen zu schließen. Oft passiert das aber auch ganz intuitiv.

Hinweise

Nachdem die Runde beendet ist, kann ein moderierter Austausch im Plenum stattfinden. Dabei geht es im Wesentlichen nicht mehr darum, über die Riechobjekte zu sprechen. Vielmehr stehen in dieser Phase die vielen an sich selbst beobachteten Prozesse im Vordergrund. Sprich: Bei dieser Übung geht es um die Schulung des inneren Beobachters.

- Welche Wertungen habe ich während dieser Übung beobachtet?
- Wie war es für mich, dem Riechsinn so viel Aufmerksamkeit zu schenken?
- Gab es Gefühle, die hochgekommen sind? Wenn ja, welche? Wie bin ich mit ihnen umgegangen? Welche Wertungen gab es in diesem Zusammenhang?
- Welche Gedanken haben mich während dieser Übung beschäftigt?
- Wie könnte mich diese Übung zu einer Achtsamkeitspraxis im Arbeitsalltag inspirieren?

Check-in

- Ziel: Kurze, sehr alltagstaugliche Achtsamkeitsübung erlernen
- Dauer: 1 Minute
- Material: Anleitung

Darum geht es

Bei sich selbst immer mal wieder einzuchecken, kann zu einem wirksamen und sehr hilfreichem Alltagsritual werden. Ähnlich, wie man in einem Hotelzimmer eincheckt und dieses beim ersten Betreten betrachtet, findet hier ein Einchecken bei sich selbst statt. Dazu kann die Trainerin oder der Trainer immer wieder im Verlauf des Seminars zu einem Check-in einladen. Das kann ritualisiert jeweils vor den Pausen stattfinden oder aber auch immer wieder zwischendurch, während Input-Phasen oder beim Wechsel zwischen Übungssequenzen.

Moderation

„Ich lade Sie ein, kurz innezuhalten und bei sich einzuchecken. Wie fühlt sich Ihr Körper an? Welche Empfindungen nehmen Sie gerade wahr? Wo sind Ihre Gedanken? In welcher Stimmung nehmen Sie sich gerade wahr? Nehmen Sie einen Moment Ihre Atmung wahr. Beobachten Sie einen Moment ohne Wertung, was sich gerade zeigt."

Hinweise

Je häufiger Sie diese Übung in einem Seminar einbauen können, umso eher festigt sich ein Ritual, das reale Chancen hat, in den Büroalltag Einzug zu halten. Der Check-in eignet sich später für ...

- die kurze Pause zwischendurch, z.B. nach langer Bildschirmarbeit, in einem Meeting
- als Tagesabschluss oder Morgenritual, z.B. beim Herunterfahren des Rechners oder beim Aufschließen der Bürotür
- als Notfallintervention in stressigen Situationen, z.B. in einer Konflikt- oder Verhandlungssituation

Es empfiehlt sich, den Teilnehmenden Zeit einzuräumen, um wenigstens eine Alltagssituation zu finden, an die man diesen Check-in gedanklich koppeln kann. Die Verankerung dieser Übung im zukünftigen Arbeitsalltag der Teilnehmenden kann auch als schönes Abschiedsritual einer Veranstaltung gestaltet werden.

Sie können dazu zum Beispiel jedem Teilnehmenden einen kleinen Gegenstand als Geschenk überreichen, welcher an den täglichen Check-in erinnern soll. Dies sollte ein kleiner, unauffälliger Gegenstand sein, mit dem nur die teilnehmende Person selbst eine Erinnerung an den Check-in verbindet, beispielsweise:

- eine kleine Bildkarte mit einem ansprechenden Fotomotiv
- ein kleines Puzzleteil, als Symbol für die Übung und als Bestandteil eines großen Ganzen
- ein Mini-Antistressball

Alternativ können Sie Teilnehmende auch bitten, zum zweiten Seminartag selbst ein solches Symbol auszuwählen und mitzubringen.

Kleine blinde Flecken

- Ziel: Sensibilisierung für die mächtigen Auswirkungen einer voreingenommenen Wahrnehmung
- Dauer: 5–15 Minuten, je nach Intensität der Auswertung
- Material: Keines

Darum geht es

Diese Übung eignet sich als kleine, erfrischende Übung für zwischendurch. Sie passt thematisch gut in den Themenbereich, in dem erarbeitet wird, dass wir uns selten um eine vollständige, neutrale und aufgeschlossene Wahrnehmung der Situation bemühen. Sie sensibilisiert dafür, was passiert, wenn wir mit voreingenommenen Suchaufträgen oder schon erwarteten Antworten an eine Sache herangehen. Die Selbsterfahrung, die diese Übung ermöglicht, motiviert die Teilnehmenden in der Regel sehr, sich um einen ergebnisoffenen und neugierigen Blick zu bemühen.

Moderation

Die Anleitung ist denkbar simpel und lässt sich in jedem Trainingskontext umsetzen.

„Nach unserer langen sitzenden Tätigkeit führen wir nun eine kleine Bewegungseinheit durch. Bitte gehen Sie eine Weile durch den Raum und nehmen Sie dabei alle gelben Gegenstände intensiv wahr. Bitte prägen Sie sich diese gut ein."

Bitten Sie die Gruppe nach 30 bis 60 Sekunden, sich anschließend wieder hinzusetzen und sich dem Sitznachbarn oder der Sitznachbarin für ein Gespräch zuzuwenden. Erst dann verkündigen Sie den abschließenden Folgeauftrag:

*„Halten Sie den Blick fest bei Ihrem Gegenüber und berichten Sie ihm nun von allen **blauen** Dingen, die Sie gesehen haben."*

Der dann einsetzende Effekt macht allen Beteiligten in der Regel große Freude. Manche versuchen verstohlen, noch schnell im Augenwinkel etwas Blaues zu entdecken, um die Aufgabe lösen zu können. Andere haben Glück und finden an Ihrem gegenübersitzenden Gesprächspartner etwas farblich passendes. Wieder andere protestieren lachend, dass die Aufgabe unfair gewesen sei.

Hinweise

Die Übung kann neben der motivierenden Selbsterkenntnis auch als Einstieg in einen Austausch zu den folgenden Themen dienen:

- Wo erlebe ich ähnliche Phänomene in meinem (Arbeits-) Alltag?
- Welche beruflichen und privaten Situationen könnte, möchte ich mit diesem Hintergrundwissen umgestalten?
- Welche Auswirkungen hat dieses Phänomen auf meine Problem- oder Konfliktlösungsprozesse, mein Kommunikationsverhalten, meine Verhandlungsführung in Meetings?

Große blinde Flecken

- Ziel: Sensibilisierung für die mächtigen Auswirkungen einer voreingenommenen Wahrnehmung
- Dauer: 10–30 Minuten, je nach Intensität der Auswertung
- Material: Video

Darum geht es

Unter dem Schlagwort: „The Monkey Business Illusion" existiert auf YouTube ein frei zugängliches Videomaterial des US-amerikanischen experimentellen Psychologen Daniel Simons. Gezeigt werden zwei durcheinanderlaufende weibliche Basketball-Teams in weißen und schwarzen Trikots, die sich Bälle zupassen. *Quelle: https://www.youtube.com/watch?v=IGQmdoK_ZfY (Abruf September 2024)*

Moderation

„Zählen Sie alle Pässe, die sich die weiße Mannschaft in der nächsten Zeit zuspielt!"

Diese Arbeitsphase geht nur wenige Sekunden. Anschließend können Sie das Video stoppen und abfragen, wer wie viele Pässe gezählt hat.

Nach einer Weile fragen Sie: *„Wer hat den Gorilla gesehen?"* – „Den Gorilla?" – *„Ja, den Gorilla! Der hat doch sogar richtig geposed in der Mitte des Spielfeldes."*

Da Ihnen natürlich niemand glaubt, spulen Sie das Video noch einmal zurück und schauen es mit dieser Information noch einmal. Und ja tatsächlich, während man mit der Beobachtung der weißen Spielerinnen beschäftigt ist, schleicht sich ein massiver Gorilla mitten ins Bild.

Der Aha-Effekt ist einfach göttlich und er lädt zu einer intensiven Austauschrunde zum Thema Wahrnehmungsfehler aufgrund von Voreingenommenheit ein. Anschließend kann ein Austausch dazu erfolgen, wie Achtsamkeit den Blick weiten und offenhalten kann, um dadurch nicht zuletzt im Arbeitsleben zu besseren Ergebnissen zu kommen.

Hinweise

Manchmal passiert es, dass Teilnehmende das Video schon kennen. Ich frage daher in der Regel vorher ab, wer schon einmal die Übung mit dem Zählen der Pässe des weißen Basketballteams gemacht hat. Wichtig, der Gorilla darf hier nicht aus Versehen genannt werden. Ich bitte, diejenigen, die sich melden, das Ergebnis noch nicht zu verraten und trotzdem einfach mitzumachen.

Was dann passiert, ist, dass sie in Kenntnis des Gorillas diesen natürlich wahrnehmen. Was aber auch diese Gruppe in der Regel nicht wahrnimmt, ist, dass nicht nur der Gorilla auftaucht, sondern auch die Farbe des Hintergrundvorhanges wechselt und eine Basketballspielerin mit schwarzem Trikot die Szene verlässt. Und so kann auch diese Gruppe über sich selbst schmunzelnd in den Austausch zum Thema „Open Mind" einsteigen.

Die Honigtopf-Technik

- Ziel: Üben, alltägliche Verrichtungen achtsamer zu tun
- Dauer: 5 Minuten täglich
- Material: Keines

Darum geht es

Die Honigtopf-Technik kann sowohl im Seminarkontext geübt als auch als Impuls vor einer Pause eingesetzt werden. Bei zweitägigen Seminaren können Sie diese Übungen am Ende des ersten Tages als Hausaufgabe mitgeben und die Erfahrungen am kommenden Tag zum Einstieg in den zweiten Tag auswerten.

Moderation

„Wählen Sie eine alltägliche Verrichtung, die Sie normalerweise schnell und routiniert ausführen würden. Atmen Sie, bevor Sie beginnen, einige Male bewusst und tief ein und aus. Verlangsamen Sie dann Ihre Geschwindigkeit bis zum Äußersten. Um noch langsamer zu werden, können Sie sich vorstellen, Sie säßen von Kopf bis Fuß in einem Honigtopf. Erledigen Sie die Aufgabe, die Sie für die Übung ausgewählt haben, in einem maximal langsamen Tempo. Beobachten Sie dabei genau die Dinge im Außen und die Dinge, die in Ihrem Inneren entstehen.“

Hinweise

Hier einige Ideen, die man im Honigtopf-Modus ausführen könnte.

- Frühstück zubereiten
- Kaffee oder Tee kochen
- Sich anziehen
- Die Schuhe zubinden
- Eine Decke falten
- …

AHA-Übung

- Ziele: Praktische Übung der inneren Haltung des Nichtwertens; Schulung der Beobachtungskompetenz von abwandernden Gedanken oder aufkommenden Gefühlen
- Dauer: 15-20 Minuten
- Material: Anleitung

Darum geht es

Während vorhergehende Übungen zum Gedankenwandern sich ausschließlich darauf bezogen haben, das Wandern der Gedanken überhaupt erst einmal wahrzunehmen, geht diese Übung einen Schritt weiter. In einer angeleiteten Meditation werden Strategien an die Hand gegeben, wie mit der Erkenntnis, dass die Gedanken sich verselbstständigt haben, umgegangen werden kann. Dabei geht es erweiternd darum, aufkommende Gefühle und Wertungen wahrzunehmen und wieder in eine neutrale, akzeptierende und beobachtende Haltung zurückzufinden. Im Folgenden finden Sie einen Vorschlag für die Anleitung einer solchen Übung.

Moderation

Download-Ressource

„Finden Sie eine Sitzposition, mit einem guten Kontakt zum Boden und entspannt aufgerichtetem Oberkörper. Legen Sie die Hände auf dem Bauch ab. Schließen Sie die Augen oder lassen Sie Ihren Blick sanft vor sich auf dem Boden ruhen. Richten Sie Ihre Aufmerksamkeit auf die Atembewegungen im Bereich der Hände. Beobachten Sie nun mit jedem Atemzug das Steigen und Sinken, das Ausdehnen und Zusammenziehen. Bleiben Sie so gut es geht bei dieser Erfahrung.

(Kurze Pause)

Bis hierhin ist diese Achtsamkeitspraxis ein Aufmerksamkeitstraining, wie Sie es aus anderen Übungen bereits kennen. Nun bringen wir das zweite wichtige Element der Praxis dazu: die achtsame Geisteshaltung.

Beginnen wir zunächst mit der Akzeptanz: Wann immer Sie bemerken, dass Sie mit der Aufmerksamkeit in Gedanken abgeschweift sind, halten Sie einen Moment inne. Stellen Sie fest, wohin Sie abgeschweift sind, und vergeben Sie eine Überschrift. Zum Beispiel ‚Zukunft', wenn Sie an Ihre Pläne für den heutigen Feierabend denken, ‚Vergangenheit', wenn Sie das Gespräch von letzter Woche noch einmal durchgehen, ‚Bewertung', wenn Sie finden, dass es langweilig oder seltsam ist, diese Übung zu machen oder ‚Gefühle', wenn Sie bemerken, dass Sie ärgerlich, traurig oder ungeduldig sind.

Wenn eine Überschrift entstanden ist, sagen Sie sich innerlich ‚AHA!' und finden Sie innerlich ein winziges Lächeln. Wie Sie vielleicht lächeln, wenn sich vor Ihren Augen ein Schmetterling auf eine Blume setzt oder Sie sich an einen Strandspaziergang erinnern.

Finden Sie dieses entspannte Lächeln und führen Sie Ihre Aufmerksamkeit sanft zum Atem zurück. Es ist nicht wichtig, ob man das Lächeln in Ihrem Gesicht sehen kann. Es geht mehr um die Leichtigkeit in Ihrem Innern, die mit einem lächelnden AHA einhergeht. Das AHA steht für Anhalten – Hinschauen – Akzeptieren.

Meistens erleben wir eine andere Reaktion, wenn wir von etwas abschweifen, was wir uns vorgenommen haben. Wir sind ungehalten, kritisch, enttäuscht, machen uns Vorwürfe oder stellen trotzig fest, dass etwas anderes jetzt gerade wichtiger ist. Verzichten Sie auf Reaktionen dieser Art, nehmen Sie die Ablenkung stattdessen einfach wahr.

Machen Sie diese Übung nun noch einige Minuten ganz für sich selbst. Beobachten Sie Ihren Atem. Nehmen Sie wahr, falls Sie abschweifen. Vergeben Sie eine Überschrift: Vergangenheit, Zukunft, Bewertung, Gefühle. Lächeln Sie sanft und kehren Sie zur Beobachtung des Atems zurück."

Hinweise

Der anschließende nicht angeleitete Teil kann je nach Gruppe und Fortschritt des Seminars nur wenige Minuten oder bis zu 10-15 Minuten dauern. Ich wähle den Zeitraum, wie es sich für ein gutes (Achtsamkeits-)Muskeltraining gehört, immer so, dass es fordernd ist, aber auch nicht frustriert. Durch Beobachtung der Gruppe lässt sich aufkommende körperliche Unruhe gut erkennen und die Zeit dann entsprechend anpassen.

Wahrnehmungsuhr

- Ziel: Achtsamkeitserfahrung
- Dauer: 10 Minuten
- Material: Timer

Darum geht es

Wenn das Wetter es zulässt, sind Übungen an der frischen Luft immer eine willkommene Abwechslung zum Seminarraum. Für die folgende Übung ist die frische Luft sogar Voraussetzung. In diesem Fall funktioniert die Übung besonders gut, wenn das Wetter leicht bewölkt oder sonnig ist, gerne darf auch ein leichter bis kräftiger Wind gehen.

Moderation

Bitten Sie die Teilnehmenden, sich auf einer freien Fläche verteilt aufzustellen. Der Untergrund ist dabei nicht so entscheidend. Auf Ihr Zeichen hin drehen sich alle Teilnehmenden mit dem Gesicht zur Sonne. Die Instruktion lautet dann in etwas wie folgt:

„Ich bitte Sie nun, die Augen zu schließen und die Situation mit allen Sinnen wahrzunehmen. Nach einer Minute gebe ich das Signal, sich um 90 Grad zu drehen. Nach einer weiteren Minute drehen Sie sich bitte wieder um 90 Grad. Das machen wir so lange, bis Sie wieder am Ausgangspunkt stehen. Nehmen Sie sich in der Position mit allen Sinnen wahr. Achten Sie während der ganzen Übung besonders auf Veränderungen der Wahrnehmung."

Hinweise

In der anschließenden Auswertung kann die Veränderlichkeit von Wahrnehmungen zum Thema gemacht werden. Auch bietet sich ein Austausch an, wie kurze Momente frischer Luft im Arbeitsalltag zur Energetisierung beitragen können. An sonnigen Tagen kommen Teilnehmende oft zu der Feststellung, wie angenehm es ist, sich mit dem

Gesicht der Sonne zuzudrehen und dass es einen Widerwillen gibt, sich wegzudrehen. Hier lässt sich noch einmal wunderbar erfahren und reflektieren, wie schnell wir oft mit unserer Wertung sind, von „finde ich gut" bis „ist mir unangenehm".

Der Lupenblick

- Ziel: Achtsames Beobachten üben
- Dauer: 30 Minuten
- Material: Ein paar leere Bilderrahmen

Darum geht es

Für das Üben der Achtsamkeit ist Reizreduktion nicht zwingend notwendig. Und doch empfinden es viele Teilnehmende gerade in den Anfängen ihrer Übungspraxis als sehr entlastend, sich einmal mit einigen wenigen Dingen intensiver zu beschäftigen. Solche Übungen unterstützen zum einen die Fokussierung eines unruhigen Geistes und verdeutlichen zugleich, mit wie vielen Dingen wir uns sonst im Alltag oft parallel beschäftigen. Sehr verständlich, dass dadurch dann aber eben oft auch der Tiefgang und damit die Zufriedenheit verloren gehen.

Für die folgende Übung benötigen Sie ein paar alte, ausrangierte Bilderrahmen – für jeden Teilnehmenden einen. Je bunter und ausgefallener, desto schöner.

Moderation

„Mit dem Rahmen setzen wir normalerweise Dinge oder Personen in Form von Fotos, die wir besonders liebevoll betrachten möchten, in Szene. Das soll nun in der folgenden Übung auch geschehen. Nehmen Sie sich einen Rahmen, der Sie spontan anspricht und finden Sie eine ‚Szene', die Sie nun genauer betrachten wollen. Legen Sie den Rahmen so ab, dass Sie die Hände anschließend wieder freihaben und nehmen Sie sich dann einige Minuten Zeit, ausschließlich diesen kleinen Ausschnitt zu betrachten. Beobachten Sie neugierig und genau jedes Detail, so, als hätten Sie das, was Sie da beobachten, zum ersten Mal gesehen. Nehmen Sie auch Ihre Gedanken und Emotionen wahr, die während der Übung auftauchen."

Nach Beendigung der Übung können Sie dann anhand insbesondere solcher Leitfragen in den Austausch gehen:

- Was haben Sie beobachtet? Wie erfolgte die Auswahl des Beobachtungsfeldes?
- Welche Gedanken und Gefühle sind während der Übung entstanden?
- Wie sind Sie mit diesen umgegangen?
- Welche Erfahrung hat Sie bei dieser Übung überrascht?

Hinweise

Die Übung bietet Gelegenheit, sich noch einmal bewusst zu werden und darüber auch ins Gespräch zu kommen, dass es, auch wenn es uns intuitiv mehr erfreut, nicht immer zwingend ein schönes Element sein muss, das man genau betrachtet. Oft sind es die negativen Dinge, vor denen wir uns reflexartig abwenden, schnell wegwollen oder sie wenigstens nicht ganz so intensiv wahrnehmen möchten. Hier kann noch einmal einfließen, dass selbst die unangenehmen Dinge angenehmer werden, wenn wir ihnen achtsam begegnen. Zudem liegen gerade in diesen Dingen auch wichtige Erkenntnisse, die man sonst verpassen würde.

Einen besonders schönen Effekt hat es, wenn die Teilnehmenden diesen Rahmen mitnehmen dürfen. Er kann als zukünftige Erinnerung an die Übungspraxis auf dem Schreibtisch stehen. So kann man immer mal wieder für wenige Minuten den Fokus in Richtung Achtsamkeit schwenken. Den Rahmen vom Schreibtisch auf die Fensterbank oder vor eine Pflanze stellen und eine schnelle neu ausrichtende Übung machen. Vielleicht tut es auch einmal gut, den wegen der Frist so verhassten Jahresbilanzbericht einmal als das zu betrachten, was er ist. Ein Stück Papier, auf dem Buchstaben und Zahlen in schönen Farben gedruckt sind.

Wenn sich im Seminarkontext die Möglichkeit ergibt, sollten Sie die Übung möglichst in der Natur ausführen. Ein Stück Gras, ein Blumenbeet oder einen Farn einmal genauer zu betrachten, hat schon was. Alternativ kann man die Gruppe auch einmal durch das Hotel und das nähere Außengelände schicken. Alternativ zum Bilderrahmen gehen auch vier zusammengelegte Stöcke oder ein Zollstock.

Die ABC-Übung

- Ziel: Vertiefung der Erkenntnis, dass unsere Bewertungen Konsequenzen auf das Empfinden einer Situation haben
- Dauer: 30–45 Minuten
- Material: Anleitung auf einem Flipchart, Papier und Stifte für Notizen

Darum geht es

Das ABC-Modell ist ein Konzept der kognitiven Verhaltenstherapie, das von Albert Ellis entwickelt wurde. Es dient dazu, den Zusammenhang zwischen unseren Gedanken, Emotionen und Verhaltensweisen zu verstehen. Das Modell wird verwendet, um dysfunktionale Denkmuster zu identifizieren und zu verändern, um eine positive Veränderung des Verhaltens und der emotionalen Reaktionen zu erreichen. Es enthält in diesem Zusammenhang viele Parallelen zur Postulation der Achtsamkeit, dass Wertungen einer Situation bewusst wahrgenommen werden sollten und es entlastend ist, wenn es gelingt, sich von diesen zu lösen.

Das ABC-Modell besteht aus den folgenden drei Komponenten:

- **A steht für „Antecedent"** (deutsch: Vorbedingung): Hierbei handelt es sich um eine Auslösesituation oder ein Ereignis, das eine Reaktion hervorruft. Es kann sich um etwas Externes wie ein bestimmtes Ereignis oder um etwas Internes wie einen Gedanken handeln.

- **B steht für „Belief"** (deutsch: Überzeugung): Dies bezieht sich auf die Gedanken, Überzeugungen oder Bewertungen, die eine Person über diesen auslösenden Reiz hat. Diese Überzeugungen können rational oder irrational sein.

- **C steht für „Consequence"** (deutsch: Konsequenz): Dies bezieht sich auf die emotionalen Reaktionen und Verhaltensweisen, die als Folge der Überzeugungen auftreten. Wenn jemand irrationalen

Überzeugungen folgt, kann dies zu negativen Emotionen wie Ärger, Angst oder Depression führen und problematisches Verhalten verstärken.

Das ABC-Modell betont, dass nicht die Vorbedingung selbst, sondern die individuellen Überzeugungen und Interpretationen darüber für die emotionalen Reaktionen und das Verhalten verantwortlich sind. Durch die Identifizierung dieser Überzeugungen und die Arbeit an ihrer Veränderung kann man lernen, positivere oder neutralere emotionale Reaktionen zu entwickeln und gesündere Verhaltensweisen zu etablieren.

Die Übung ist besonders effektiv, wenn die Teilnehmenden schon die Grundzüge der Achtsamkeit kennen und sich nun in das Erforschen der praktischen Relevanz des Themas für den Arbeitsalltag begeben.

Moderation

„Erinnern Sie sich bitte an eine zurückliegende Arbeitssituation, die ihn Ihnen starke negative Emotionen ausgelöst hat. Das können Frust, Enttäuschung oder Ärger sein. Lassen Sie diese Situation nun einmal ganz präsent werden in Ihrer Erinnerung und finden Sie eine Überschrift oder ein paar Sätze, die diese Situation verständlich beschreiben. Bringen Sie diese Sätze nun zu Papier. (Pause)

Erinnern Sie sich jetzt noch einmal zurück, was der konkrete, ganz sachliche Auslöser der Situation war. Beschreiben Sie die Situation kurz schriftlich so neutral und objektiv wie möglich. Stellen Sie sich dazu vielleicht vor, dass Sie beschreiben, was eine Kamera in diesem Moment aufgezeichnet hätte. (Pause)

Im nächsten Schritt bitte ich Sie, sich zu erinnern, was Sie gedacht haben in dieser Situation. Vielleicht denken Sie das auch heute noch. Schreiben Sie alle Gedanken ungefiltert auf, auch die, die Ihnen zunächst unwichtig erscheinen. (Pause)

Und zu guter Letzt halten Sie bitte fest, welche Konsequenzen es für Sie und die Situation hatte, dass Sie so gedacht haben. (Pause)

Tauschen Sie sich nun in der kleinen Arbeitsgruppe über Ihre Prozesse aus. Welche Muster erkennen Sie? Wie hätte das, was Sie bisher zum Thema Achtsamkeit gelernt haben, die Situation verändern können? Wo hätte Achtsamkeit Unterbrechungen der automatisierten Reiz-Reaktions-Kette unterstützen können?"

Hinweise Im anschließenden Plenumsgespräch ist es oft erforderlich, noch einmal zu betonen, dass Achtsamkeit nicht zum Ziel hat, jegliche negativen Emotionen zu beseitigen. Vielmehr geht es um das bewusste Wahrnehmen von Emotionen und auch um den auslösenden, oft wertenden Gedanken. Nur so können automatisierte Reaktionsmuster unterbrochen und eine bewusste Entscheidung erfolgen, wie mit dieser Situation umgegangen werden soll.

„Genau wie ich"-Meditation

- Ziel: Kultivierung von Mitgefühl
- Dauer: 30 Minuten
- Material: Arbeitsanleitung, ggf. Arbeitsblatt für Notizen

Darum geht es

Auf den ersten Blick führt zunehmendes Achtsamkeitstraining zu einer hohen Ichbezogenheit. Ich spüre in meinen Körper, nehme meine Bedürfnisse, Gefühle und Gedanken wahr. Und von dort an zählt dann nur noch das und die hundertprozentige Bedürfnisbefriedigung ohne Rücksicht auf mein Umfeld. Das ist ein erster wichtiger Schritt der Praxis. Er greift aber zu kurz, wenn man an diesem Punkt stehen bliebe. Im extremen Fall wird man dadurch anderen Menschen gegenüber sogar extrem unachtsam und es kommt zu Äußerungen wie: „Ich habe dir zwar fest zugesagt, dich da zu unterstützen, aber ich habe noch einmal in mich hineingespürt und ich glaube, das ist doch nichts für mich." Oder: „Mag sein, dass du dir von mir eine andere Arbeitsqualität wünschst, aber das würde mich zu sehr belasten."

In einer Arbeitswelt, in der Achtsamkeit ausschließlich so gelebt würde, hätte sie nicht viel Gutes bewirkt. Vielmehr geht es bei der Achtsamkeit auch darum, sich selbst verbunden mit dem Umfeld wahrzunehmen. Und auch die Neurowissenschaften finden Belege dafür, dass die Kultivierung von Selbstmitgefühl auch zu der Ausbildung von Kompetenzen wie Perspektivübernahme und Empathie mit anderen Menschen im eigenen Umfeld führt. Zur Erarbeitung dieses Aspektes soll die folgende Übung dienen.

Moderation

„Bitten stellen Sie sich eine Kollegin, einen Kollegen, den Chef oder eine Kundin vor, die oder der Sie aus einem bestimmten Grund ‚wahnsinnig' macht. Es sollte sich für diese Übung nicht gleich um die größte Konfliktsituation handeln, die Ihnen einfällt. Besser geeignet ist eine der vielen

kleinen Alltagssituationen, die einem den Arbeitsalltag erschweren kann. Zur besseren Verdeutlichung finden Sie hier einige Beispiele:"

- Die Kollegin gegenüber hat eine relativ laute Telefonstimme, die Tonlage ist zudem nicht sehr angenehm.
- Ein Kunde, mit dem man häufig zu Geschäftsessen zusammentrifft, kaut mit offenem Mund.
- Das langsame Arbeitstempo der Chefin lässt einen schlicht aus der Haut fahren.
- Ein eigentlich ganz freundlicher Arbeitskollege lässt einen oft nicht ausreden und fällt einem mit seinem Beitrag ständig ins Wort.

Hinweise

Machen Sie im Anschluss deutlich, dass es bei der nun folgenden Übung nicht darum geht, Verhalten in einer Form zu rechtfertigen. Auch beinhaltet die Übung auch nicht den Entschluss, niemals nach einer Intervention zu streben oder dieses Verhalten für immer einfach zu akzeptieren. Vielmehr geht es darum, die um dieses aufregende Element kreisenden Gedanken und die damit verbundenen Emotionen zu neutralisieren und so wieder Abstand zu gewinnen von diesen stark wertenden Gedanken.

Je nach Anwendungsfall eignet sich diese Übung gegebenenfalls auch dazu, sich vor einem klärenden Gespräch oder einer Intervention wieder in eine neutrale, wertschätzende und offene Haltung zu bringen. Und manchmal kann man auch an noch so unangenehmen Personen nichts ändern oder bewirken. Auch dann kann die Übung helfen, eine neutrale, akzeptierende Haltung zu entwickeln. Dazu ist es oft notwendig, sich von der konkreten Verhaltenssituation zu lösen und auf eine höhere Abstraktionsebene zu wechseln, in der man sich noch mit dieser Person verbunden fühlen kann.

Bitten Sie nun die Teilnehmenden, die Augen zu schließen und an diese Person zu denken. Leiten Sie dazu an, zu beobachten, welche Gedanken, Emotionen und Körperempfindungen bei der Beschäftigung mit der ausgewählten Person entstehen. Lassen Sie sie einige Mal ruhig ein- und ausatmen. Nun bitten Sie die Teilnehmenden Sätze zu finden, die erklären, warum diese Person genau so ist, wie sie selbst.

Die konkrete Anleitung lautet:

Moderation

„Beenden Sie nun den Satz: ‚Genau wie ich, will auch XY …'. Finden Sie nun so viele Sätze wie möglich, mindestens aber drei Sätze zu dieser Person, die Sie sich gerade vorstellen. (Pause) *Spüren Sie erneut noch einmal in sich hinein, welche Gedanken, Emotionen und Körperempfindungen bei der Beschäftigung mit der Person entstehen. Beenden Sie die Übungen mit einem intensiven, tiefen Atemzug."*

Hinweise

Zugegeben, die Übung ist schon herausfordernd. Neben den vielen schönen Effekten, die entstehen, wenn man sich auf diesen Prozess einlässt, ist es daher auch wichtig, in der anschließenden Nachbesprechung Raum zu geben für die Dinge, die möglicherweise schwergefallen sind. Anhand dieser Berichte kann man wunderbar noch einmal erarbeiten, wie stark die Denk- und Wertungsautomatismen unseres Geistes sind und wie schwer es doch fallen kann, wenn einmal eine Wertung vollzogen wurde, sich von dieser wieder zu lösen.

Gleichzeitig lädt die Übung aber auch dazu ein, zu reflektieren, welchen Schaden dieser Automatismus in Teams, Abteilungen und ganzen Unternehmen anrichtet. Spätestens an dieser Stelle sollte dann ausreichend Motivation geschaffen sein, um trotz der Herausforderung an dieser neuen, mitfühlenden Achtsamkeitskompetenz zu arbeiten.

Wohlwollende Haltung

- Ziel: Strategie für den Umgang mit unangenehmen Personen erlernen
- Dauer: 15 Minuten
- Material: Blatt für Notizen

Darum geht es

Der Arbeitsalltag ist voll von Situationen, in denen die Wertungen mit uns durchgehen. Blitzschnell empfinden wir ein Verhalten als unverschämt, eine Äußerung als Angriff. Auf dem Fuße folgen die entsprechenden, meist negativen Emotionen. Wir sind genervt, wütend oder enttäuscht. Steigen wir in dieser Grundstimmung in eine Auseinandersetzung ein, ist der Verlauf der Situation fast vorprogrammiert und ohne es bewusst darauf angelegt zu haben, stecken wir in einem handfesten Konflikt. Achtsamkeit kann hier einen Zeitpuffer erzeugen, der es ermöglicht, die Situation besonnen und bewusst anzugehen.

Moderation

Die passende Übung dazu können Sie im Plenum anmoderieren. Alle Teilnehmenden können gleichzeitig mitmachen. Die Anleitung könnte in etwa so lauten:

„Erinnern Sie sich bitte an eine Situation, die Sie kürzlich erlebt und in der Sie sich über eine Person geärgert haben oder von ihr genervt waren. Beschreiben Sie die Situation möglichst neutral und machen Sie sich dazu ein paar Notizen. Was wurde gesagt? Wie stellte sich die Situation dar? Was wäre auf einer Kamera zu sehen gewesen? (Pause)

Welche Wertungen haben Sie bezüglich dieses Verhaltens? Schreiben Sie auch diese auf. (Pause)

Nehmen Sie nun im nächsten Schritt einmal an, diese Person wolle Ihnen persönlich gar nichts. Welche Bedürfnisse glauben Sie, hatte diese

Person in diesem Moment? Machen Sie sich auch dazu ein paar Notizen. (Pause)

Wie haben Sie sich gefühlt in dieser Situation? Welche Bedürfnisse hatten Sie in dieser Situation, die nicht gut erfüllt waren? Machen Sie sich auch dazu ein paar Notizen. (Pause)

Haben Sie diesbezüglich Ihre Wünsche geäußert? Was haben Sie gesagt? Welchen Wunsch hätten Sie noch formulieren wollen? Machen Sie sich auch dazu ein paar Notizen. (Pause)

Was könnten Sie selbst tun, um das unerfüllte Bedürfnis zu befriedigen? Machen Sie sich auch dazu ein paar Notizen. (Pause)

Atmen Sie nun noch dreimal tief ein und wieder aus. Schauen Sie anschließend, wie Sie sich fühlen."

Hinweise

Im Anschluss an diese Übung können Sie dazu einladen, sich in Kleingruppen von den Situationen zu berichten und die Notizen durchzugehen. Die Kleingruppe kann zudem dazu in den Austausch kommen, in welchen alltäglichen Situationen diese Übung Anwendung finden könnte.

Die Zeitlupe

- Ziel: Praktische Übung, die die informelle Übungspraxis erfahrbar macht
- Dauer: 15 Minuten
- Material: Keines

Darum geht es

Ein Klassiker der informellen Übungspraxis und eng verwandt mit der „Honigtopf-Übung" (Seite 171): Einfach mal das Tempo aus einer alltäglichen Verrichtung herausnehmen. So gelingt es gerade Beginnern im Hinblick auf Achtsamkeit, auf ganz unkomplizierte Art und Weise spannende Übungserfahrungen zu machen.

In einem Veranstaltungskontext kann man diese Übung oft ganz nebenbei einfließen lassen. So kann man etwa vor dem Beginn einer Kaffeepause dazu einladen, eine der nun anstehenden Tätigkeiten bewusst sehr langsam und mit viel Ruhe und Bewusstheit auszuführen. Im Anschluss an die Pause können die gemachten Erfahrungen dann in einem Austausch vertieft werden.

Moderation

Hier einige Leitfragen für den Austausch:

- *„Welche Tätigkeit haben Sie ausgewählt? Erzählen Sie einmal von Ihren Wahrnehmungen."*
- *„Welche Gedanken konnten Sie während der Übung beobachten?"*
- *„Sind Emotionen aufgetaucht? Wie sind Sie mit diesen umgegangen?"*
- *„Welche Tätigkeiten des alltäglichen Arbeitslebens würden sich Ihrer Meinung nach eignen, um diese Übung zu wiederholen?"*

Im Anschluss an diesen Austausch ergibt sich oft ein Gespräch zum Sinn und Zweck des täglichen Hetzens überhaupt. Denn ähnlich wie beim Multitasking ist auch dieses nicht wirklich förderlich für die Steigerung der Arbeitsqualität und Leistung. Solche Übungen können dann hilfreich sein, in die Frage einzusteigen: „Was ist eigentlich mein richtiges Tempo? Und ist der vermeidliche Zeitverlust nicht eigentlich ein Gewinn?"

Hier einige weitere Anregungen zu alltäglichen Verrichtungen, die sich wunderbar in Zeitlupe ausführen lassen:

- Das Putzen der Zähne am Morgen und für Fortgeschrittene auch am Abend
- Die eine besondere Tasse Tee und Kaffee am Tag, die ich nicht nebenbei trinke
- Der Weg vom Betreten des Firmengebäudes bis zum endgültigen Arbeitsplatz
- Die Toilettenpause am Arbeitsplatz mit anschließendem, sehr genussvollen Händewaschen
- Zwei Minuten Schreibtisch in Ordnung bringen vor Verlassen des Büros
- Auf der Rückfahrt vom Büro bewusst mal die rechte Spur oder gar das Fahrrad nehmen
- Einen Weg zu Fuß zurücklegen, statt mit einem wie auch immer gearteten Gefährt

Hinweise

Die Anregungen können den Teilnehmenden als Inspiration dienen, um in ihren eigenen Brainstorming-Prozess einzusteigen. Wenn Sie inhouse unterwegs sind oder gar mit einem bestehenden Team arbeiten, macht es große Freude, einmal zu überlegen, welche alltäglichen Routinen die Gruppe vielleicht zusammen aktualisieren möchte. So gibt es Teams, die daraufhin vereinbaren, erst einmal mit 30 Sekunden absoluter Ruhe in eine Sitzung zu starten, sodass sich alle sammeln und auf den neuen Programmpunkt des Tages einlassen können. Andere beginnen mit fünf Minuten Kaffee- und Teetrinken und wildem ungesteuerten Plaudern, um einfach auch dieses Bedürfnis bewusst vor der gewohnten Geschäftigkeit ausleben zu können.

Erbsen zählen

- Ziel: Sich in Geduld üben
- Dauer: Variabel
- Material: Zwei Behältnisse und eine Handvoll trockener Hülsenfrüchte pro Teilnehmenden

Darum geht es

In einer hocheffizienten, dynamischen Welt haben viele Menschen verlernt, sich einfach einmal mit viel Zeit auf eine Tätigkeit einzulassen, bei der nicht gleich der Sinn oder Nutzen ersichtlich ist. Und so stehen wir innerlich kochend im Stau oder an roten Ampeln, tippeln ungeduldig hin und her, wenn wir im Supermarkt in der Warteschlange stehen. Um die eigene Ungeduld kennenzulernen, eignet sich die Übung des Erbsenzählens. Das Zählmaterial ist dabei übrigens natürlich austauschbar. Linsen, Spielchips oder Reiskörner eignen sich genauso gut.

Moderation

Geben Sie jedem Teilnehmenden zwei Schälchen. In dem einen befindet sich eine Handvoll Erbsen. *„Bitte zählen Sie nun diese Erbsen. Jede gezählte Erbse wandert in die leere Schüssel vor Ihnen. Sind alle Erbsen gezählt, wird die Zahl notiert und der Vorgang in umgekehrter Reihenfolge wiederholt."*

Hinweise

Nach Beendigung der Übung können die aufgekommenen Emotionen und Gedanken ausgewertet werden.

Meine Emotionen

- Wie ist es mir mit der Übung ergangen?
- Welche Emotionen und Gedanken habe ich wahrgenommen?
- Wie bin ich mit diesen umgegangen?

- Habe ich mich zwischendurch „verzählt“? Warum? Und wie bin ich mit dem „Fehler“ umgegangen?
- War ich ganz beim aktuellen Arbeitsschritt oder gedanklich auch schon einmal beim nächsten?
- Was habe ich hier beobachten können, was ich auch aus meinem sonstigen Arbeitsverhalten kenne?
- Was ist meine persönliche Erkenntnis aus dieser Übung?

5.3

Formelle Übungen der Achtsamkeitspraxis – die Klassiker

Die nun folgenden Übungen entsprechen vielleicht am ehesten dem, was Teilnehmende unter dem Titel Achtsamkeit erwarten. Hier finden Sie Anleitungen zu den Klassikern der Achtsamkeitspraxis, wie der Atembeobachtung, dem achtsamen Gehen und dem Body Scan. Diese Übungen folgen einer etwas formelleren Choreografie und dienen somit dem expliziten Training des „Achtsamkeitsmuskels". Es kann Sinn ergeben, Ihren Teilnehmenden im Rahmen eines Seminars die Gelegenheit zu bieten, erste Erfahrungen mit diesen formellen Übungen zu machen und so die Hemmschwelle für das weitere Üben zu senken. Die Übungen sind mit sehr expliziten Anleitungstexten verfasst, sodass Sie diese direkt in der Veranstaltung einsetzen können. Aber auch hier gilt, was schon bei allen Übungen vorab galt, schreiben Sie Anleitungen gerne um, kürzen Sie und ändern Sie sie, sodass es Übungen werden, die zu Ihnen passen und mit denen auch Sie gerne arbeiten.

Achtsames Essen

- Ziele: Einführung in das Konzept des achtsamen Essens; Kennenlernen einer formellen Übungspraxis
- Dauer: 30 Minuten
- Material: Anleitung, verschiedene Nahrungsmittel zum achtsamen Verzehr

Die Rosinenübung

Darum geht es

Der Klassiker des achtsamen Essens unter Anleitung ist die Rosinenübung. Ich bin schon vor langer Zeit dazu übergegangen, andere Lebensmittel für diese Übung zu nehmen, da ich doch relativ häufig die Rückmeldung erhielt, dass sich Teilnehmende vor der Konsistenz der Rosine ekeln. Die verschiedenen Variationen des Klassikers werde ich im Anschluss näher beschreiben. Doch nun zur Rosinenübung.

Lassen Sie dazu eine Schale mit Rosinen herumgehen oder verteilen Sie jeweils eine Rosine in die geöffnete Hand der Teilnehmenden. Bitten Sie diese, zunächst nichts mit der Rosine zu tun und sie lediglich bis zum Beginn der Übung in der Hand zu halten. Beginnen Sie dann mit der Anleitung der Übung, was in etwa wie folgt lauten kann:

Moderation

„Halten Sie die Rosine in der Hand und erkunden Sie diese nun mit mir genau.

Download-Ressource

Stellen Sie sich vor, Sie würden diese Frucht zum allerersten Mal in Ihrem Leben sehen. Welchen Eindruck macht sie auf Sie? Nun liegt sie auf Ihrer Handfläche. Was würde ein Außerirdischer denken, wenn man ihm das erste Mal so eine getrocknete Traube anbietet?

Nehmen Sie einmal bewusst wahr, wer oder was alles daran beteiligt war, dass diese Rosine so, wie sie ist, in Ihrer Hand liegen kann.

Nehmen Sie die Frucht anschließend zwischen zwei Finger. Und schauen Sie sich diese genau an. Wie verändert sich die Farbe, wenn Sie sie bewegen? Ist die Frucht nur braun oder können Sie auch andere Farben sehen? Wie ist die Oberfläche beschaffen? Was sehen Sie? Betrachten Sie die Frucht so neugierig, als hätten Sie sie heute zum ersten Mal gesehen.

Halten Sie die Frucht nun an Ihre Nase. Können Sie das Aroma bereits riechen? Vielleicht riechen Sie auch gar nichts. Wie fühlen Sie sich dabei, wenn Ihnen der Geruch Appetit macht, die Frucht zu verspeisen, geben Sie dieser Versuchung bitte nicht nach. Spüren Sie diesem Gefühl lediglich beobachtend nach.

Bewegen Sie die Frucht nun zwischen Daumen und Zeigefinger. Drehen Sie sie hin und her und setzen Sie sich genau damit auseinander, wie sie sich anfühlt. Können Sie die Oberfläche ertasten? Fühlt sich die Frucht anders an, wenn Sie Ihre Augen für einen Moment schließen? Probieren Sie neugierig aus, was passiert, wenn Sie die Frucht vielleicht zusammendrücken?

Führen Sie die Frucht schließlich zum Mund. Legen Sie die Frucht dazu auf Ihre Zunge. Fühlen Sie ihr Gewicht und wie sich erste Geschmacksspuren langsam im Mund ausbreiten. Bewegen Sie die Rosine nun mit der Zunge in Ihrem Mund umher und konzentrieren Sie sich darauf, wie sich das anfühlt.

Zum Ende der Rosinenübung zerbeißen Sie die Frucht schließlich mit den Zähnen. Wie viele Geschmacksspuren nehmen Sie nun wahr? Welche Konsistenz hat die Rosine? Konzentrieren Sie sich auf die Kaubewegungen und darauf, wie sich die Rosine langsam auflöst. Schlucken Sie sie dann herunter und spüren Sie dem Geschmack, der im Mund verbleibt, noch eine Weile nach. Bevor Sie die Rosinenübung beenden, denken Sie noch einmal darüber nach, wie es sich angefühlt hat, die Rosine so achtsam zu essen. Hat sie anders geschmeckt, als wenn Sie sie normal gegessen hätten? Waren Sie positiv überrascht oder eher enttäuscht von dem Geschmack? Was haben Ihre Gedanken während der Übung gemacht, waren Sie bei der Sache?"

Variante

Variante mit anderen Lebensmitteln

Wählen Sie einige unterschiedliche Lebensmittel aus, die Sie gerade zu Hause haben oder die Ihnen etwas alltagsnäher erscheinen. Ich wähle in diesem Zusammenhang immer eine gute Mischung von gesunden und weniger gesunden, süßen und herzhaften Lebensmitteln aus. Auch unterschiedliche Konsistenzen wie weich oder knusprig versuche ich stets einzubauen.

Hier ein paar Beispiele

- Gummibärchen
- Kräcker
- Brotwürfel
- Nussmischung
- M&Ms
- Weintrauben
- Apfelchips
- Erdnussflips

Alles, was man eine Weile in der Hand halten kann, ist praktikabel. Manchmal suche ich die Lebensmittel auch am Hotelbuffet spontan noch zusammen.

Moderation

Die Übung beginnt in diesem Fall bereits mit der Auswahl der Lebensmittel. Die Anleitung lautet dann in etwa wie folgt:

„Ich habe hier eine Auswahl verschiedenster Lebensmittel mitgebracht. Bevor Sie aufstehen und sich eins davon nehmen, möchte ich Sie einladen, sich einen Moment bewusst wahrzunehmen. Welche Emotionen nehmen Sie wahr? Sind da Gedanken, die Sie beschäftigen? Wie fühlt sich Ihr Körper an? Spüren Sie Hunger oder Appetit?

Gehen Sie nun bitte zu diesen Lebensmitteln. Nehmen Sie diese eine Weile bewusst wahr und nehmen Sie auch Ihre Körperreaktionen auf diese Lebensmittel wahr. Entscheiden Sie sich anschließend für eines der hier dargebotenen Lebensmittel. Legen Sie sich dieses in die Hand und kommen Sie damit zurück an Ihren Platz."

Von hier an kann die Übung dann in leicht abgewandelter Form wie in der Rosinenübung durchgeführt werden.

Hinweise

Der Vorteil der achtsamen Auswahl des Lebensmittels ist, dass die Teilnehmenden viel schneller an die praktische Relevanz der Übung herangeführt werden. Mit dem kurzen Check-in vor der Auswahl üben sie bereits eine hilfreiche Haltung, die in Zukunft vielleicht Anwendung findet, bevor die Kolleginnen in der Tür stehen und man zum gemeinsamen Gang in die Kantine abgeholt wird. Mit dem kurzen Innehalten vor dem Zugreifen üben sie die Wahrnehmung von Körperreaktionen, die ihnen etwa am Nachtischbüfett unbewusste Automatismen bescheren können. Und nicht zuletzt entdecken sie dann in der Übung, dass ihnen Dinge, zu denen sie gewohnheitsmäßig greifen, in Achtsamkeit gegessen, vielleicht gar nicht mehr so gut schmecken – oder vielleicht sogar auf diese Weise noch viel besser.

Im Anschluss an die Austauschrunde nach der Übung können dann noch die folgenden Leitfragen vertiefende Impulse setzen:

- Was leite ich aus dieser Übung für mein Essverhalten am Arbeitsplatz ab?
- Was wären gute Übungsgelegenheiten für achtsames Essen am Arbeitsplatz?
- Wie könnte ich dafür sorgen, dass sich solche Gelegenheiten noch häufiger ergeben?

Variante

Variante ohne formelle Übung

Entscheiden Sie sich, aus welchen Gründen auch immer, achtsames Essen ohne eine formelle Übung zum Thema zu machen, eignet sich dafür besonders der Zeitraum nach der Mittagspause. Wenn die Teilnehmenden aus dieser wiederkommen, können Sie ein paar Fragen zur Wahrnehmung der Mittagspause im Allgemeinen und das zu sich genommene Essen im Speziellen stellen.

Moderation

- *„Spüren Sie bitte kurz in sich hinein. Nehmen Sie Wirkungen wahr, die das Essen gerade auf Sie hat?*
- *Wie satt sind Sie? Mit wie viel Prozent würden Sie Ihren Füllstand beschreiben?*
- *Welche Lebensmittel haben Sie gerade ganz bewusst ausgewählt? Und warum?*
- *Welchen Teil des Mittagessens haben Sie besonders genossen?*
- *Wie haben Sie die Gespräche während der Mahlzeit erlebt? Haben Sie den Wechsel der Aufmerksamkeit vom Essen wieder hin zu den Gesprächen wahrgenommen?"*

Hinweise

Mit diesen Leitfragen sensibilisieren Sie für die Komplexität des achtsamen Essens. Im Anschluss an diesen selbstreflexiven Austausch können Sie dann ein paar theoretische Hintergründe zum Thema positionieren. Im Idealfall endet dieser Teil mit dem Einstieg in eine kleine Kaffeepause. In dieser können Sie die Teilnehmenden dann ermutigen, nun etwas achtsamer zu konsumieren.

Achtsames Gehen

- Ziel: Gehen als formelle Möglichkeit der Achtsamkeitspraxis einführen
- Dauer: Je nach Variante 15–20 Minuten
- Material: Anleitung

Darum geht es

Wenn ich das achtsame Gehen ankündige und schließlich vorstelle, geht fast immer ein erleichtertes Raunen durch den Raum. Endlich kommt eine Übung für all diejenigen, denen das Stillsitzen so unglaublich schwerfällt. Das Grundprinzip ist denkbar einfach. Während ich gehe, gehe ich. Währenddessen kann ich achtsam meine Umgebung, meinen Körper, den Untergrund, die Empfindungen in den Füßen und all meine inneren Prozesse wahrnehmen.

Moderation

Die Übung kann in den verschiedensten Varianten durchgeführt werden. Hier einige Beispiele:

Sie haben einen großen Veranstaltungsraum zur Verfügung und lassen die Teilnehmenden für eine Weile im Kreis oder durcheinander im Raum laufen. Währenddessen können Sie die Aufmerksamkeit auf verschiedene Beobachtungsgegenstände lenken.

Alternativ bietet das Veranstaltungsumfeld vielleicht einen kleinen Garten, ein Stück Wiese, einen kleinen Park, den sie für diese Übung nutzen können.

Wenn Sie etwas mehr Zeit und Natur zur Verfügung haben, können Sie die Gruppe auch auf einen längeren Spaziergang oder eine kleine Wanderung mitnehmen. Dann können Sie verschiedene Beobachtungsübungen während des achtsamen Gehens anleiten. Lassen Sie die Gruppe dazu jede Aufgabe ein paar Minuten ausführen, bevor Sie anhalten und eine neue Variante anleiten.

Sie möchten die Gruppe selbst gesteuert üben lassen? Dann eignen sich vorbereitete Kärtchen oder kleine Arbeitsblätter, die nach einem festen Zeitrhythmus einen neuen Übungsimpuls anregen. Den Rhythmus können dann selbst eingestellte Handywecker anzeigen. So ist dann auch sichergestellt, dass alle Teilnehmenden zu einem festgelegten Zeitpunkt wieder im Raum zurück sind.

Die folgenden Anregungen können als Übungsimpuls für das Ausprobieren des achtsamen Gehens dienen:

„Bevor Sie losgehen, stehen Sie! Spüren Sie den Boden unter Ihren Füßen. Spüren Sie Ihre Füße und spüren Sie Ihre Schuhe. Nehmen Sie alles genau wahr.

Wenn Sie nun losgehen, seien Sie mit der vollen Aufmerksamkeit beim Gehen an sich. Spüren Sie das Abrollen des Fußes, die Beschaffenheit des Untergrundes, spüren Sie den Moment, in dem Sie Ihr Gewicht von der einen auf die andere Seite verlagern. Versuchen Sie so langsam wie möglich zu gehen, steigern Sie dann die Geschwindigkeit und finden Sie anschließend Ihr Tempo.

Gehen Sie nun mit offenem Blick, neugierig und unvoreingenommen. Beobachten Sie genau und entdecken Sie neugierig Ihre Umgebung. Machen Sie Pausen und verweilen Sie bewusst bei Dingen, die Ihr Interesse geweckt haben!

Gehen Sie nun und nehmen Sie besonders Gerüche und Geräusche wahr. Welche unterschiedlichen Gerüche können Sie wahrnehmen? Welche Geräusche? Wie verändern sich die Geräusche? Was lösen Geräusche und Gerüche in Ihnen aus?“

Body Scan

- Ziel: Körperwahrnehmung als formelle Möglichkeit der Achtsamkeitspraxis einführen
- Dauer: Kurze Variante: 3 Minuten, lange Variante: 15–20 Minuten
- Material: Anleitung

Darum geht es

Der Body Scan ist eine einfache, aber sehr wirkungsvolle Methode zur Entspannung und zum Stressabbau. Dabei wird in unterschiedlichem Auflösungsgrad der Körper, wie der Name schon sagt, auf eine sehr systematische und für beide Körperhälften sehr gleichförmige Art und Weise abgescannt. Da der Körper stets im Hier und Jetzt ist, eignet sich der Body Scan gut für eine Achtsamkeitspraxis. Zudem lassen sich über bestimmte körperliche Wahrnehmungen auch emotionale Zustände wahrnehmen. Auch hier gelten die Prinzipien der Achtsamkeit. Es geht daher um das bewusste Wahrnehmen. Bewertungen oder Impulse zu den Interventionen zur Behebung eines entdeckten Zustandes werden dabei zwar wahrgenommen, aber nicht weiter verfolgt.

Je nach Kontext kann der Body Scan sitzend, liegend oder auch stehend durchgeführt und geübt werden. Ich empfehle Teilnehmenden, die befürchten, schnell einzuschlafen, die sitzende Variante. Wenn es der Zeitrahmen eines Seminars zulässt, kann auch eine verkürzte Variante in der stehenden Version geübt werden. Diese gleicht dann fast einem sehr systematischen Check-in. Durch die Übung dieser Variante wird dann gleichzeitig der Gedanke angebahnt, dass man diese Übung auch in der Bahn auf dem Weg zur Arbeit, beim Warten auf den Kaffee in der Kaffeeküche oder in der Warteschlange am Supermarkt durchführen kann, um sich auf den bevorstehenden Feierabend einzustimmen.

Exemplarische Anleitung für einen klassischen Body Scan:

Moderation

Download-Ressource

„Nehmen Sie für die nachfolgende Übung eine bequeme Sitzposition ein, aufrecht, aber entspannt. Legen Sie die Hände locker auf die Oberschenkel und stellen Sie beide Füße fest auf den Boden. Sie können diese Übung auch im Liegen durchführen. Sorgen Sie gut für sich – und richten Sie sich gut in der gewählten Position ein. (Pause, bis alle zur Ruhe kommen) *Schließen Sie entspannt die Augen.*

Beobachten Sie einen Moment, wie sich bei jedem Ein- und Ausatmen der Brustkorb hebt und wieder senkt – hebt und wieder senkt. Nehmen Sie sich noch einige Augenblicke Zeit, wahrzunehmen, wie Sie jetzt gerade da sind. Spüren Sie den Kontakt zum Boden, den sanften Druck zur Auflagefläche. Und nehmen Sie Ihren Körper als Ganzes wahr, von Kopf bis Fuß.

Gehen Sie nun mit all Ihrer Aufmerksamkeit zum Scheitel Ihres Kopfes. Nehmen Sie dabei Ihre Empfindungen wahr, registrieren Sie diese erst einmal so, wie sie sind. Vielleicht spüren Sie Kälte, Wärme, Druck; vielleicht aber auch gar nichts. Alles ist in Ordnung.

Erweitern Sie dann Ihre Aufmerksamkeit auf den oberen Schädel, den Hinterkopf, die Seiten des Kopfes. Spüren Sie Ihren Haaransatz?

Gehen Sie dann weiter mit der Aufmerksamkeit zu Ihren Empfindungen im Gesicht. In der Stirn, in den Schläfen, in den Ohren, den Augenbrauen, den Augenlidern, den Augen. In der Nase, den Wangen, den Lippen, dem Mundinnenraum. Gehen Sie weiter zu den Empfindungen im Kiefer, im Kinn.

Gehen Sie dann weiter zum Nacken, der oft wie ein Barometer dafür ist, wie viel Spannung sich gerade in unserem Körper befindet. Wie fühlt sich der Nacken gerade, in diesem Moment, an?

Gehen Sie nun mit Ihrer Aufmerksamkeit in den Hals. Nehmen Sie in diesem Bereich alles wahr. Lassen Sie die Aufmerksamkeit dann in die Schlüsselbeine und in die vorderen Schultern sinken. Was spüren Sie in diesem Moment in diesen Bereichen? Spüren Sie den Kontakt zur Kleidung? Oder zur Luft?

Gehen Sie nun mit Ihrer Aufmerksamkeit in Ihre Arme und Hände. Nehmen Sie alle Empfindungen wahr. In den Oberarmen, den Ellenbogen, den Unterarmen, den Handflächen, in jedem einzelnen Finger.

Atmen Sie nun einmal tief ein und lassen Sie die Aufmerksamkeit zu Ihrem Brustraum gleiten. Vielleicht können Sie Ihren Herzschlag spüren? Bleiben Sie einen Moment bei der Beobachtung Ihres Brustraumes.

Gehen Sie weiter zu den Rippen. Vielleicht spüren Sie die Bewegungen des Atems. Einen Druck. Ein Ziehen. Oder nichts. Was auch immer es ist – nehmen Sie es einfach nur wahr.

Wenn die Gedanken abschweifen, ist das ganz normal. Der Moment, in dem Sie wahrnehmen, dass Sie abgeschweift sind, ist wieder ein Moment der Achtsamkeit. Kehren Sie dann einfach sanft, aber bestimmt wieder zurück zur Übung.

Gehen Sie mit Ihrer Aufmerksamkeit in den oberen Bauchraum, dann in den unteren Bauchraum. Was auch immer es ist, nehmen Sie diesen Bereich einfach nur wahr.

Atmen Sie noch einmal tief ein und lassen Sie Ihre Aufmerksamkeit in den Rücken wandern. Spüren Sie die hintere Schulter und die Schulterblätter, den oberen Rücken, dann den unteren Rücken, die Wirbelsäule, die Ihren Kopf mit dem unteren Teil Ihres Körpers verbindet. Werden Sie sich dieser gesamten Einheit ‚Rücken' gewahr.

Nach einer Weile im Sitzen oder im Liegen kann es passieren, dass Sie vermehrt unangenehme Gefühle wie Spannungen, Druck oder Schmerz wahrnehmen. In dieser Übung gibt es kein Richtig oder Falsch. Sie müssen nicht nur angenehme Dinge in Ihrem Körper wahrnehmen. Heißen Sie auch Spannungen, Druck oder Langeweile willkommen und versuchen Sie, diese neugierig zu betrachten.

Nehmen Sie dann alle Empfindungen im Beckenraum wahr. Gehen Sie weiter zum Gesäß. Gehen Sie nun weiter mit Ihrer Aufmerksamkeit zu den Empfindungen in den Hüften, den Oberschenkeln. Wie fühlen sie sich an? Sind sie locker oder verspannt? Dann weiter zu den Empfindungen in den Knien, den Schienbeinen, in den Waden. So viele Muskeln und Gelenke, die Ihren aufrechten Gang ermöglichen. Wie fühlen sich diese Bereiche heute an?

Gehen Sie nun mit all Ihrer Aufmerksamkeit in Ihre Fußsohlen, den Fußrücken und die Zehen. Nehmen Sie Ihre Füße als Ganzes wahr, die jeden Tag Ihr Gewicht tragen und das Laufen ermöglichen.

Und nun nehmen Sie noch mal bewusst einige Atemzüge. Spüren Sie, wie sie durch Ihren Körper strömen. Und nehmen Sie dann Ihren Körper als Ganzes wahr.

Wenn Sie möchten, können Sie zum Schluss mit jeder Ausatmung bewusst Anspannung gehen lassen – und sich mit jedem Einatmen mit frischer Energie füllen.

Beenden Sie nun diese Übung, indem Sie einige Male tief ein- und ausatmen, die Hände und Füße bewegen und diese Bewegungen langsam größer werden lassen. Öffnen Sie dann in Ihrem eigenen Tempo die Augen."

Hinweise

Manchmal gibt es die Zeit, die Gruppe oder die Auftragslage nicht her, eine so intensive Übung wie den Body Scan durchzuführen. An dieser Stelle kann dann zumindest auf zahlreiche digitale Angebote im Netz verwiesen und eine Übung dieser Technik zu Hause empfohlen werden. Nur wenigen gelingt es, einen Body Scan zum Start in den Tag durchzuführen, ohne gleich wieder einzuschlafen. Als Ritual nach Feierabend zur Stärkung für die anschließende Freizeitphase oder auch als Tagesabschluss direkt vor dem Zubettgehen hat er sich dagegen sehr bewährt. Wenn Sie es zeitlich und inhaltlich einrichten können, die Technik ausprobieren zu lassen, kann ich das nur empfehlen. Denn alles, was bereits im Seminar praktisch erfahren werden konnte, hat eine höhere Chance, auch Einzug in den Alltag zu halten. Deswegen kommt hier noch einmal eine Kurzversion des Body Scans.

Moderation

Exemplarische Anleitung für eine Kurzversion des Body Scans:

„Setzen oder legen Sie sich bequem hin und schließen Sie die Augen. Atmen Sie tief ein und aus und nehmen Sie Ihren Atem wahr. Spüren Sie, wie Sie einatmen und ausatmen.

Beginnen Sie damit, Ihre Füße zu spüren. Konzentrieren Sie sich darauf, wie sich Ihre Füße auf dem Boden oder der Unterlage anfühlen. Spüren Sie, ob es Spannungen oder Unannehmlichkeiten gibt.

Gehen Sie nun mit der Aufmerksamkeit von den Füßen zu den Beinen und spüren Sie, wie sich jeder Muskel und jede Faser in Ihren Beinen anfühlt. Nehmen Sie wahr, welche Empfindungen es jetzt in Ihren Beinen gibt.

Wandern Sie nun weiter mit der Aufmerksamkeit durch Ihren Körper nach oben und spüren Sie Ihre Hüfte - Ihren Bauchraum - Ihren Brustraum - den ganzen Rücken und Ihre Wirbelsäule.

Nehmen Sie nur wahr, was ist. Verändern Sie nichts. Bewerten Sie nichts.

Spüren Sie nun die Schultern - den Hals - den Nacken - den Kopf - den Kiefer - das Gesicht.

Zum Abschluss nehmen Sie noch einmal bewusst Ihren ganzen Körper wahr und atmen Sie mit dieser Wahrnehmung noch einige Male tief ein und aus.

Dann öffnen Sie langsam die Augen und kehren mit der Aufmerksamkeit in die Außenwelt zurück."

Hinweise

Egal, welche Variante geübt wurde, es bietet sich immer im Anschluss an, eine kleine Austauschrunde mit den Teilnehmenden zu den Wahrnehmungen während der Übung zu machen. Hier kann noch einmal darüber reflektiert werden, wie schnell doch Wertungen bei solchen Übungen anspringen. Das klingt dann etwa so: „Ich war schon wieder vollkommen verspannt in den Schultern, ist auch kein Wunder. Die letzten Wochen habe ich das Yoga komplett schleifen lassen." Oder: „Wir sollten die Schulter wahrnehmen? Oje, ich glaube, ich bin doch eingeschlafen. Für mich ist das wahrscheinlich nichts mit der Achtsamkeit."

Diese Runden im Anschluss sind mindestens so wertvoll wie die Übung selbst. Im gemeinsamen Austausch entsteht die Wahrnehmung, dass man nicht allein ist mit den erlebten Herausforderungen. Die Seminarleitung kann dann in diesem Prozess noch einmal auf Sorgen eingehen oder Missverständnisse rund um das Thema Achtsamkeit ausräumen.

Auch der Body Scan sollte nach Möglichkeit im Anschluss an das Seminar weiter geübt werden. Da es sich hier aber um eine komplexe

Anleitung handelt, fällt es den meisten Teilnehmenden schwer, dies ohne externe Unterstützung in ihren Alltag einzubauen. Das Internet ist inzwischen aber voll mit vielen sehr gelungenen Anleitungen zu einem begleiteten Body Scan. Ich empfehle daher für die anschließende Übungspraxis immer ein bis zwei YouTube-Videos oder Podcast-Folgen, die einen für mich gut gemachten Body Scan anleiten und lade gleichzeitig alle Teilnehmenden ein, sich von dieser Empfehlung inspirieren zu lassen, nach ihrer eigenen Anleitung zu suchen. Gerade bei angeleiteten Übungen ist es unglaublich wichtig, dass das Tempo und die Tonlage der Anleitung gut zum eigenen Empfinden passen.

Im Seminar können in der Gruppe jedoch schon Ideen ausgetauscht werden, zu welchem Zeitpunkt welche Variante des Body Scans eingebaut werden soll, um eine Übungsroutine zu etablieren. Ich erlebe diese Übung z.B. als kurze „Pause" nach dem Arbeitstag als besonders hilfreich, um dann erfrischt und neu fokussiert in das anstehende Abendprogramm einzusteigen. Der kurze Check-in gelingt mir inzwischen aber auch relativ routiniert, wenn ich am Kopierer auf meine Ausdrucke warte.

Körperwahrnehmung

- Ziel: Achtsamkeitserfahrung machen
- Dauer: 10–15 Minuten
- Material: Anleitung

Darum geht es

Während unsere Gedanken ständig von der Vergangenheit in die Zukunft und von einem Thema zum nächsten Thema wandern und unsere Emotionen scheinbar unbemerkt unsere Geschicke lenken, ist es der Körper, der gar nicht anders kann, als sich im aktuellen Moment zu befinden. Wenn wir uns mit ihm verbinden, kommen auch unsere Gedanken, unsere Emotionen und die gesamte Aufmerksamkeit im Hier und Jetzt an.

Während der Body Scan eine eher statische und sehr ruhige Übung ist, kommt hier eine Herangehensweise, die etwas dynamischer ist und daher von Teilnehmenden gut angenommen wird, die es mit dem sehr ruhigen Sitzen nicht so haben. Die Übung eignet sich aufgrund ihrer aktivierenden Wirkung besonders für den Wiedereinstieg nach einer Pause oder dem Mittagsessen. Dabei werden die Teilnehmenden langsam durch verschiedene Körperübungen geleitet, in denen durchweg der Körper und seine Reaktion auf diese Bewegungen beobachtet werden sollen.

Moderation

Die Anleitung könnte in etwa wie folgt lauten. Lassen Sie nach jedem Satz ausreichend Zeit für das Ausführen der Anweisung und das anschließende Hineinspüren in die Auswirkungen.

„Stellen Sie sich aufrecht hin, die Beine in etwa hüftbreit geöffnet. Spüren Sie den Kontakt der Füße mit dem Boden. Spüren Sie in diesen Stand hinein. Wo liegt Ihr Schwerpunkt? Welche Muskeln der Beine und welche Bereiche der Füße tragen Sie gerade? Spielen Sie anschließend ein wenig mit diesem Stand, ohne die Füße dabei anzuheben. Neigen Sie sich

nach vorn, nach hinten, nach rechts und nach links. Spüren Sie dabei bewusst, welche Muskeln in diesem Prozess beteiligt sind. Finden Sie anschließend einen Stand, der sich stabil und mittig anfühlt.

Kommen Sie nun mit Ihrer Aufmerksamkeit in Ihre Kopfregion. Nehmen Sie Ihren Kopf zunächst einmal als Ganzes wahr. Was spüren Sie? Bewegen Sie Ihren Kopf nun achtsam und langsam, indem Sie das Kinn leicht zum Brustkorb sinken lassen. Spüren Sie, welche Muskeln an diesem Prozess beteiligt sind. Heben Sie den Kopf nun wieder an und blicken Sie anschließend einmal über die linke Schulter und dann über die rechte. Achten Sie dabei auf feine Unterschiede in den beiden Seiten. Kommen Sie anschließend mit dem Kopf wieder in der Mitte an. Nehmen Sie ihn nun noch einmal als Ganzes wahr.

Spüren Sie neugierig und beobachtend, ohne zu werten.

Nehmen Sie anschließend Ihre Schultern und beide Arme wahr. Was spüren Sie? Heben Sie nun beide Arme gerade und gleichzeitig an. Spüren Sie auch hier, welche Muskeln an diesem Prozess beteiligt sind. Heben Sie nun beide Arme gerade gestreckt nach hinten an. Spüren Sie, welche Muskeln an diesem Prozess beteiligt sind. Erzwingen Sie nichts und achten Sie Grenzen, wenn Ihr Körper Ihnen diese aufzeigt. Lassen Sie nun die Arme wieder locker neben dem Oberkörper hängen. Fokussieren Sie sich auf Ihre Hände. Drehen Sie gleichzeitig beide Handflächen nach vorn auf und spüren Sie dabei in die Bewegungen ihrer Schulterregion. Lassen Sie die Handfläche anschließend wieder locker und drehen Sie sie nun nach hinten auf. Spüren Sie, welche Muskeln an diesem Prozess beteiligt sind.

Lassen Sie die Arme nun wieder locker hängen und nehmen Sie Ihren ganzen Körper noch einmal bewusst wahr. Was spüren Sie heute, wenn Sie sich als Ganzes einmal wahrnehmen?

Wenn Sie die Augen während der Übungen geschlossen hatten, können Sie diese nun wieder öffnen und anschließend wieder Platz nehmen."

Hinweise

Diese Übung löst wirklich immer etwas aus. Einige Teilnehmende berichten, dass es ihnen fremd ist, ihren Körper bewusst wahrzunehmen. Andere sind erschrocken darüber, wie sie die komplexen Empfindungen im Alltag so ausblenden konnten. Und so kommt man fast automatisch auf das Thema, dass der Körper oft Spiegel unserer

Emotionen ist und ein hervorragender Anzeiger möglicher Arbeitsbelastungen. Und beinahe unweigerlich erfolgt auch ein Austausch über die allseits bekannten Frühwarnsignale, wie Spannungskopfschmerzen und Nackenverspannungen. Und so ist eine Brücke geschlagen zwischen dem Thema Achtsamkeit und einem selbstfürsorglichen, gesunden Arbeitsverhalten.

Einfache Achtsamkeitsmeditation

- Ziel: Achtsamkeitserfahrung machen
- Dauer: 10–15 Minuten
- Material: Anleitung

Darum geht es

Es ist inzwischen mehrfach angeklungen, dass ich überzeugt bin, dass ein Achtsamkeitsseminar einen hohen Praxis- und damit Erfahrungswert haben sollte. Nichts räumt zuverlässiger mit Mythen auf, macht neugierig auf mehr und schafft so Motivation, nach einer Impulsveranstaltung am Thema dranzubleiben. Daher soll hier im Folgenden eine ganz klassische, einfach und kurz gehaltene Anleitung für eine kurze Achtsamkeitsübung folgen.

Die Übungen müssen manchmal auch gar nicht mehr groß besprochen werden. Das gilt hauptsächlich dann, wenn schon mehrere dieser Übungen im Laufe der Veranstaltung erfolgt sind und bereits ein Austausch über die entstehenden inneren Wirkungen erfolgt ist.

Moderation

Hier kommt also eine Anleitung für eine Achtsamkeitsmeditation:

Finden Sie einen ruhigen und angenehmen Ort, an dem Sie ungestört sind. Setzen oder legen Sie sich bequem hin und schließen Sie die Augen.

Atmen Sie tief ein und aus und konzentrieren Sie sich auf Ihren Atem. Spüren Sie, wie sich Ihr Bauch beim Einatmen ausdehnt und beim Ausatmen zusammenzieht.

Verbinden Sie sich mit Ihrem Körper und nehmen Sie wahr, wie es sich anfühlt, wenn Sie in diesem Moment hier und jetzt einfach nur sind. Spüren Sie Ihre Füße, Beine, Hüften, Bauch, Brustkorb, Arme, Hände und Ihren Kopf.

Nehmen Sie wahr, welche Gedanken und Gefühle in Ihrem Geist aufkommen, ohne sich in sie hineinzusteigern oder sie zu bewerten. Lassen Sie sie einfach kommen und gehen, wie Wolken am Himmel.

Richten Sie Ihre Aufmerksamkeit auf Ihre Umgebung und nehmen Sie wahr, welche Geräusche und Gerüche vorhanden sind. Spüren Sie auch die Temperatur und den Luftzug auf Ihrer Haut.

Lenken Sie Ihre Aufmerksamkeit anschließend zurück auf Ihren Atem und spüren Sie erneut, wie er in Ihren Körper fließt. Konzentrieren Sie sich darauf, wie Sie ein- und ausatmen.

Nehmen Sie sich Zeit, um diese Meditation zu genießen und sich auf Ihre Empfindungen zu konzentrieren.

Zum Abschluss nehmen Sie noch einmal bewusst Ihren Körper, Ihre Gedanken und Ihre Umgebung wahr. Atmen Sie tief ein und aus und öffnen Sie dann langsam die Augen."

Atembeobachtung

- Ziel: Achtsamkeitserfahrung machen
- Dauer: 10–15 Minuten
- Material: Anleitung

Darum geht es

Die Atembeobachtung kann ein hilfreiches Werkzeug zur Beruhigung des Verstandes und zur Steigerung der Konzentration und Achtsamkeit sein. Dabei kann der Atem als Anker genutzt werden, um im gegenwärtigen Moment zu bleiben und eine bessere Verbindung zum eigenen Körper herzustellen. Das Schöne ist, dass wir den Atem immer dabeihaben. In einem Konferenzraum, am Schreibtisch, während wir mit einem Kunden oder einer Kollegin telefonieren.

Mit ein bisschen Übung und Gewöhnung, können die Teilnehmenden lernen, mit kurzen Atemübungen ihre ganz persönliche Achtsamkeitspraxis zusammenzustellen. Und das Schönste ist, dass von diesen Übungen niemand am Arbeitsplatz etwas mitbekommen muss. Nicht, dass es nicht sehr wünschenswert wäre, wenn Achtsamkeitsrituale zukünftig zu einem „normalen" Vorgang eines Arbeitstages gehören würden. Die Realität sieht aber doch noch ganz anders aus und allzu bewusst ausgeführte Übungen, à la Schneidersitz auf dem Drehstuhl, irritieren doch noch.

Ein paar ruhige, bewusste Atemzüge vor einem wichtigen Meeting oder einer Besprechung können hingegen Wunder bewirken und dazu führen, dass man sich mit sich selbst verbindet und so hoch fokussiert in den nächsten Prozess einsteigt.

Zur Anbahnung dieser Kurzübungen am Arbeitsplatz ist es hilfreich, das achtsame Atmen in etwas formalisierten und intensiveren Übungen vorab zu trainieren.

Moderation Hier kommt eine Anleitung für eine Atembeobachtungsmeditation:

„Setzen Sie sich in eine bequeme Position, entweder auf einem Stuhl mit geradem Rücken oder auf einem Meditationskissen auf dem Boden. Schließen Sie Ihre Augen oder lassen Sie sie leicht geöffnet und richten Sie Ihren Blick auf einen Punkt auf dem Boden.

Richten Sie Ihre Aufmerksamkeit auf Ihren Atem und spüren Sie, wie er durch Ihre Nase ein- und ausströmt. Konzentrieren Sie sich auf das Gefühl des Atems in Ihrem Körper, wie er sich durch Ihre Nase bewegt und in Ihrem Bauch oder Ihrer Brust ankommt.

Beobachten Sie Ihren Atem, ohne ihn zu verändern oder zu kontrollieren. Lassen Sie ihn einfach fließen und achten Sie darauf, wie er sich anfühlt, wie er kommt und geht, wie er ruhiger oder schneller wird.

Wenn Ihre Aufmerksamkeit abschweift und Sie anfangen, an etwas anderes zu denken, kehren Sie sanft zu Ihrem Atem zurück. Es ist normal, dass der Verstand abschweift, aber versuchen Sie, ohne Urteile zurückzukehren und Ihre Konzentration wieder auf Ihren Atem zu lenken.

Verweilen Sie in dieser Atembeobachtung für einige Minuten oder so lange, wie es sich für Sie gut anfühlt. Wenn Sie bereit sind, öffnen Sie Ihre Augen und nehmen Sie Ihre Umgebung langsam wieder wahr."

Meditationen mit thematischer Anbindung

Gerade im Kontext von Erwachsenenbildung kann es manchmal hilfreich sein, das verständliche Bedürfnis nach Wissen rund um das Thema an die Übungspraxis anzubinden. Aus diesem Grunde sollen hier beispielhafte Meditationen zur Verfügung gestellt werden, die beide Elemente miteinander verbinden. Im Anschluss an die Meditation können Fragen zur Erfahrung im Rahmen der Übungen, eine Ausweitung der Erkenntnisse auf den Arbeitsalltag und ein Austausch in der Gruppe angeregt werden.

Der Zeitbedarf für die reine Meditationsübung liegt bei 10–15 Minuten, ist jedoch durch die Anpassung der Pausen flexibel steuerbar. Die Pausen sind unbedingt notwendig, damit die davor formulierte Anleitung wirksam werden kann. Es ist also nicht empfehlenswert, ganz auf sie zu verzichten. Denn gerade in den ungesteuerten Phasen der Meditation entfalten sich die inneren Muster und führen bei den Teilnehmenden zu den als so hilfreich empfundenen Wahrnehmungen und den damit verbundenen Erkenntnissen zu den inneren Prozessen. In diesen Pausen nimmt man den Zustand des eigenen Geistes mit all seinen Gedanken und Emotionen wahr und das ist ein ganz wesentlicher Teil der Übungspraxis und Selbsterfahrung.

Dabei gilt grob die Faustregel: Je erfahrener die Gruppe mit solchen Übungen, desto länger darf die Pause werden.

- Meditation zum Thema Ablenkung (Seite 212)
- Meditation zum Thema Büroapnoe (Seite 215)
- Meditation zum Thema Gedankenwandern (Seite 219)

Meditation zum Thema Ablenkung

- Ziel: Achtsamkeitserfahrung bei gleichzeitigen inhaltlichen Botschaften
- Dauer: 10–15 Minuten
- Material: Anleitung

Moderation

Download-Ressource

„Finden Sie eine bequeme Sitzhaltung. Vielleicht können Sie die Schultern noch etwas mehr sinken lassen. Kommen Sie an Ihrem Platz an und richten Sie sich ein. Legen Sie nun alles beiseite, was gerade nicht Ihre Aufmerksamkeit benötigt, und kommen Sie ganz im jetzigen Moment an. Und wenn Sie so weit sind, schließen Sie Ihre Augen. Spüren Sie nun, an welchen Stellen Ihr Körper die Unterlage oder den Stuhl berührt, und bleiben Sie zunächst, während Sie weiter zuhören, mit der Aufmerksamkeit bei der Wahrnehmung dieser Empfindung.

Aus evolutionärer Sicht enthalten Ablenkungen sehr nützliche Informationen für unser Leben. Unsere Vorfahren waren darauf angewiesen, auf ein Rascheln im Gras oder plötzlich auftauchende Schatten zu reagieren. Das Wahrnehmen von Veränderungen am Himmel war notwendig, um rechtzeitig vor dem Wetter Unterschlupf zu finden. Es war überlebensnotwendig, auf überraschende Reize und plötzliche Veränderungen zu reagieren, und so hat sich diese Kompetenz und Wachsamkeit über die Jahre gefestigt. In gewisser Weise bietet unsere moderne Gesellschaft ebenso nützliche Ablenkungen, wie das Hupen eines Autos, das uns davon abhält, auf die Straße zu treten. Unsere moderne Zeit bietet aber auch Ablenkungen, die weniger nützlich sind, wie das Vibrieren und Klingeln von Hinweistönen am Telefon oder das Aufpoppen von Meldungen, während wir gerade im Internet einen Sachverhalt recherchieren oder uns in einer Besprechung befinden. Unsere Instinkte lassen uns jedoch denken, dass jede dieser Ablenkungen unsere Aufmerksamkeit benötigt. Dadurch befinden wir uns dauerhaft im Stress, im Alarm-, Kampf- oder Fluchtmodus. Und weil die Ablenkungen in der heutigen Zeit so zahlreich sind, sind wir zunehmend unkonzentriert und oft erschöpft. Was wir in der Meditation üben, ist, unserem Geist beizubringen, wahrzunehmen, wann er abgelenkt ist, und ihn dann wieder zurück zum gegenwärtigen Moment zu lenken. Wenn wir das merken, können wir die Aufmerksamkeit wieder auf den Atem oder das gegenwärtige Tun lenken. Und nun lassen Sie diese Gedanken davonziehen und lösen Sie sich auch von der Wahrnehmung der Berührungspunkte Ihrer Sitzposition. Kommen Sie stattdessen immer mehr in sich an.

Bringen Sie dazu Ihre Aufmerksamkeit zu Ihrer Atmung. (Pause)

Nehmen Sie wahr, wie Ihr Atem in Ihren Körper hinein- und wieder hinausströmt. (Pause)

Nehmen Sie den Rhythmus Ihrer Atmung wahr. Nehmen Sie die kleinen Momente der Stille zwischen Ein- und Ausatmung wahr. (Pause)

Nehmen Sie die Bewegungen des Körpers wahr, während Sie atmen. (Pause)

Wenn sich Ihr Geist in Gedanken verloren hat, wie es manchmal passiert, dann nehmen Sie dies wahr, ohne es zu bewerten und führen Sie Ihre Gedanken ruhig und gelassen zur Atmung zurück. (Pause)

Beobachten Sie einfach, ob Gedanken in Ihrem Geist auftauchen. Wenn das so ist, nehmen Sie diese wahr und kommen Sie dann mit Ihrer Aufmerksamkeit zurück zur Atmung. (Pause)

Und nun lösen Sie Ihre Aufmerksamkeit von Ihrem Atem. Erlauben Sie Ihrem Geist, dorthin zu wandern, wo es ihn gerade hinzieht. (Pause)

Bringen Sie jetzt Ihre Aufmerksamkeit zu Ihrem Körper zurück. Nehmen Sie wahr, wie Sie liegen oder sitzen. Bringen Sie Bewegungen in Ihren Körper. Machen Sie nun die Bewegungen, die Ihrem Körper gerade guttun, und öffnen Sie anschließend Ihre Augen."

Hinweise

Im Anschluss an diese Übungen können Sie mit diesen exemplarischen Leitfragen zunächst einmal auf individueller Ebene die Vertiefung anregen:

Leitfragen

- Welche Wirkung hatte die Übung auf mich?
- Welche Ablenkungen habe ich während der Übung bei mir selbst beobachtet?
- Wie bin ich mit diesen Ablenkungen umgegangen?
- Welche Ablenkungen in meinem Alltag empfinde ich als hilfreich und notwendig? Welche empfinde ich als unnötig und störend?

Lassen Sie dazu gerne auch einige Notizen anfertigen. Diese Phase der Selbstreflexion kann anschließend in einen Austausch in der Kleingruppe münden, mit folgender Aufgabe:

- Teilen Sie Ihre wesentlichen Einsichten in der Kleingruppe.
- Welche der genannten Dinge inspirieren Sie? Von welchen Einsichten der anderen könnten auch Sie profitieren?
- Entwickeln Sie gemeinsam Umsetzungsmöglichkeiten im beruflichen Alltag.
- Finden Sie anschließend gemeinsam einen Satz, der eine Haupterkenntnis, eine Gemeinsamkeit, einen roten Faden, ein Fazit des Austausches zusammenfasst.

Die Übung schließt mit einer Runde der Haupterkenntnisse aus jeder Teilgruppe im Plenum.

Meditation zum Thema Büroapnoe

- Ziel: Achtsamkeitserfahrung bei gleichzeitigen inhaltlichen Botschaften
- Dauer: 10–15 Minuten Übung, 15–30 Minuten Austausch und Reflexion
- Material: Anleitung

Moderation

„Kommen Sie für die folgende Übung ganz in Ihrem Sitz und bei sich an. Nehmen Sie wahr, wie der Körper die Sitzfläche berührt und wie Ihre Füße auf dem Boden stehen. Erlauben Sie sich, mit der vollen Aufmerksamkeit bei sich zu sein. (Pause)

Vielleicht haben Sie schon einmal von Menschen mit Schlafapnoe gehört. Die Atemaussetzer während der Schlafphase haben oft gesundheitliche Auswirkungen. Betroffene fühlen sich tagsüber oft abgeschlagen und müde.

Auch auf Stresssituationen oder unangenehme Nachrichten reagieren wir sofort mit einem veränderten Atemrhythmus. Wir atmen flacher, schneller oder halten den Atem gar an. Dafür kann manchmal schon eine negative Nachricht, eine E-Mail oder der eine Arbeitsauftrag zu viel reichen. (Pause)

Dabei ist eine ruhige, regelmäßige und tiefe Atmung bedeutungsvoll. Beim Einatmen saugen wir Frischluft in die Lunge, beim Ausatmen strömt verbrauchte Luft heraus. Über die Lungenbläschen gelangt aus der Frischluft Sauerstoff ins Blut. (Pause)

Die Atmung funktioniert dabei von ganz allein. Sie müssen nichts dafür tun. Lassen Sie uns nun einmal diese Atmung bewusst wahrnehmen. Nehmen Sie wahr, wie die Luft durch Ihre Nase einströmt – und nehmen Sie wahr, wie sie wieder ausströmt. Verändern Sie an diesem Rhythmus nichts. Nehmen Sie die Temperatur der einströmenden und ausströmenden Luft wahr. (Pause)

Nehmen Sie wahr, welche Bewegungen Ihre Atmung im Körper auslöst. (Pause)

Während das Einatmen den Sympathikus anregt, also den aktivierenden Teil unseres Nervensystems, aktiviert das Ausatmen den Parasympathikus, den sogenannten Ruhenerv. In angespannten Situationen können wir somit mit der bewussten Entschleunigung des Atmens wieder Entspannung erzeugen. Üben Sie diese Entschleunigung nun, indem Sie doppelt so lange ausatmen, wie Sie einatmen. Zählen Sie beim Einatmen bis drei und beim Ausatmen bis sechs. Machen Sie das nun eine Weile in Ihrem eigenen Tempo. (Pause)

Lassen Sie nun Ihren Atem wieder frei fließen und beobachten Sie, welche Bewegungen er im Körper auslöst. Vielleicht möchten Sie das nächste Mal, wenn Sie Ihre E-Mails lesen oder einen Anruf entgegennehmen, darauf achten, wie Sie sich fühlen. Spüren Sie Spannungen in Ihrem Körper? Können Sie Emotionen wahrnehmen? Gibt es Veränderungen Ihrer Atmung oder Körperhaltung?

Nehmen Sie zum Abschluss noch einmal Ihren ganzen Körper wahr, öffnen Sie dann Ihre Augen und machen Sie noch die Bewegungen, die Ihnen jetzt guttun."

Hinweise Im Anschluss an diese Übung können Sie mit diesen exemplarischen Leitfragen zunächst einmal auf individueller Ebene die Vertiefung anregen. Auch hier empfiehlt es sich, wieder Notizen anfertigen zu lassen.

- Welche Wirkung hatte die Übung auf mich?
- In welchen Situationen habe ich angespannte Atemsituationen im Arbeitsalltag schon erlebt?
- Was könnte mir helfen, solche Situationen demnächst besser wahrzunehmen?
- In welchen Situationen könnte ich Rituale etablieren, in denen ich kurz einmal tief durchatmen kann?

Diese Phase der Selbstreflexion kann anschließend münden in einen Austausch in der Kleingruppe mit folgender Aufgabe:

- *„Teilen Sie Ihre wesentlichen Einsichten in der Kleingruppe.*
- *Welche der genannten Dinge inspirieren Sie? Von welchen Einsichten der anderen könnten auch Sie profitieren?*
- *Entwickeln Sie gemeinsam Umsetzungsmöglichkeiten im beruflichen Alltag.*
- *Finden Sie anschließend gemeinsam einen Satz, der eine Haupterkenntnis, eine Gemeinsamkeit, einen roten Faden, ein Fazit des Austausches zusammenfasst."*

Die Übung schließt mit einer Runde der Haupterkenntnisse aus jeder Teilgruppe im Plenum.

Die 3-6-3-Methode

Es bietet sich an, hier anschließend einen kurzen Impuls zur 3-6-3-Methode folgen zu lassen: *„Atmen Sie drei Sekunden ein, anschließend 6 Sekunden aus und das 3 Minuten lang."*

Diese Methode könnte Einzug in den Alltag finden. Drei Minuten Zeit finden sich in der Regel. Ob zum Start in den Tag, wenn der Rechner gerade hochfährt. Ob an der Kaffeemaschine, wenn der Kaffee aufgebrüht wird oder als Übung an der roten Ampel auf dem Heimweg.

Das Prinzip der Verknüpfung von Übung und inhaltlichen Impulsen kann beliebig mit anderen Inhalten fortgeführt werden. Dazu würden sich insbesondere die folgenden Themen eignen:

Meditation mit dem Thema Embodiment

- Übt Spannungen, Gedanken und Wertungen wahrzunehmen. Bietet einen Impuls zu den Wirkmechanismen und schafft Bewusstsein für die bewussten Entscheidungsmöglichkeiten. Übt loszulassen, sich bewusst anderen Dingen bzw. Wahrnehmungen zuzuwenden.

Meditation mit dem Thema Fokussierung

- Wechsel zwischen der zielgerichteten und gestreuten Aufmerksamkeit: Wann nimmt man sich selbst wahr, wann fokussiert man auf einen Prozess, wo wird der Blick für Kreativität und mögliche andere Wege geöffnet.

Meditation mit dem Thema Dankbarkeit

- Impuls zu automatisierten Gedanken in Richtung Problemen. Dankbarkeit übt neue neuronale Bahnen, reduziert Aktionismus, also immer damit beschäftigt zu sein, Probleme zu sehen und zu lösen. Übt die Haltung der Akzeptanz.

Meditation zum Thema Gedankenwandern

- Ziel: Gedankenbeobachtung üben
- Dauer: 10–15 Minuten Übung, 15–30 Minuten Austausch und Reflexion
- Material: Anleitung

Moderation

„Für die folgende Übung setzen Sie sich bequem und aufrecht hin und schließen Ihre Augen. Atmen Sie einmal tief ein und aus und nehmen wahr, welche Gedanken Ihren Geist gerade beschäftigen. Stellen Sie sich dazu Ihren Geist vor, wie die Oberfläche eines Ozeans. Überall auf der Wasseroberfläche befinden sich Wellen. Die einen sind klein, andere größer, manche sind quirlig wie kleine Strudel oder vom Wind ganz aufgewühlt, andere rollen sanft in einem gleichmäßigen Rhythmus auf und ab.

Manche Menschen meinen, beim Thema Achtsamkeit gehe es darum, die Wellen komplett abzustellen und den Geist komplett von Gedanken zu befreien. So ist es aber nicht. Es geht vielmehr darum, die Wellen und Gedanken zu beobachten, sie einfach wahrzunehmen, neugierig zu betrachten, was einen gerade beschäftigt. Einfach zu sehen, was ist - ohne es zu bewerten.

Nehmen Sie dazu nun einmal einen weiteren bewussten Atemzug und kommen Sie körperlich so weiter zur Ruhe und in die Stille. Widmen Sie sich nun für die kommende Zeit der Beobachtung Ihrer Gedanken. Steigen Sie nicht tiefer in die Gedanken ein. Beobachten Sie den ersten sich zeigenden Gedanken, dann den nächsten. Lassen Sie sie einfach wie Wellen auf dem Ozean an Ihnen vorbeiziehen."
(Stille)

Pause je nach Zeit und Übungsgrad der Teilnehmenden 1-10 Minuten.

Hinweise *„Verlassen Sie nun die Gedankenbeobachtung und kommen Sie mit der Aufmerksamkeit wieder zu Ihrer Atmung zurück. Nehmen Sie wahr, wie Sie gerade atmen. Nehmen Sie Ihren Körper wahr. Spüren Sie die Berührungspunkte mit dem Boden und der Sitzfläche und öffnen Sie dann in Ihrem eigenen Tempo die Augen."*

Leitfragen

- Welche Wirkung hatte die Übung auf mich?
- Welche Gedanken habe ich besonders deutlich wahrgenommen?
- Gibt es ein oder zwei Hauptthemen, zu dem die Gedanken gehören?
- Wie gut ist es mir gelungen, nicht tiefer einzusteigen und die Gedanken zu bewerten?
- Jetzt, wo ich die Gedanken, die mich beschäftigen, aufmerksam wahrgenommen habe, gibt es eine Konsequenz, die ich aus der Beobachtung ziehen möchte? Wenn ja, welche und warum?

5.5

Übungen und Impulse für den Praxistransfer in den Berufsalltag

Sie haben sich zusammen mit den Teilnehmenden theoretisch und praktisch die wesentlichen Prinzipien erarbeitet? Dann kommt unweigerlich und sinnvollerweise in jeder Veranstaltung der Punkt, an dem es in den Praxistransfer geht. In diesem Teil widmen wir uns der Frage, was all diese Übungen und Erfahrungen nun mit dem eigenen Arbeitsalltag zu tun haben. Wie können diese Dinge in die Tage nach der Veranstaltung Einzug finden? Und wie können idealerweise aus Tagen Monate und Jahre werden und gute Vorsätze zu nicht mehr wegzudenkenden Ritualen werden? Die folgenden Übungen sollen diesen Transfer anbahnen, motivieren, am Ball zu bleiben und das Bewusstsein schärfen, dass es auch weiterhin möglichst oft zum alltäglichen Einsatz und zum Üben kommen sollte. Die Übungen dieses Teils eignen sich daher besonders für das letzte Drittel der Veranstaltung.

Fallbeispiele für den Praxistransfer

- Ziele: Erste Transfergedanken für die Zeit nach der Veranstaltung; das Gelernte anwenden
- Dauer: 30 Minuten Übung, 15 Minuten Austausch und Reflexion
- Material: Anleitung

Darum geht es

Für einen ersten Praxistransfer eignen sich Fallbeispiele besonders gut. Zu dieser Übung bekomme ich häufig die Rückmeldung, dass es sehr hilfreich war, zunächst einmal mit der Beratung für eine andere Person zu beginnen. In den Fallbeispielen entdeckt man die eigenen Prozesse dann ganz automatisch und lernt so ganz nebenbei durch das kreative Lösungs-Brainstorming in der Gruppe. Und auch wenn vorab nach den Übungen schon häufig Überlegungen angestellt wurden, wie ein Praxistransfer gelingen könnte, wird erst in dieser Übung deutlich, wie weitreichend die Einsatzgebiete der Prinzipien sind.

Im Folgenden lernen Sie zwei exemplarische Fallbeispiele kennen. Marie und Bernd verkörpern viele Beobachtungen und Erzählungen von Seminarteilnehmenden. Sie dürfen an dieser Stelle der Inspiration dienen. Fühlen Sie sich ganz frei, eigene Fallszenarien zu entwickeln und diese auch typischen Alltagssituationen anzupassen, die Ihnen vielleicht im Auftragsklärungsgespräch genannt wurden.

Die Fallszenarien können in Kleingruppen bearbeitet werden. Wenn Sie zwei Fallbeispiele in vier Gruppen bearbeiten lassen, könnten Sie mit einem anschließenden Austausch zwischen einer Gruppe „Bernd" und einer Gruppe „Marie" eine intensive Auseinandersetzung in zwei größeren Gruppen erreichen. So wird mit zunehmender Beschäftigung mit diesen praktischen Szenarien deutlich, welche Grundprinzipien hinter den täglichen Herausforderungen liegen und wie Achtsamkeit hier unterstützen kann, mit diesen umzugehen.

Besonders schöne Effekte hat es, wenn Sie den dynamischen, inspirierenden Gruppenaustausch in eine kurze individuelle Reflexionsphase münden lassen. In dieser können die Teilnehmenden der folgenden Frage nachgehen und sich auch dazu Notizen machen: „Was war meine persönliche Inspiration? Was wird meine konkrete Veränderung sein?"

Fallbeispiel Marie

Wenn Marie morgens wach wird, geht ihr erster Griff zum Telefon. Den Wecker ausstellen, schnell die eingegangenen Nachrichten sichten, eine erste gleich beantworten. Eher automatisch folgt sie dem Link einer Freundin in ihrem Statusbericht. Ehe sie sich versieht, war sie schon wieder 15 Minuten bei Instagram unterwegs. Jetzt aber flott aus dem Bett! Unter der Dusche geht sie das Gespräch mit der Chefin durch, das sie gleich führen will. Seit Tagen überlegt sie, wie sie am elegantesten formulieren kann, dass sie zukünftig ein paar Stunden weniger arbeiten möchte.

Beim Zähneputzen ist Marie bei dem gestrigen Gespräch mit ihrer Mutter. Sie müsste dringend in eine seniorengerechte Wohnung umziehen, will davon aber nichts hören. Marie macht sich Sorgen, dass ihre Mutter erneut stürzen könnte. Nicht selten ertappt sie sich bei der Arbeit, wie sie besorgt aufs Handy schaut, damit sie keinen Anruf der Mutter verpasst.

Im Auto auf dem Weg zur Arbeit fragt sich Marie, ob sie die Haustür abgeschlossen hat. Dabei fällt ihr auf, dass sie mal wieder nichts Vernünftiges zu sssen eingepackt hat. Sie hält noch eben beim Bäcker für den „Kaffee to go" und rauscht dann zur Arbeitsstelle.

Die Kollegin auf dem Flur begrüßt sie direkt mit einer Frage. Marie merkt, wie der Druck schon jetzt steigt. Eigentlich hat sie keine Zeit, mit der Kollegin zu sprechen. In Gedanken ist sie bei der E-Mail, die sie noch vor dem Gespräch mit der Chefin versenden wollte.

Gegen 13:00 Uhr lässt sich der knurrende Magen nicht mehr ignorieren. Sie greift zu dem gekauften Brötchen, während sie sich den verspannten Nacken massiert.

Nach Feierabend ruft Marie auf der Rückfahrt noch eben ihre Freundin zurück. So vergeht der Heimweg wie im Flug. Zu Hause angekommen, gönnt sie sich eine große Pizza, ein Gläschen Wein und eine Folge ihrer Lieblingsserie. Noch eben ein Foto von der gemütlichen Stimmung in den Social- Media-Status und dann endlich die Beine hochlegen. Da kommt ihr die Kollegin in den Sinn, die sie heute so angeraunzt hat. Sie ärgert sich, dass sie ihr nicht schlagfertiger entgegnen konnte. Jetzt wüsste sie die richtige Antwort ...

Moderation

„Tauschen Sie sich in der Gruppe nach Erarbeitung des Fallgeschehens bitte zu den folgenden Fragen aus:

1. *Wie könnte ein achtsamer Start in den Tag aussehen?*
2. *Wie könnte der Tag achtsamer ausklingen?*
3. *Welche Ideen gibt es, um Kommunikation und Essen achtsamer zu gestalten?*
4. *Wie könnte die Körperwahrnehmung mehr Raum bekommen?*
5. *Entwickeln Sie gemeinsam einen achtsamen Gegenentwurf zum bisherigen Tagesplan."*

Fallbeispiel Bernd

Bernd leidet seit der Geburt der Zwillinge massiv unter Schlafmangel. Selbst in den Phasen, in denen er schlafen könnte, ist er in Alarmstellung und schläft unruhig und schlecht ein. Während er nachts die Kinder versorgt, geht er die Teamsitzung des nächsten Tages durch oder schimpft mit sich selbst, weil er in den vergangenen Monaten so wenig Sport gemacht und so zugenommen hat. Morgens auf dem Weg zur Arbeit liefert er die Kleinen in der Kita ab. Einen gemütlichen Start in den Tag oder gar Frühstück mit seiner Frau gab es schon lange Zeit nicht mehr. Wenigstens kommt er auf der Fahrt zum Radiohören.

Neulich war ein Beitrag allerdings so spannend, dass er beinahe die Abfahrt verpasst hätte.

Die ersten Arbeitsschritte sind jeden Morgen Routine. Den Rechner hochfahren und der Gang zur Kaffeemaschine, auf dem Weg den üblichen Verdächtigen einen guten Morgen wünschen, dabei gedanklich schon die ersten Arbeitsschritte durchgehen.

In der Teamsitzung scheinen heute alle anwesend – aber irgendwie nicht präsent zu sein. Die einen beschweren sich über die hohe Arbeitsdichte und kommen aus dem Jammern gar nicht mehr raus, wieder andere haben spontane Punkte für die Agenda, in den Diskussionen kommen alle immer wieder auf ein anderes Thema. Am Ende hat die Sitzung länger gedauert als geplant und die Hälfte der Punkte sind auf nächste Woche verschoben worden. Mit viel Kaffee überbrückt er die Müdigkeit. Gegen 14:00 Uhr lässt sich der knurrende Magen nicht mehr ignorieren. Er holt sich ein Brötchen aus der Kantine und nimmt es mit an den Schreibtisch. Das Gespräch mit dem Kollegen hat er in Gedanken schon dreimal geführt, doch als er am Ende des heutigen Tages im Auto sitzt, hat er diesen wieder nicht angerufen. Dafür melden sich Kopfschmerzen und ein verspannter Nacken an.

Auf dem Weg zum Supermarkt geht ihm noch die Rückmeldung der Kindergärtnerin durch den Kopf. Ist seine Tochter wirklich zu still? Erst am Gemüseregal wird ihm bewusst, dass er das Auto wohl ganz automatisiert geparkt hat, während er seiner Frau in Gedanken schon von dem Rückmeldegespräch in der Kita erzählt hat. Als er abends mit seiner Frau beim Abendbrot sitzt, berichten sie einander von ihren Erlebnissen und planen den nächsten Tag. Und schon wieder hat er kaum etwas von dem Essen mitbekommen und stellt nur fest, dass der Teller jetzt leer und er etwas zu satt ist.

Moderation

„Tauschen Sie sich in der Gruppe nach Erarbeitung des Fallgeschehens bitte zu den folgenden Fragen aus:

1. *Wie könnte ein achtsamer Start in den Tag aussehen?*
2. *Wie könnte der Tag achtsamer ausklingen?*
3. *Welche Ideen gibt es, um Kommunikation und Essen achtsamer zu gestalten?*
4. *Wie könnte die Körperwahrnehmung mehr Raum bekommen?*
5. *Entwickeln Sie gemeinsam einen achtsamen Gegenentwurf zum bisherigen Tagesplan."*

Nützliche Gewohnheiten für mehr Achtsamkeit im Leben

- Ziel: Neue Routinen aufbauen, das Thema nach einer Veranstaltung präsent halten
- Dauer: Einführung 5 Minuten, die Übungen können einen anschließend über Wochen beschäftigen
- Material: Arbeitsblatt mit ausgewählten Impulsen

Darum geht es

Die folgenden Anregungen helfen dabei, Achtsamkeit einen neuen Stellenwert im Leben einzuräumen. Dabei gilt es, die oft hartnäckige Routinen durch neue zu ersetzen und die Phasen, in denen wir uns im überlernten Autopiloten befinden, so allmählich zu reduzieren.

Jede einzelne Anregung kann schon herausfordernd sein. Es empfiehlt sich daher, den ausgewählten Impuls für mindestens eine Woche, besser noch einen Monat, auszuprobieren. So hat er eine realistische Chance, zu einem neuen Alltag zu werden.

Hier kann das Prinzip des digitalen oder analogen Habit Trackers (Seite 244) genutzt werden. Das ausgewählte Prinzip bildet die Überschrift und mit dem Tracker werden die Tage – je nach Wahl des Zeitraumes 7 oder 31 – abgehakt, wenn man das Prinzip berücksichtigt hat.

Die Übung lässt sich wunderbar mit einer Abwandlung des Tagebuchs kombinieren. In diesem Notizheft kann dann festgehalten werden, wie man sich bei der Berücksichtigung des Prinzips erlebt hat.

Die Liste sollte auf keinen Fall chronologisch abgearbeitet werden. Vielmehr sollte man ganz spontan das Prinzip wählen, das einem spontan gut gefällt und bei dem man das Gefühl hat, dass es einem guttun würde. Fortgeschrittene können auch zwei Prinzipien miteinander kombinieren und zusammen verfolgen.

Anregungen für achtsame Gewohnheiten

- Bauen Sie täglich 30 Minuten Langeweile in ihr Leben ein! Tun Sie in dieser Zeit wirklich einmal gar nichts. Nehmen Sie sich Zeit, zu schauen, was in dieser Zeit kommt.

- Stehen Sie 15 Minuten früher auf! Das japanische Wort für „viel zu tun" besteht aus den Zeichen Herz und verlieren. Es bedeutet also nicht, dass man zu wenig Zeit hat, sondern dass man den Herzensangelegenheiten zu wenig Raum gibt. Gerade wenn man eigentlich zu wenig Zeit hat, können die 15 Minuten am Tag ein wirklicher Gewinn sein. Hier können Sie sich dehnen, Kaffee oder Tee trinken, den Vögeln lauschen oder den Himmel beobachten.

- Schaffen Sie Rituale, die Sie mit dem Rhythmus der Natur verbinden! Geregelte Lebenszeit und Rituale tun gut. Das typische Leben von Mönchen ist so aufgebaut und hilft, achtsam und gesund zu leben. Sie werden merken, dass, obwohl Sie diese täglichen Rituale gleichförmig aufbauen, wie z.B. jeden Morgen ein paar Minuten am offenen Fenster zu stehen, Veränderungen spürbar sind. Die Jahreszeiten, die Temperatur, das Wetter und die eigene Stimmungslage verändern sich ständig. Durch diese Übung kommen Sie bewusst mit diesem Rhythmus in Kontakt.

- Halten Sie Ordnung! Entdecken Sie den Monk in sich. Den Zustand des Geistes erkennt man am Zustand des Eingangsbereichs und dem Zustand des Hauses. Eine Gewohnheit zum Halten von Ordnung hilft und wirkt auch beruhigend für den Geist: Während Sie zukünftig die Schuhe aufreihen, reihen Sie die Schuhe auf und lösen Sie sich so lange gedanklich möglichst nicht von dieser Aufgabe. Gleiches tun Sie, während Sie den Kühlschrank ordnen – dann ordnen Sie den Kühlschrank und nichts anderes etc. Fortgeschrittene übertragen das Prinzip auf den eigenen Schreibtisch, bevor sie ihn verlassen (siehe unten).

- Werfen Sie Unnötiges weg oder verschenken Sie es! Verabschieden Sie sich von einer Sache, bevor Sie Neues anschaffen! Bewusstes Konsumieren hilft, sich der eigenen Bedürfnisse bewusst zu werden. Verabschieden Sie sich von Dingen oder manchmal auch Personen, die Ihnen nicht guttun. Weniger ist mehr und eine reduzierte Umwelt kann der Geist bewusster wahrnehmen.

- Räumen Sie Ihren Schreibtisch auf! Das Saubermachen poliert die Seele! Betrachten Sie Ihren Schreibtisch als Spiegel der Seele und machen Sie sich bewusst, dass Ordnung im Außen, Ordnung im Inneren schafft. Investieren Sie daher morgens und abends in dieses neue Ritual für einen achtsamen Start in den Arbeitstag und einen bewussten Feierabend. Der Schlüssel zu einem aufgeräumten Geist ist ein aufgeräumtes Umfeld.

- Nehmen Sie sich Zeit und packen Sie selbst mit an! Wer sich Mühe spart, spart auch Lebensfreude. Zelebrieren Sie etwa die Zubereitung einer frischen Tasse Kaffee statt des schnellen Kaffee to go. Erhitzen Sie das Wasser in Ruhe, genießen Sie den Duft der frisch gemahlenen Bohnen, brühen Sie den Kaffee sorgsam auf und genießen Sie das Getränk anschließend mit allen Sinnen. Denn Bequemlichkeit hat eine Kehrseite. Sie entkoppelt uns oft von der Erfahrung. Zeit und Mühe zu investieren, macht auch glücklich. Funktioniert übrigens auch mit Tee und als Ritual light am Vollautomaten in der Kaffeeküche.

- Schreiben Sie sorgsam und auch mal von Hand! Kalligrafie kommt wieder in Mode und neuerdings über den Trend des Bullet Journals zurück. Beim Zeichnen und bewusst Von-Hand-Schreiben bekommen Sie so wunderbar den Kopf frei. Lassen Sie sich ganz auf den Prozess ein. Dabei geht es nicht um Schönschreiben mit der Absicht, es anderen zu zeigen. Das hier tun Sie nur für sich. Die tägliche To-do-Liste mit Liebe schreiben, abends drei Dinge notieren, die am zurückliegenden Tag besonders waren, der gute alte Einkaufszettel, das klassische Tagebuch. Werden Sie kreativ und schreiben Sie drauflos. Und nein, das geht nun wirklich nicht digital!

- Essen und trinken Sie mit ganzem Herzen! Spüren Sie, wann Sie Hunger haben. Lassen Sie keine Mahlzeiten aus, reagieren Sie angemessen auf Ihr Hungergefühl. Essen Sie nicht vor dem Fernseher oder dem Insta-Account. Nehmen Sie eine Mahlzeit, einen Snack am Tag nur für sich ein. Lenken Sie sich nicht ab, unterhalten Sie sich nicht parallel. Wer hat die Mahlzeit zubereitet? Machen Sie sich bewusst, dass die Mahlzeit durch die Hände von Hunderten Menschen geht, bevor sie auf dem Teller landet. Nehmen Sie dankbar den Reichtum der Natur und die Arbeitskraft wahr, die in der Mahlzeit steckt.

- Finden Sie ein Zitat oder Motto, das Sie anspricht und hängen Sie es so am Arbeitsplatz oder zu Hause auf, dass es Sie gedanklich immer wieder ausrichtet und fokussiert auf das, was Ihnen gerade wichtig ist.

- Gestalten Sie sich einen Bereich, in dem Sie in der Natur sein können! Legen Sie z.B. einen kleinen Garten auf dem Balkon oder in einer hellen Zimmerecke an. So schaffen Sie einen winzigen Ort für zahlreiche achtsame Übungen. An diesem Ort können Sie meditieren, mit der Natur in Kontakt kommen, meditatives Tun durch Zupfen und Gießen praktizieren und kleine Ernteerfolge einfahren. Durch die körperliche Tätigkeit bekommen die Gedanken Ausgleich und eine Richtung. Eine Büropflanze, die regelmäßig Ihre Aufmerksamkeit benötigt, erinnert Sie mit ihren hängenden Blättern ganz von automatisch an die eigene Selbstfürsorge.

30 kleine Übungen für den achtsamen Alltag zu Hause

- Ziel: Neue Routinen aufbauen, Transfer in den Alltag anbahnen
- Dauer: Einführung 5 Minuten, die Übungen können anschließend über Wochen beschäftigen
- Material: Arbeitsblatt mit ausgewählten Impulsen

Darum geht es

Im Folgenden sind 30 Dinge aufgelistet, die nach Abschluss der Veranstaltung im dann kommenden Alltag achtsam getan werden können. Da es vielen Teilnehmenden zunächst noch schwerfällt, die Übungen am Arbeitsplatz zu denken oder umzusetzen, folgt hier zunächst Inspiration für das Privatleben. Wo mit der Übungspraxis begonnen wird, ist schließlich egal. Der gestärkte Achtsamkeitsmuskel wirkt sich dann automatisch auch auf den Arbeitsalltag aus.

Teilnehmende lieben solche Listen. Sie schaffen erleichternde Gewissheit, dass Achtsamkeit auch ohne stundenlanges Sitzen auf dem Meditationskissen oder das Buchen eines Yogakurses erlernbar ist. Die einen fühlen sich inspiriert und erfinden gleich noch 30 weitere Punkte. Andere möchten diese Punkte analog zur sonstigen To-do-Liste unbedingt „abarbeiten". Diese Gruppe stürzt sich dann voller Eifer auf das „Häkchen setzen".

Es sind hier bewusst 30 Elemente beschrieben. So kann mit der Liste für jeden Tag eines Monats eine neue Inspiration gewählt werden. Dabei kann man die Aufzählung wie eine To-do-Liste einfach von oben nach unten „durcharbeiten" oder man wählt täglich neu aus, mit welchem Fokus man heute am Arbeitsplatz achtsam sein möchte. Meine Lieblingsvariante ist allerdings diese: Schneiden Sie die Liste in 30 Streifen, falten Sie diese zusammen und werfen Sie sie in ein Glas. Wenn Sie morgens aufstehen, ziehen Sie aus diesem Glas die neue Inspiration für den Tag.

30 kleine Achtsamkeits-Alltagsübungen

Download-Ressource

1. Lassen Sie rote Ampeln zur Übungsgelegenheit werden. Sie sind gezwungen, zu Fuß, mit dem Rad oder Auto an einer roten Ampel zu warten? Statt sich wie sonst möglicherweise zu ärgern oder sich ausgebremst zu fühlen, nehmen Sie rote Ampeln nun als Zeitgeschenk wahr. Einige wertvolle Sekunden für ein paar bewusste Atemzüge.

2. Achtsam aufwachen. Es gibt diesen kleinen, sehr kurzen Moment zwischen wach werden und Augenaufschlag. Nehmen Sie diesen wahr. Statt sofort aus dem Bett zu springen oder zum Smartphone zu greifen, nehmen Sie für einen Moment wahr, dass von genau jetzt an 24 brandneue Stunden starten, die Sie mitgestalten können.

3. Machen Sie sich locker! Unsere Alltagsroutinen verlangen uns immer wieder ähnliche Bewegungsabläufe ab. Schaffen Sie einige Minuten am Tag ein Fenster, in dem Sie sich einmal bewusst strecken. Dabei gibt es kein Richtig oder Falsch. Machen Sie ganz intuitiv die Übungen, die Ihnen guttun und spüren Sie dabei einfach neugierig in den Körper hinein.

4. Kochen Sie achtsam! Auch wenn Sie nicht gerne oder nicht besonders häufig kochen. Tun Sie es heute doch einmal achtsam. Legen Sie dazu alle Zutaten heraus, wiegen Sie alles sorgfältig ab, schneiden Sie mit Ruhe und genießen Sie die Gerüche und Geräusche, die dabei entstehen. Das Gericht darf dabei gerne sehr simpel sein.

5. Achtsam duschen. Unter der Dusche geht einem schon mal so einiges durch den Kopf. Die einen schimpfen noch auf den Wecker, der sie zu früh aus dem Bett geholt hat. Andere gehen schon geschäftig den kommenden Tag durch. Genießen Sie doch stattdessen einfach einmal das Wasser, dessen Temperatur und die Gerüche, die das Duschbad verströmt.

6. Wenn Sie telefonieren, seien Sie ganz bei der Sache. Egal, ob eine Freundin anruft oder Sie mit den Eltern oder Kindern telefonieren.

7. Pflanzen sähen. Das Arbeiten mit den Händen, das Sehen der Ergebnisse im Verlauf eines Jahresrhythmus, das Beobachten der kleinen Entwicklungen. Es gibt kaum etwas Besseres, sich mit dem Leben zu verbinden, als zu gärtnern. Ein paar Tomaten auf der Fensterbank, ein Kräuterbeet auf dem Balkon? Kein grüner Daumen? Ein wenig Kresse für den nächsten Salat tut es für den Anfang auch.

8. Nutzen Sie Ihre kreative Ader. Viele Dinge unseres Alltags sind schnell gekauft. Dinge selbst herstellen, kann jedoch eine gute Gelegenheit für Achtsamkeit sein. Sie können malen, schreinern, kochen? Nutzen Sie diese Fähigkeiten doch mal wieder.

9. Schreiben Sie eine Postkarte. So schnell wie eine Nachricht per Smartphone versandt ist, so unachtsam ist auch oft ihr Inhalt formuliert. Überraschen Sie stattdessen einmal einen lieben Menschen mit einer handschriftlichen Postkarte. Von der Auswahl der Karte bis zum bewussten Schreiben stecken da viele Achtsamkeitsgelegenheiten drin.

10. Verschwenden Sie Zeit! Zeit haben Sie eigentlich nie genug? Deshalb sind Sie immer in Eile, gestalten die Dinge effizient und machen vieles parallel? Finden Sie die eine Sache, die Sie heute nicht tun müssten, aber gerne tun würden und nehmen Sie sich bewusst Zeit dafür. Danach klappt der Rest bestimmt wie am Schnürchen.

11. Schalten Sie mal ab! Und zwar den Fernseher. Es gibt nichts, was einen zuverlässiger in andere Welten befördert und damit eben nicht achtsam sein lässt, als die Lieblingsserie. Geben Sie sich daher ein festes Wochenkontingent an Fernsehzeit und schalten Sie danach konsequent ab. Auch wenn Sie stattdessen nichts Besonderes machen, wird die Alternative achtsamer sein als das Schauen der Serie.

12. Reservieren Sie 15 Minuten am Tag und tun Sie in dieser Zeit gar nichts. Ihnen ist dann langweilig? Glückwunsch, willkommen in Ihrem Achtsamkeitsmoment. Beobachten Sie einfach, was in dieser Zeit mit Ihnen geschieht.

13. Werden Sie zum Sozialforscher. Wählen Sie eine Person aus Ihrem Umfeld aus. Die Sitznachbarin im Bus, die Frau vor Ihnen an der Gemüsetheke. Lassen Sie alle Bewertungen einmal weg, schauen Sie aber dennoch genau hin. Nehmen Sie diesen Menschen so genau wie möglich wahr. Nehmen Sie auch wahr, was dieser Mensch bei Ihnen an Reaktionen auslöst.

14. Achtsames Zähneputzen. Gehören Sie auch zu den Menschen, die während des Zähneputzens noch ein paar Dinge erledigen oder zumindest noch ein paar Dinge durchdenken? Putzen Sie doch mal jeden Zahn mit viel Aufmerksamkeit. Schmecken Sie die Zahnpasta, nehmen Sie die Bürste an den Zähnen wahr und freuen Sie sich über jeden Zahn, der täglich für Sie seinen Dienst tut.

15. Gehen Sie bewusst und langsam. Welche Wege könnten Sie heute einmal bewusst und achtsam zurücklegen? Nehmen Sie sich so viel Zeit, wie Sie erübrigen können und gehen Sie los. Setzen Sie den Fuß dabei Schritt für Schritt bewusst auf. Spüren Sie den Schuh und den Untergrund. Nehmen Sie die Abrollbewegung bewusst wahr.

16. Legen Sie heute bewusst kleine Pausen ein. Sie haben viel zu tun? Kein Thema. Nehmen Sie sich heute aber einmal nach jedem kleinen Etappenziel Zeit für eine kleine Pause. Ob Sie in dieser Zeit eine bewusste Tasse Kaffee trinken oder einfach nur kurz ein paar bewusste Atemzüge einbauen, ist dabei ganz egal.

17. Stellen Sie sich Ihren Herausforderungen. Gibt es eine Hausarbeit, die Sie nicht ganz so gerne tun? Tun Sie sie heute einmal trotzdem und bewusst achtsam. Versuchen Sie Dankbarkeit für diesen Gegenstand zu spüren, da er Ihnen nicht nur Arbeit macht, sondern auch einen Nutzen bringt. Erledigen Sie dann, was nötig ist, so neutral und entspannt wie möglich.

18. Nehmen Sie sich heute einmal ganz bewusst als lebendigen Menschen wahr. Sie sind keine Maschine und Sie benötigen

Pflege und Aufmerksamkeit. Während Sie heute immer mal wieder ein- und ausatmen, können Sie wahrnehmen, dass Sie leben. Vielleicht kommt auch Dankbarkeit für diese Tatsache auf.

19. Nehmen Sie heute im Laufe des Tages immer wieder einmal die eigene Körperhaltung wahr. Diese entsteht oft automatisch entsprechend der Gefühlslage. Die Körperhaltung kann Gefühle aber auch beeinflussen. Heben Sie das Kinn an, lassen Sie die Schultern sinken, richten Sie den Oberkörper auf und beobachten Sie neugierig, was passiert.

20. Fotografieren Sie achtsam. Gehen Sie einmal mit neugierigem Blick durch Ihre Wohnung. Gerade so, als hätten Sie sie als Gast zum ersten Mal betreten. Machen Sie dann genau 10 Fotos, die Ihnen geeignet erscheinen, das Leben in dieser Wohnung festzuhalten.

21. Drei Minuten Achtsamkeit. So viel Zeit sollte immer übrig sein, um einen kurzen Check-in zu vollziehen. Stellen Sie sich einen Timer. Nehmen Sie dann Ihren Atem bewusst wahr, beobachten Sie anschließend, welche Gedanken Sie beschäftigen und zu guter Letzt: In welcher emotionalen Verfassung befinden Sie sich? Machen Sie die Übung, bevor Sie morgens das Haus verlassen und/oder wenn Sie nach der Arbeit zurückkehren.

22. Seien Sie heute wirklich präsent. Natürlich wissen wir immer, wo wir gerade sind, bei der Arbeit, zu Hause, auf dem Weg zum Sport oder dem Kindergarten. Dennoch besteht ein Unterschied zwischen dem automatisierten Abarbeiten und der bewussten Wahrnehmung, wo ich gerade bin.

23. Sie sind ein verantwortungsvoller Mensch. Ganz sicher. Gönnen Sie sich trotzdem heute öfter einmal die Frage: „Muss ich das oder will ich das machen?“ Und vielleicht ist da eine kleine Situation dabei, in der Sie sich erlauben können: „Ich muss nicht machen, was ich nicht will.“

24. Achtsam Essen. Nehmen Sie heute eine Mahlzeit oder einen Snack sehr achtsam und genussvoll wahr. Legen Sie das Handy und die Zeitung weg und stoppen Sie alle Gespräche mit dem Partner oder den Kindern. Es gibt jetzt nur noch Sie und dieses köstliche Etwas.

25. Entrümpeln Sie heute etwas. In jedem Haushalt gibt es sie: die eine Schublade, das eine Schächtelchen, in denen seit Wochen Dinge achtlos abgelegt werden. Schaffen Sie heute Entlastung, indem Sie wegwerfen, verschenken, ordnen. Der Prozess an sich und das abschließende Ergebnis helfen auch, den Geist zur Ruhe zu bringen.

26. Konsumieren Sie achtsam Nachrichten. Statt Nachrichten, wie vielleicht sonst mehrfach im Laufe des Tages, aber auch unaufmerksam zu hören, hören Sie sie nur einmal (!) ganz bewusst. Ob Sie dafür das Küchenradio, das Autoradio oder die abendliche Nachrichtensendung wählen, bleibt Ihnen überlassen.

27. Schaffen Sie sich einen Raum in der Wohnung, in dem Sie sich besonders wohlfühlen. Räumen Sie diesen auf, bringen Sie Farbe ins Spiel. Dieser Raum dient Ihnen zukünftig als Achtsamkeitsoase. Ob Sie hier lesen, meditieren, sportlich oder kreativ sein werden, bleibt Ihnen überlassen.

28. Hören Sie einmal bewusst Musik. Statt diese bei anderen Tätigkeiten im Hintergrund laufen zu lassen, nehmen Sie sich einmal Zeit, bewusst hinzuhören. Wie ist die Melodieführung? Welche Elemente gefallen Ihnen? Was löst dieses Stück aus?

29. Elektronik aus. Ein ganzer Tag muss es nicht sein. Aber man sollte in regelmäßigen Abständen einmal testen, wie lange man es ohne seine elektronischen Geräte, das Smartphone, den Laptop, das Internet aushalten kann. Beobachten Sie, was diese selbst gewählte Abstinenz bei Ihnen auslöst.

30. Achtsam sprechen. Nehmen Sie sich trotz des Alltagstrubels heute einmal Zeit für gute Gespräche. Die Nachbarin an der Haustür, der Kassierer im Supermarkt. Sozialer Austausch ist wichtig und keine Zeitverschwendung.

30 kleine Übungen für den achtsamen Arbeitsalltag

- Ziel: Neue Routinen aufbauen, Transfer in den Arbeitsalltag anbahnen
- Dauer: Einführung 5 Minuten, die Übungen können anschließend über Wochen beschäftigen
- Material: Arbeitsblatt mit ausgewählten Impulsen

Darum geht es

Im Folgenden sind 30 Dinge aufgelistet, die am Arbeitsplatz achtsam getan werden können. Teilnehmende lieben solche Listen. Sie schaffen Erleichterung, dass Achtsamkeit auch ohne Meditationskissen im Büro funktioniert.

Es sind hier bewusst 30 Elemente beschrieben. So kann mit der Liste für jeden Tag eines Monats eine neue Inspiration gewählt werden. Dabei kann man die Aufzählung wie eine To-do-Liste einfach von oben nach unten „durcharbeiten" oder man wählt täglich neu, mit welchem Fokus man heute am Arbeitsplatz achtsam sein möchte. Meine Lieblingsvariante ist allerdings diese: Schneiden Sie die Liste in 30 Streifen, falten Sie diese zusammen und werfen Sie sie in ein Glas. Wenn Sie nach Feierabend nach Hause kommen, ziehen Sie aus diesem Glas die neue Inspiration für den nächsten Tag.

30 kleine Achtsamkeitsübungen für den Arbeitsalltag

Download-Ressource

1. Sprechen Sie das erste „Guten Morgen!" am Arbeitsplatz bewusst und wach aus! Nehmen Sie die erste Begegnung des Tages bewusst wahr. Seien Sie präsent und suchen Sie den Blickkontakt, während Sie diese erste Begrüßung deutlich formulieren. Das hat Ihnen Spaß gemacht? Gönnen Sie gerne noch einem weiteren Kollegen oder einer weiteren Kollegin eine solche Begrüßung.

2. Kleiden Sie sich bewusst für den Arbeitstag! Nach welcher Farbe ist Ihnen heute? Wählen Sie bewusst Kleidung, die Ihnen Freude macht. Nehmen Sie beim Anziehen die Textur, das Gewicht und die Berührung mit der Haut wahr. Machen Sie sich kurz bewusst, dass es nicht selbstverständlich ist, dass Sie diese Kleidung besitzen. Nehmen Sie kurz wahr, wer alles beteiligt war, bis diese Kleidung bei Ihnen im Schrank hing.

3. Wechseln Sie die Räume bewusst! Nehmen Sie Türen und Türrahmen heute als Erinnerung, sich den Raumwechsel einmal ganz bewusst zu machen. Sie verlassen das Haus, betreten das Bürogebäude, das Büro, den Konferenzraum, die Küche, die Kantine. Seien Sie mit den Gedanken dann auch in dem Raum, den Sie gerade neu betreten.

4. Gehen Sie achtsam ans Telefon! Wenn das Telefon klingelt, beenden Sie das, was Sie gerade noch getan haben, bewusst. Nehmen Sie zur Gestaltung des Übergangs gerne einen bewussten Atemzug, bevor Sie drangehen. Begrüßen Sie auf eine präsente Art und Weise und hören Sie anschließend gut zu.

5. Beschreiten Sie die Wege achtsam! Nehmen Sie sich heute immer mal wieder Zeit, das Gehen bewusst zu gestalten. Häufig sind wir in Gedanken schon bei dem, wo wir hinwollen oder bei dem, wo wir herkommen. Achten Sie auf das Abrollen der Füße und das Gefühl, das der Untergrund und Ihr Schuhwerk beim Gehen auslöst. Auf dem Weg zur Konferenz, der Kollegin, der Teeküche gibt es im Laufe des Tages zahlreiche Gelegenheiten für eine kurze Praxis.

6. Nutzen Sie Wartezeiten für Achtsamkeit! Wenn wir auf etwas warten, beginnen wir oft ungeduldig mit einem Parallelprozess. Das ist eben effizienter. Machen Sie es heute einmal anders. Der Rechner benötigt lange, um hochzufahren? Am Wasserkocher versperrt die Kollegin den direkten Zugang zum Tee und in der Konferenz spricht der Kollege wieder endlos über ein Thema, das Sie nicht interessiert? Das sind alles wunderbare Gelegenheiten für ein kurzes „In-sich-Hineinhorchen" oder für ein paar bewusste Atemzüge.

7. Nehmen Sie sich in einem zwischenmenschlichen Kontakt selbst wahr! Die Kollegin fängt Sie zum Start in den Tag auf dem Flur ab und berichtet Ihnen von einem Aufreger aus der gestrigen Besprechung, ein Kunde meldet sich mit einem herausfordernden Auftrag, die Chefin bittet Sie zu sich ins Büro. Nehmen Sie sich in den heutigen Begegnungen einfach aufmerksam wahr. Nicht werten, nur wahrnehmen!

8. Üben Sie sich in Weitblick! Den ganzen Tag am Bildschirm oder fokussiert über der Aufgabe, die dringend fertig werden muss? Lassen Sie Ihren Blick heute immer mal wieder weit werden. Das können Sie schon auf der Fahrt zur Arbeit beginnen. Unterbrechen Sie die Arbeit dann gelegentlich für einen Blick aus dem Fenster. Schauen Sie sich auf dem Weg in die Kantine ruhig einmal breiter um.

9. Trinken Sie achtsam! Üben Sie sich heute im achtsamen Trinken. Stellen Sie sich ein Glas Wasser an den Arbeitsplatz und leeren Sie es, ohne dabei etwas anderes zu tun. Füllen Sie es anschließend erneut, um ein wenig später eine weitere kleine Wasserpause zu zelebrieren. Sie haben Lust auf Kaffee oder Tee? Auch gut. Nur bitte nicht während der Besprechung mit den Kollegen oder nebenher am Bildschirm.

10. Ein Snack nur für mich! Bringen Sie sich einen Snack mit zur Arbeit. Dieser Snack soll im Laufe des Tages achtsam gegessen werden. Lassen Sie die aktuelle Tätigkeit ruhen. Spüren Sie kurz in sich hinein und genießen Sie diesen Snack mit allen Sinnen. Sie bekommen nicht genug von dieser Übung? Teilen Sie den Snack auf zwei Pausen auf und üben Sie noch einmal.

11. Achtsam essen im Kollegenkreis. Sie treffen sich mit dem Team in der Mittagspause zum Essen? Nehmen Sie trotz der regen Gespräche Ihr Essen bewusst wahr. Wechseln Sie bewusst zwischen dem bewussten Kauen und Genießen der Mahlzeit und der Aufmerksamkeit für die Gespräche mit den Kolleginnen und Kollegen.

12. Wie am ersten Tag. Betreten Sie die Arbeitsstätte heute einmal neugierig und aufmerksam wie am ersten Tag. Nehmen Sie den Geruch, die Temperatur, Farben und die Anordnung der Gegenstände bewusst war. Dabei hilft die Vorstellung, so zu tun, als hätte man gerade seinen ersten Arbeitstag.

13. Check-in & Check-out. Spüren Sie heute vor dem ersten Handschlag auf der Arbeit kurz in sich hinein. Versuchen Sie, die Stimmung, in der Sie heute in den Arbeitstag starten, mit drei Stichpunkten zu beschreiben. Notieren Sie diese drei Dinge schriftlich. Tun Sie das Gleiche, bevor Sie Feierabend machen. Lassen Sie diese sechs Begriffe kurz auf sich wirken, bevor Sie den Arbeitsplatz verlassen.

14. Körperbewusstsein. Stellen Sie sich heute drei Wecker mit dem Handy. Einen zum Start in den Tag, einen in der Mittagszeit und einen zum geplanten Feierabend. Wenn der Wecker geht, legen Sie so bald wie möglich die Arbeit für eine Minute nieder. Spüren Sie in dieser Zeit in den Körper hinein. Was spüren Sie?

15. Mit der falschen Hand. Egal, mit welchem Verkehrsmittel Sie zur Arbeit kommen: Legen Sie den Weg von der Ankunft am Parkplatz, der Bahnhaltestelle bis zu Ihrem Schreibtisch zurück, indem Sie künftig alle Tätigkeiten mit der Hand machen, die nicht ihre dominante ist. Öffnen Sie als Rechtshänder die Tür mit links, nutzen Sie auch die „falsche" Hand für das Drücken der Fahrstuhltaste. Sie möchten mehr? Es gibt am Abend noch den Rückweg.

16. Legen Sie selbst Hand an. Gehen Sie heute mit wachsamen Augen an den Schreibtisch. Finden Sie etwas, das Sie bewusst schöner machen können und engagieren Sie sich persönlich. Staub auf dem Schreibtisch, ein Papierschnipsel auf dem Flur, Chaos in der Teeküche? Investieren Sie ein paar Minuten und bringen Sie sich heute bewusst ein.

17. Atempause. Nehmen Sie sich drei kleine, unauffällige Gegenstände mit zur Arbeit, die Sie in der linken Hosentasche verstauen. Das können Erbsen oder kleine Legosteine sein.

Machen Sie heute im Laufe des Tages drei Atempausen. Dazu beobachten Sie die aktuelle Atemfrequenz zunächst, ohne sie zu verändern. Atmen Sie anschließend tief und bewusst ein und doppelt so lange wieder aus. Immer wenn Sie eine Übung gemacht haben, wandert ein Gegenstand von der linken in die rechte Hosentasche.

18. Versorgen Sie sich mit frischer Luft! Nehmen Sie heute bewusst die Raumluft wahr und gönnen Sie sich mehrmals am Tag frische, sauerstoffhaltige Luft. Dazu können Sie in der Konferenz das Fenster öffnen, die Pause mit einem Spaziergang verbinden oder kurz zwischen zwei Arbeitsprozessen den Kopf aus dem Fenster stecken.

19. Achtsam kommunizieren! Führen Sie heute ein Gespräch mit Personen auf die folgende Weise: Achten Sie darauf, was das Gesagte des Gegenübers bei Ihnen auslöst. Hören Sie mehr zu, als dass Sie selbst sprechen.

20. Freundliche und offene Begegnungen. Begegnen Sie Menschen, die Sie heute treffen, offen und freundlich. Nehmen Sie wahr, wenn sich Vorbehalte oder Sorgen bezüglich des Verlaufes in die Begegnung einschleichen. Bleiben Sie bewusst offen und neutral, was den Verlauf des Gespräches angeht.

21. Arbeiten mit allen Sinnen. Bemühen Sie sich heute im Laufe des Tages immer wieder, bewusst wahrzunehmen, was gerade um Sie herum geschieht. Was passiert und ist wirklich? Was geschieht in Ihrem Kopf?

22. Das kann man auf diese oder jene Weise sehen. Beobachten Sie sich und Ihre Kolleginnen heute mit einem Fokus auf negative Stimmungen. Wo reden Sie sich in Rage, wo stecken Sie einander mit schlechter Stimmung und sorgenvollen Zukunftsgedanken an? Finden Sie bewusst wieder in eine neutrale, nicht wertende, ergebnisoffene Haltung.

23. Finden Sie Rückzugsmöglichkeiten. Gehen Sie heute einmal bewusst auf die Suche nach Gelegenheiten oder Orten für einen kleinen Rückzug. Nutzen Sie diese Orte für ein paar bewusste Atemzüge oder ein kurzes Wahrnehmen des Ortes. Versprechen Sie sich anschließend selbst, dass Sie diesen Ort demnächst regelmäßiger aufsuchen werden.

24. Brücken schlagen. Gibt es Menschen, die Sie intuitiv meiden? Menschen, die Ihnen nicht bewusst etwas getan haben, die Ihnen aber weniger sympathisch sind als andere Menschen in Ihrem Umfeld? Suchen Sie eine solche Person heute einmal auf. Üben Sie sich in einer interessierten, neugierigen Haltung und lernen Sie diese Person etwas differenzierter kennen.

25. Ausrichtung finden. Stellen Sie heute Ihren inneren Kompass auf Achtsamkeit ein, bevor Sie den Arbeitsplatz betreten. Finden Sie eine neutrale, offene und neugierige Haltung und begeben Sie sich so vorbereitet an den Tag.

26. Strichliste führen. Führen Sie heute im Notizblock oder dem Handy eine Strichliste zum Gedankenwandern. Bilden Sie drei Kategorien: Ich war gedanklich in der Zukunft, der Vergangenheit, bei der Sache. Sie können sich beispielsweise einmal in der Stunde von einem Alarm an die kurze Reflexion erinnern lassen.

27. Heute mal gründlich. Auch wenn Sie es sich kaum noch erlauben können und man es mit Perfektionismus auch übertreiben kann: Nehmen Sie sich heute einmal vor, eine Sache am Tag ganz in Ruhe, gründlich und besonders gut oder schön zu machen. Tiefgang macht einfach glücklich.

28. Finden Sie ein für Sie passendes Ritual, um mit dem Arbeitstag abzuschließen. Bringen Sie den Schreibtisch, die Unterlagen in Ordnung, schreiben Sie die Dinge, auf die Sie sich morgen konzentrieren möchten, auf die neue To-do-Liste, atmen Sie einmal tief durch und wechseln Sie in den Feierabendmodus.

29. Bringen Sie Ordnung in Ihre Arbeitswelt. Das schafft einen wunderbaren Ausgleich und achtsame Momente in der sonst so agilen Welt. Sortieren Sie die Bücher nach Farbe oder Größe. Sortieren Sie die Kugelschreibersammlung aus und behalten Sie nur die, mit denen Sie wirklich gerne schreiben. Zeitverschwendung? Oh nein, unauffälliger kann man im Büro nicht meditieren.

30. Finden Sie ein Ritual, mit dem Sie in den Tag starten wollen und das Ihnen künftig heilig ist. Sie brühen sich eine Kanne Tee auf, während der Rechner hochfährt? Sie trinken diese Tasse Tee oder Kaffee vor dem Start achtsam und wirklich in Ruhe? Sie notieren sich jeden Morgen die drei Dinge, die Ihnen heute wirklich wichtig sind? Das alles sind gute Rituale.

Habit Tracker

- Ziel: Begleitung für das Entwickeln neuer Gewohnheiten
- Dauer: 1 Minute täglich
- Material: Vorlage und Stift

Darum geht es

Neue Gewohnheiten aufzubauen, dauert eine Weile. Die Forschung kommt bei der Frage nach der genauen Dauer zu unterschiedlichen Ergebnissen. Im Durchschnitt ist von etwa 66 Tagen auszugehen. In dieser Zeit kann viel geschehen, das einen wieder von den getroffenen guten Vorsätzen abbringen kann. Einen Teil der zur Verfügung stehenden Zeit verwende ich daher immer dafür, mit den Teilnehmenden nach Wegen zu suchen, wie sie das Thema und ihre guten Vorsätze wachhalten können.

Für die einen funktionieren digitale Medien gut, wie eine Achtsamkeitsglocke als Smartphone-App, wieder andere kaufen sich ein Kartenset mit Übungen, die man täglich morgens machen kann, während der Kaffee noch durchläuft. Um gleich mehrere kleine gute Vorsätze im Blick zu halten, habe ich gute Erfahrungen mit sogenannten Habit Trackern gemacht.

In diesen trägt man selbst festgelegte Rituale und Gewohnheiten, die einem passend und hilfreich erscheinen, in eine Liste ein. Anschließend kann man dann mit einem Kreuzchen oder einer farblichen Markierung festhalten, ob es einem gelungen ist, dieses Vorhaben an dem besagten Tag durchzuführen. Wenn man so will, ist es ein Tagebuch für Schreibfaule, das gleichzeitig die visuell und grafisch orientierten Menschen sehr fokussiert und anspricht. Sie entscheiden sich in der Regel dann nur noch optisch in der Vielzahl an Gestaltungsmöglichkeiten und ob eine Woche oder gleich ein ganzer Monat in den Blick genommen wird. Mit ein bisschen Erfahrung können solche Tracker auch wunderbar selbst erstellt werden. Zudem gibt es auf dem Markt inzwischen eine wachsende Anzahl von Apps, die beim digitalen Tracking unterstützen.

Zwei beispielhafte Vorlagen für einen solchen Habit Tracker sollen hier zur Verfügung gestellt werden. *Vorlagen*

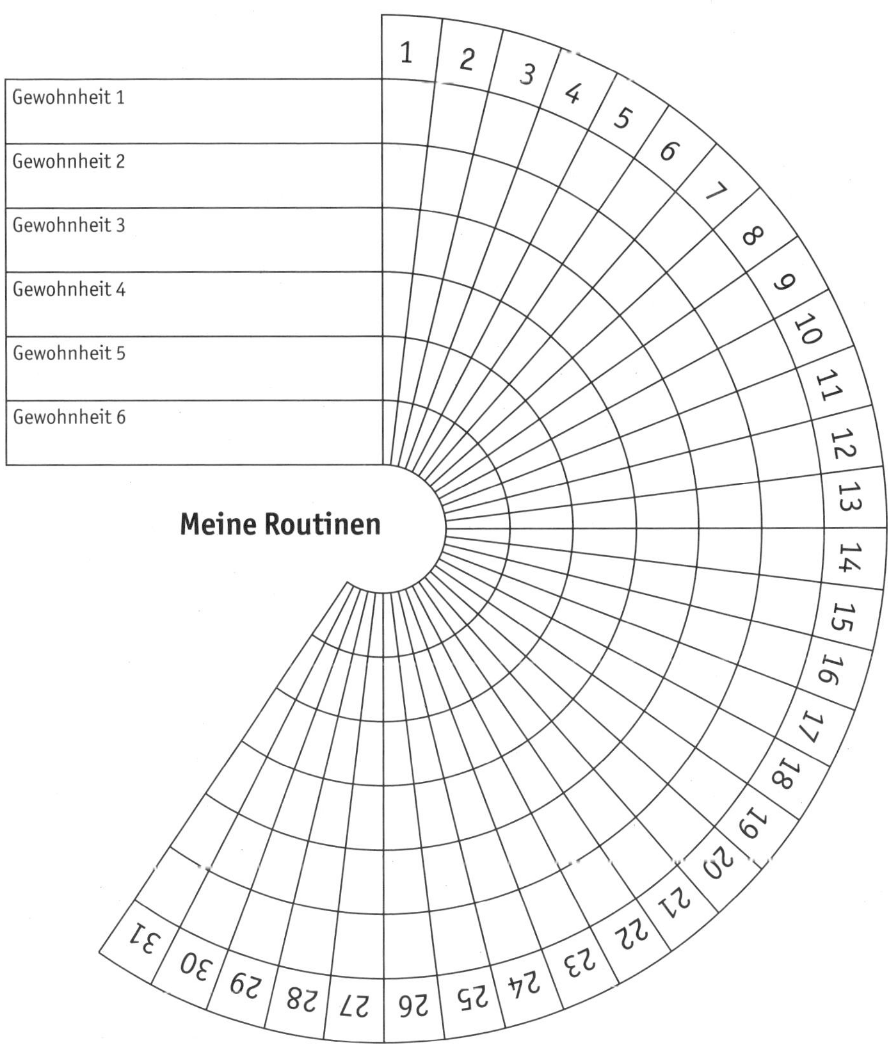

Abb.: Ein Habit Tracker, bei dem für bis zu sechs Gewohnheiten an jedem Tag eines Monats festgehalten werden kann, ob die Routine umgesetzt wurde.

Abb.: Ein Habit Tracker, in dem über zwei Monate tägliche Routinen, ein Wochenfokus und ggf. Notizen festgehalten werden können.

Meine Routinen

Zeitraum:

Tägliche Gewohnheiten:	Mo	Di	Mi	Do	Fr	Sa	So
	○	○	○	○	○	○	○
	○	○	○	○	○	○	○
	○	○	○	○	○	○	○
	○	○	○	○	○	○	○
	○	○	○	○	○	○	○
	○	○	○	○	○	○	○
	○	○	○	○	○	○	○
	○	○	○	○	○	○	○

Fokus diese Woche:

○
○
○
○
○
○
○
○

Notizen

Download-Ressource

Zur Inspiration kommen hier ein paar typische Gewohnheiten, die Teilnehmende am Ende eines Achtsamkeitsseminars in ihr Gute-Vorsätze-Heft schreiben.

- Das Smartphone beim Essen weglegen
- In der Mittagspause kurz an die frische Luft gehen
- Den Tag mit einem großen Glas Wasser achtsam starten
- Eine Stunde lang am Tag eines nach dem anderen machen, kein Multitasking
- Fünf Minuten achtsame Pause nach jeder Besprechung und Videokonferenz
- Abendlicher Spaziergang statt Fernseher
- Der Kollegin wirklich zuhören
- Kurze Atemübung vor dem Aufstehen

Emotionen beobachten

- Ziel: Nachhaltige Routinen für das Beobachten der eigenen Gefühlslage entwickeln
- Dauer: 2 Minuten täglich
- Material: Tracker, Stift

Darum geht es

Wenn es um die Wahrnehmung der eigenen Emotionen geht, fällt nicht wenigen Teilnehmenden auf, dass sie es schlicht nicht gewohnt und erst recht nicht sonderlich geübt darin sind, eigene Emotionen wahrzunehmen. Im Extremfall existiert bislang nicht einmal ein besonders differenzierter Wortschatz für die Beschreibung dieser Emotionen. Diese Erkenntnis motiviert Teilnehmende daher gewöhnlich umso mehr, sich diesem Thema zukünftig etwas intensiver zu widmen.

Dafür kann das Prinzip des Habit Trackers auf die Beobachtungen der Emotionen übertragen werden. Das tägliche abendliche Ausfüllen des Arbeitsblattes führt so zu einem neuen Ritual des In-sich-Hineinspürens und schärft so allmählich die Sinne für die innere Gefühlslage.

Viele Gefühlstracker arbeiten mit Skalierungen wie: Ich fühle mich sehr gut, gut, mittelmäßig, schlecht. Von solchen Kategorien würde ich mit Blick auf Achtsamkeit absehen, denn es geht auch darum, zu lernen, dass jede Emotion erst einmal sein darf und nicht gut oder schlecht ist. Ich empfehle zudem, bei diesem komplexen Thema mit nicht zu vielen Emotionen zu arbeiten.

Die Beobachtungsgegenstände können dann je nach Zielsetzung der Teilnehmenden frei gewählt werden. Auch würde ich hier nicht im engeren psychologischen Sinne ausschließlich Gefühle beschreiben lassen. Alles, was beachtenswert erscheint, hat hier seine Berechtigung.

Hier ein paar Beispiele:

- Müde
- Energiegeladen
- Niedergeschlagen
- Freudig
- Ruhig
- Angespannt
- Gelassen
- Besorgt
- Ungeduldig
- Gereizt
- Optimistisch

Vorlagen

Manchmal fällt es auch schwer, sich für eine vorherrschende Emotion des Tages zu entscheiden. Wenn man die Emotionen farblich markieren kann, dann sollten die Teilnehmenden, wenn man bei der Vorlage der Fotogalerie bleibt, eine solche Illustration auch zwei- oder gar dreifarbig markieren. Doch wie schon erwähnt, empfehle ich, das Thema „Stimmungsmonitoring" gerade für Einsteiger erst einmal möglichst schlicht zu halten.

Hier zwei beispielhafte Vorlagen für einen solchen Tracker:

Stimmungs-Tracker

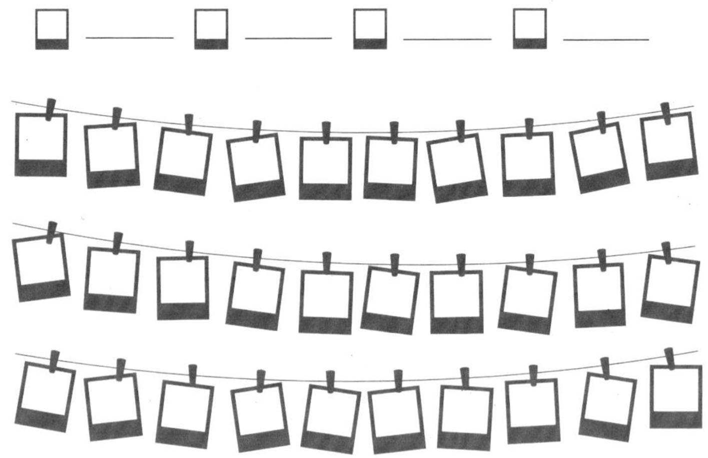

Abb.: Stimmungs-Tracker für einen Monat. Anhand der Legende oben wird festgelegt, welches Motiv oder welche Farbe in den Polaroids für welche Stimmung steht.

Stimmungs-Tracker

☐ ____________________

☐ ____________________

☐ ____________________

☐ ____________________

☐ ____________________

☐ ____________________

	Jan	Feb	März	April	Mai	Juni	Juli	Aug	Sep	Okt	Nov	Dez
1												
2												
3												
4												
5												
6												
7												
8												
9												
10												
11												
12												
13												
14												
15												
16												
17												
18												
19												
20												
21												
22												
23												
24												
25												
26												
27												
28												
29												
30												
31												

Download-Ressource

Abb.: Stimmungs-Tracker für ein ganzes Jahr. Über die Legende links kann verschiedenen Stimmungen je eine Farbe zugewiesen werden. Die Felder werden jeden Tag entsprechend ausgefüllt. So werden längere Stimmungsphasen oder auch Veränderungen und Schwankungen sichtbar.

Tagebuch schreiben

- Ziel: Ritual für das Beobachten von Gedanken und Befindlichkeiten entwickeln
- Dauer: 4 Minuten täglich
- Material: Tagebuch + Stift

Darum geht es

Tagebuchschreiben hilft nachweislich dabei, den eigenen inneren Beobachter zu schulen. Durch die tägliche kurze Zeit, in der man sich mit sich selbst, den eigene Gedanken, Gefühlen, der Befindlichkeit des Körpers befasst, wird der Achtsamkeitsmuskel auch für die Zeit danach geschärft.

Dabei kann das neue Ritual bereits mit der Auswahl eines schönen Notizbuches beginnen. Vielleicht wählt man auch einen Stift, den man sonst im Alltag nicht so oft verwendet, mit dem man aber dennoch sehr gerne schreibt. Im Idealfall finden die Teilnehmenden ein Zeitfenster, das von Montag bis Sonntag immer passt. Vielleicht nach der ersten Tasse Kaffee oder Tee des Tages, die man achtsam genossen hat? Andere möchten es ggf. als Ritual vor dem Schlafengehen einsetzen. Egal zu welchem Zeitraum, am besten stellt man sich einen Timer am Handy von etwa vier Minuten ein und legt los. Dabei ist es wichtig, einfach draufloszuschreiben und nicht zu viel über Stil und Inhalt nachzudenken. Zur Not schreibt man auch einfach einmal: „Mir fällt jetzt nichts weiter ein, was ich schreiben könnte."

Damit das Ritual etabliert wird, ist es sinnvoll, es in der ersten Zeit relativ stringent und regelmäßig durchzuführen. Dabei kann es helfen, das Ritual des Tagebuchschreibens als einen Punkt auf dem Habit Tracker (Seite 244) zu notieren.

Die folgenden Fragen können helfen, den Schreibfluss in Gang zu bringen.

Vorlage

- Im Augenblick empfinde ich ...
- Ich bin mir bewusst, dass ...
- Ich nehme wahr, dass ...
- Mich beschäftigt gerade besonders ...
- Wenn mein Körper heute einmal schreiben dürfte, würde er ...
- Gerade ist mir wirklich wichtig, dass ...

5.6

Sammlung von Geschichten zur Erarbeitung typischer Achtsamkeits-Elemente

Ich liebe Geschichten in Seminarkontexten. Geschichten können eine starke Wirkung auf den Erkenntnisgewinn und die Reflexion haben, da sie Emotionen und Kognition miteinander verbinden. Im Gegensatz zu rein rationalen oder logischen Argumenten sprechen Geschichten auch den emotionalen Teil unseres Gehirns an und können daher eine tiefere Bedeutung und Wirkung haben.

Geschichten haben die Fähigkeit, uns in eine andere Welt zu versetzen und uns mit Charakteren und Situationen zu identifizieren. Sie können uns mit unterschiedlichen Erfahrungen, Perspektiven und Emotionen konfrontieren und uns dazu bringen, über unser eigenes Leben und unsere Handlungen nachzudenken. Geschichten haben auch die Fähigkeit, komplexe Themen und Konzepte in einer leicht verständlichen Art und Weise darzustellen und können daher helfen, schwierige Themen besser zu verstehen.

Ferner zeigen neurowissenschaftliche Untersuchungen, dass Geschichten dazu beitragen können, das Gedächtnis und das Verständnis zu verbessern, indem sie verschiedene Bereiche des Gehirns aktivieren. Wenn wir eine Geschichte lesen oder hören, werden Bereiche im Gehirn aktiviert, die für die Verarbeitung von Sprache, Bildern, Emotionen und Gedächtnis zuständig sind. Durch diese Aktivierung können Geschichten uns helfen, Fakten und Informationen besser zu speichern und abzurufen.

Ein paar dieser Geschichten scheinen mir besonders geeignet zu sein, bestimmte Elemente von Achtsamkeit erfahrbar zu machen. Sie können dabei zum Start in das Thema oder zum Abschluss eines Themenblocks oder des Veranstaltungstages vorgetragen werden. Manche Geschichten eignen sich mehr dazu, im Anschluss in einen Austausch zu gehen, andere wiederum sind wunderbar geeignet, einfach unkommentiert stehen zu bleiben. Diese verwende ich gerne zum Ende eines Tages, als „Take Home"-Impuls oder auch zum Einstieg in eine der Tagespausen, als Gesprächs- und Diskussionsanregung.

Der beharrliche Holzfäller

Moderation

Es lebte einmal ein Holzfäller, der sich bei einer renommierten Holzfirma um eine Anstellung bewarb. Das angebotene Gehalt war verlockend und die Arbeitsbedingungen schienen erstklassig zu sein. Der Holzfäller war entschlossen, Eindruck zu hinterlassen. An seinem ersten Arbeitstag meldete er sich beim Vorarbeiter, der ihm eine Axt aushändigte. Er durfte sofort loslegen.

Voller Begeisterung machte sich unser Holzfäller an die Arbeit. Innerhalb des ersten Tages gelang es ihm, achtzehn Bäume zu fällen. „Herzlichen Glückwunsch", sagte der Vorarbeiter, „Mach weiter so." Begeistert von den ermutigenden Worten seines Chefs beschloss der Holzfäller, am nächsten Tag seine Leistung noch zu steigern. Daher ging er frühzeitig schlafen.

Am folgenden Morgen war er der Erste, der im Wald erschien. Trotz all seiner Bemühungen gelang es ihm jedoch nicht, mehr als fünfzehn Bäume zu fällen. Er dachte bei sich: „Vielleicht bin ich einfach müde", und beschloss, an diesem Abend noch etwas früher schlafen zu gehen.

Im Morgengrauen erwachte er mit dem festen Vorsatz, seine bisherige Bestmarke von achtzehn Bäumen zu übertreffen. Doch auch an diesem Tag schaffte er nicht einmal die Hälfte davon. Am nächsten Tag waren es nur sieben Bäume, und am übernächsten Tag nur fünf. Schließlich verbrachte er seinen letzten Arbeitstag damit, fast den gesamten Tag lang einen einzigen Baum zu fällen.

In großer Besorgnis darüber, was der Vorarbeiter wohl von ihm denken würde, trat der Holzfäller vor ihn und gestand ihm seinen Misserfolg. Dabei schwor er, dass er sich bis zur totalen Erschöpfung angestrengt hatte. Der Vorarbeiter fragte ihn schließlich: „Wann hast du zuletzt deine Axt geschärft?" Der Holzfäller antwortete verzweifelt: „Die Axt schärfen? Dafür fand ich keine Zeit, ich war viel zu sehr damit beschäftigt, Bäume zu fällen ..."

Hinweise Die Geschichte vom beharrlichen Holzfäller finden Sie in der Originalfassung in Jorge Bucays Buch „Komm erzähl mir eine Geschichte". Hier ist sie frei erzählt.

Diese Geschichte spricht besonders Teilnehmende an, die dazu neigen, bei Stress und Druck noch einmal richtig aufzudrehen, die es sich zur Angewohnheit gemacht haben, in solchen Zeiten in den „Augen zu und durch"-Modus zu wechseln. Diese Menschen haben sich nicht selten abtrainiert, in belastenden Phasen die Erschöpfung oder ungute Gefühle zu spüren – und nicht selten merken sie die Auswirkungen dieses Verhaltens erst, nachdem der Körper schon massive psychosomatische Belastungssignale gesendet hat.

Anhand dieser Geschichte lässt sich wunderbar der Wert des Innehaltens in der Gruppe reflektieren. Viele Teilnehmende wissen an dieser Stelle Geschichten zu erzählen, in denen weniger mehr war, in denen sie in der Ruhe plötzlich kreative Ideen entdeckt haben, die es ihnen ermöglicht haben, mit weniger Krafteinsatz mehr zu erreichen.

Vielfach enthalten diese Geschichten auch ein Element, durch das sie unfreiwillig zur Ruhe gezwungen wurden: Ein Projekt steckte fest; eine Krankheit zwang einen zu ein paar Tagen Auszeit. Durch diese unfreiwillige Ruhe waren dann auch die Mechanismen des Autopiloten unterbrochen. Ein „Weiter so", wie man es immer machte, war nicht möglich.

Wie schön wäre es, wenn es gelänge, solche Unterbrechungen zukünftig durch Achtsamkeit ganz bewusst in den Alltag einzubauen? Der Tag scheint wie verhext? Ich lasse alles stehen und liegen und gehe erst einmal fünf Minuten um den Block. Ich erreiche den Kunden wegen einer wichtigen und eiligen Rücksprache einfach nicht, obwohl ich es jetzt schon zehnmal in der letzten halben Stunde versucht habe? Ich könnte statt des elften erfolglosen Anrufs in kürzester Zeit aufstehen, mir einen Tee aufbrühen und kurz mal tief durchatmen. In dem Meeting geht es schon lange nicht mehr um das eigentliche Thema, aufstehen und gehen ist keine Option? Ich kann, statt mich darüber zu ärgern, einen kurzen Check-in bei mir vornehmen, die Schultern einmal bewusst entspannen und anschließend eine Frage stellen, die wieder zurück zum Thema führt.

Kurz: Statt zu den für mich üblichen Strategien zu greifen, kann ich aus dem Automatismus aussteigen und stattdessen kurz achtsam werden und anschließend bewusst entscheiden, wie ich mich verhalten möchte.

Reflexionsfragen, die sich in einem Seminarkontext anbieten würden: *Reflexion*

- Was sind meine Automatismen in stressigen Situationen?
- Wie könnten Momente des Innehaltens in solchen Situationen aussehen?
- Woran merke ich, dass es Zeit zum Innehalten wäre?

Der Funkspruch

Moderation

Spanier: *Hier meldet sich A853. Bitte ändern Sie Ihren Kurs um 15 Grad nach Süden, um eine Kollision zu verhindern. Die Entfernung beträgt 25 nautische Meilen.*

Amerikaner: *Wir empfehlen, Ihren Kurs um 15 Grad nach Norden zu ändern, um eine Kollision zu vermeiden.*

Spanier: *Negative Antwort. Wir wiederholen: Ändern Sie Ihren Kurs um 15 Grad nach Süden, um eine Kollision zu vermeiden.*

Amerikaner (eine andere amerikanische Stimme)*: Hier spricht der Kapitän eines Schiffes der Marine der Vereinigten Staaten von Amerika zu Ihnen. Wir bestehen darauf: Ändern Sie sofort Ihren Kurs um 15 Grad nach Norden, um eine Kollision zu verhindern.*

Spanier*: Dies halten wir weder für machbar noch für erforderlich. Wir empfehlen Ihnen, Ihren Kurs um 15 Grad nach Süden zu ändern, um eine Kollision zu vermeiden.*

Amerikaner (in stark erregtem, befehlendem Ton)*: Hier spricht Kapitän Richard James Howard, Kommandant des Flugzeugträgers „USS Lincoln" von der Marine der Vereinigten Staaten von Amerika, dem zweitgrößten Kriegsschiff der nordamerikanischen Flotte. Uns begleiten zwei Panzerkreuzer, sechs Zerstörer, fünf Kreuzschiffe, vier U-Boote und mehrere Schiffe, die uns jederzeit unterstützen können. Wir sind auf Kurs in Richtung des Persischen Golfs, um dort ein Militärmanöver vorzubereiten und im Hinblick auf eine mögliche Offensive des Irak durchzuführen. Ich rate Ihnen nicht, ich befehle Ihnen, Ihren Kurs um 15 Grad nach Norden zu ändern! Sollten Sie dieser Anweisung nicht Folge leisten, sehen wir uns gezwungen, die notwendigen Maßnahmen zu ergreifen, um die Sicherheit dieses Flugzeugträgers und dieser militärischen Streitmacht zu gewährleisten. Sie sind Mitglied eines verbündeten Staates, Mitglied der NATO und somit Teil dieser militärischen Streitmacht. Gehorchen Sie umgehend und weichen Sie uns aus!*

Spanier: *Hier spricht Juan Manuel Salas Alcántara. Wir sind zu zweit. Uns begleiten unser Hund, unser Essen, zwei Biere und ein Kanarienvogel, der gerade schläft. Wir haben Unterstützung von den Sendern Cadena Dial aus La Coruna und Kanal 106 als maritimer Notruf. Wir sind nicht auf dem Wasser unterwegs, sondern befinden uns im Leuchtturm A-853 Finisterra an der Küste von Galizien. Wir haben keine Ahnung, wie unser Leuchtturm im Ranking der spanischen Leuchttürme abschneidet. Sie können die Schritte unternehmen, die Sie für notwendig halten, um die Sicherheit Ihres Flugzeugträgers zu gewährleisten. Beachten Sie jedoch, dass er bald an den Küstenfelsen Galiziens zerschellen wird. Aus diesem Grund beharren wir darauf und möchten erneut betonen, dass es für Sie und Ihre Mannschaft das Beste, Gesündeste und Klügste wäre, Ihren Kurs um 15 Grad nach Süden zu ändern, um eine Kollision zu verhindern.*

Hinweise

Diese Geschichte eignet sich besonders als amüsanter Einstieg in das Thema achtsame Kommunikation. Dieser Funkspruch hat so in der Art wirklich stattgefunden und wurde erst im März 2005 von den spanischen Militärbehörden zur Veröffentlichung freigegeben. Inzwischen gibt es Audioaufnahmen des Originals auf YouTube zu hören, so zum Beispiel hier: *https://www.youtube.com/watch?v=Bt99Ri40-x8*

Anhand dieser Geschichte kann ein erster Austausch zu guter Kommunikation erfolgen. Anschließend kann der theoretische Hintergrund zu achtsamer Kommunikation erfolgen und dieser Teil kann mit weiteren Übungen vertieft werden.

Die drei Siebe

Moderation

Ein Mann stürmte aufgeregt zu Sokrates und rief: „Ich muss dir etwas erzählen, Sokrates. Dein Freund ..."

Sokrates unterbrach ihn abrupt: „Halt!" Der Mann war verblüfft. „Bevor du weitermachst, sag mir, hast du das, was du mir erzählen möchtest, durch die drei Siebe gesiebt?", fragte Sokrates.

„Drei Siebe?", wiederholte der Mann verwirrt.

„Ja, genau, drei Siebe! Lass uns überprüfen, ob das, was du mir mitteilen möchtest, durch die drei Siebe hindurchkommt. Das erste Sieb ist die Wahrheit. Ist das, was du mir erzählen möchtest, überhaupt wahr?"

„Nun ja, ich bin mir nicht sicher. Ich habe es von jemand anderem gehört, und ..."

„Gut, aber hast du es wenigstens durch das zweite Sieb gesiebt? Das zweite Sieb ist die Güte. Selbst wenn es nicht zweifelsfrei wahr ist, ist es wenigstens etwas Gutes?"

Der Mann zögerte und antwortete zögerlich: „Wohl nicht, eher im Gegenteil ..."

„Dann", unterbrach ihn der weise Sokrates, „lass uns auch noch das dritte Sieb anwenden. Ist es wichtig und notwendig, dass du mir das erzählst, was dich so aufregt?"

„Es ist nicht wirklich wichtig, und notwendig ist es auch nicht unbedingt."

„Sodann, mein Freund", lächelte Sokrates, „wenn das, was du mir mitteilen möchtest, weder wahr ist, noch gut, noch notwendig, dann lass es lieber sein und belaste weder dich noch mich damit."

Hinweise

Diese Geschichte, die der Überlieferung nach Sokrates widerfahren sein soll, eignet sich ebenfalls, sie rund um den Themenblock achtsame Kommunikation einzusetzen. Ich verwende sie gerne zum Abschluss dieser Einheit, um noch einmal mit einem Augenzwinkern darauf hinzuweisen, dass achtsame Kommunikation oft einfach mal mit nicht kommunizieren beginnt. Das wird von der Teilnehmergruppe dann als erfrischender, im Gedächtnis bleibender Abschluss einer oft intensiven Arbeitseinheit wahrgenommen.

Der Originalverfasser der Geschichte ist unbekannt. Sie findet sich in verschiedenen Varianten im Netz, so z.B. auch hier: *https://arbeitsblaetter-news.stangl-taller.at/die-drei-siebe-des-sokrates-wahrheit-gute-notwendigkeit/*

Ist es gut, ist es schlecht, wer weiß das schon?

Moderation

Es war einmal ein alter Mann, der mit seinem einzigen Sohn auf einer bescheidenen Farm lebte. Ihr wertvollster Besitz war ein Pferd, das ihnen half, die Felder zu bestellen, und sie schafften es gerade so, über die Runden zu kommen.

Eines Tages verschwand das Pferd spurlos. Die Dorfbewohner kamen zum alten Mann und riefen: „Was für ein schreckliches Unglück!" Der alte Mann jedoch antwortete mit ruhiger Stimme: „Wer weiß ..., wer weiß schon, wozu es gut ist?"

Eine Woche verging, und das verlorene Pferd kehrte überraschend zurück, begleitet von einer ganzen Herde wunderschöner Wildpferde. Wieder kamen die Dorfbewohner: „Was für ein unglaubliches Glück!" Doch der alte Mann sagte erneut: „Wer weiß ..., wer weiß schon, wozu es gut ist?"

In der folgenden Woche versuchte der Sohn, eines der wilden Pferde zu zähmen, wurde jedoch abgeworfen und brach sich ein Bein. Nun musste der alte Mann die Feldarbeit allein bewältigen. Die Leute aus dem Dorf bedauerten ihn und meinten: „Was für ein schlimmes Unglück!" Doch der alte Mann erwiderte gelassen: „Wer weiß ..., wer weiß schon, wozu es gut ist?"

Bald darauf brach ein Krieg mit dem benachbarten Land aus, und die Soldaten der Armee kamen ins Dorf, um alle fähigen Männer einzuziehen. Alle jungen Männer des Dorfes wurden zur Front geschickt, und viele von ihnen verloren ihr Leben. Der Sohn des alten Mannes blieb jedoch aufgrund seines gebrochenen Beins zu Hause.

Der alte Mann sagte wieder: „Wer weiß ..., wer weiß, wozu es gut ist?"

Hinweise

Sich der eigenen Bewertungen bewusst werden, ist eine der spannendsten Erkenntnisse, wenn man beginnt, sich mit dem Thema Achtsamkeit zu beschäftigen. Zu allem haben wir blitzschnell eine Meinung. Wir finden es gut oder schlecht. Was evolutionär noch einen Sinn hatte, gerät in der heutigen Zeit zunehmend zu einem Automatismus. Aus dem Wertungsmechanismus wird nicht selten ein Handlungsmechanismus. Was wir gut finden, möchten wir mehren oder häufiger erleben, was wir unangenehm finden, möchten wir meiden, abschaffen und weit von uns fernhalten. Ohne Achtsamkeit steuern diese Bewertungen weitgehend unbemerkt viele unserer Handlungen. Rund um das Thema Achtsamkeit generell und die Erläuterung der neugierigen, neutralen Haltung eignet sich diese Geschichte gut, um einen ersten Zugang zu dieser wirklich nicht selbstverständlichen Geisteshaltung zu bekommen.

Der Originalverfasser der Geschichte ist unbekannt. Sie findet sich in verschiedenen Varianten im Netz, so z.B. auch hier: *https://coachinglovers.com/weisheiten/weisheitsgeschichte-ob-gut-ob-schlecht-wer-weiss-das-schon/*

Das Geheimnis der Zufriedenheit

Moderation

Einige Schüler wandten sich an ihren Zen-Meister und fragten ihn, warum er stets so zufrieden und glücklich erschien.

Der Zen-Meister antwortete ruhig: „Wenn ich stehe, dann stehe ich, wenn ich gehe, dann gehe ich, wenn ich sitze, dann sitze ich, wenn ich esse, dann esse ich, wenn ich liebe, dann liebe ich …"

Die Schüler erwiderten: „Das tun wir auch, Meister, aber was machst du darüber hinaus?" – Sie waren neugierig.

Der Meister sagte: „Wenn ich stehe, dann stehe ich, wenn ich gehe, dann gehe ich, wenn ich …"

Wieder antworteten die Schüler: „Aber das tun wir doch auch, Meister!"

Der Zen-Meister lächelte sanft und sagte zu seinen Schülern: „Nein, meine Freunde. Wenn ihr sitzt, dann steht ihr schon, wenn ihr steht, dann lauft ihr schon, wenn ihr lauft, dann seid ihr schon am Ziel."

Hinweise

Die Gestaltung eines achtsamen Alltags ist denkbar simpel – aber doch alles andere als einfach. Eine Geschichte eignet sich daher besonders gut, um diese Tatsache in einem Veranstaltungskontext greifbar zu machen. Sie löst immer wieder verständiges Nicken aus und schärft wie keine andere Geschichte das Bewusstsein, dass jede noch so banale Handlung des täglichen (Arbeits-)Lebens achtsam gestaltet werden kann und somit eine Übungsgelegenheit bietet.

Die Geschichte eignet sich daher gut, um das Grundprinzip der Achtsamkeit zu veranschaulichen. Im Anschluss bietet sich ein Gespräch zu der Frage an, welche alltäglichen Verrichtungen die Teilnehmenden selbst gerne achtsamer vollziehen würden. Sie richtet zudem den Fokus auf eindrückliche Weise auf die Tatsache, dass es keine großen

Investitionen benötigt, wie das Buchen eines Meditationsretreats auf Sri Lanka oder komplizierte Übungspläne. Achtsamkeit ist simpel – und so dürfen wir auch die Übungspraxis halten, auch wenn unser Geist und die Welt da draußen außerhalb der Achtsamkeitsblase oft komplexer und auch komplizierter sind.

Der Originalverfasser der Geschichte ist unbekannt. Sie findet sich in verschiedenen Varianten im Netz, so z.B. auch hier: *https://nur-positive-nachrichten.de/inspirierende-geschichten/im-hier-und-jetzt-inspirierende-zen-kurzgeschichte-ueber-das-glueck-des-augenblickes*

Kapitel 6

Gestaltung von Achtsamkeitsseminaren

In dem nun folgenden Abschnitt werden wir die hier beschriebenen theoretischen Hintergründe sowie auch die ganz praktischen Übungen allmählich zu einem Produkt arrangieren. Dazu lade ich Sie ein, mit mir zunächst verschiedene Auftragslagen anzuschauen, in denen Achtsamkeit Platz finden kann. Anschließend teile ich mit Ihnen ganz praktische Rezepte, wie man aus diesen Zutaten das Thema analog oder digital in verschiedenen Formaten aufbereiten kann. Ihnen sind Rezepte zu eng? Perfekt. Dann nehmen Sie diese lediglich als Basis-Inspiration. Denn am besten schmeckt ein Gericht doch ohnehin mit den eigenen Zutaten.

- Nutzen von Achtsamkeit in verschiedenen Auftragsszenarien
- Planung unterschiedlicher Seminarkonzepte
- Achtsame Gestaltung von Seminaren

Nutzen von Achtsamkeit in verschiedenen Auftragsszenarien

Sicherlich sind Ihnen inzwischen schon während der vorangegangenen Kapitel viele Ideen gekommen, wie Sie das Thema Achtsamkeit zukünftig in bestehende Formate einflechten können oder welche neuen Formate Sie erarbeiten und anbieten möchten.

Verschiedene Auftragsszenarien

Anhand verschiedener Auftragslagen möchte ich hier nun sehr konkret dazu einladen, sich auf die Bandbreite des Einsatzes des Konzeptes Achtsamkeit einzulassen. Lesen Sie die kommenden Zeilen daher mit sehr offenem und kreativem Geist und auch gerne mit dem bisher erarbeiteten Hintergrundwissen. Legen Sie das Buch immer wieder mal weg und machen Sie sich gerne Notizen zu spontanen Ideen für Ihre neuen oder bestehenden Konzepte. Berücksichtigen Sie dabei bitte auch, dass es nicht immer gleich ein ganzes „Achtsamkeitsseminar" sein muss. Vielleicht ist gelegentlich ein Exkurs zum Thema bereits eine schöne Bereicherung für das bisher geplante Programm.

Ich selbst kann mir inzwischen kein Seminar mehr ohne Elemente der Achtsamkeit vorstellen. Denn ganz egal, welches Thema ich mit einer Gruppe erarbeite, am Ende geht es doch auch immer um innere Suchprozesse, Erkenntnisgewinne und nachhaltige Wirkungen. Und diese sind eben umso wirksamer, je ganzheitlicher sie entstanden sind, also mit allen Sinnen erlebt und nicht nur durchdacht und besprochen – sondern auch gefühlt.

- Auftragslage: Gesundheitsförderung (Seite 268)
- Auftragslage: Unternehmens- und Teamkultur (Seite 271)
- Auftragslage: Führungskräftetraining (Seite 272)
- Auftragslage: Zeitmanagement und Selbstorganisation (Seite 274)

Auftragslage: Gesundheitsförderung

Anregungen zur Regeneration und Neuausrichtung

Bei manchen Auftragslagen liegt das Ziel „Förderung der Gesundheitsfähigkeiten" direkt auf der Hand. Die Tatsache, dass der heutige Arbeitsalltag, oft in Kombination mit privaten Herausforderungen, in den seltensten Fällen der Gesundheit zuträglich ist, wird dann hübsch verpackt in Titeln wie: „Resilienz für die VUKA-Welt" oder „Stress lass nach, gesund und stark durch den Büroalltag". Das klingt zugegebenermaßen auch positiver und netter als etwa der folgende Titel: „Schlechter Schlaf, ständig Rückenschmerzen, unkonzentriert, launisch, lustlos und genervt von der Arbeit? – Hier erhalten Sie Anregungen zur Regeneration und Neuausrichtung."

Die neue Grundkompetenz: gesundheitsfürsorgliches und selbstverantwortliches Verhalten

Ich erlebe es immer noch, dass Begriffe wie Entspannung oder Achtsamkeit im Seminartitel vermieden werden. Nicht selten mit dem Hinweis, dass es so einfacher wäre, den Besuch der Veranstaltung bei den Vorgesetzten genehmigen zu lassen. Aber ich erlebe auch ein Umdenken in den Personalabteilungen. Dort etabliert sich zunehmend die Einsicht, dass das Erlernen eines gesundheitsfürsorglichen und selbstverantwortlichen Verhaltens in der heutigen Zeit zu einer neuen Grundkompetenz der Mitarbeitenden gehört. Diese Kompetenzen halten Mitarbeitende langfristig motiviert und arbeitsfähig, reduzieren Krankheitstage nachweislich und führen unter anderem zu einer nachhaltigen Bindung der Mitarbeitenden an das Unternehmen. Von ganz fortschrittlichen Unternehmen hört man inzwischen sogar, dass aus solchen Seminaren erwachsene Erkenntnisse und möglicherweise auch Verbesserungsvorschläge für Arbeitsprozesse gern gesehen und willkommen sind.

Doch auch wenn die Auftragslage und der Seminartitel vielleicht anders lauten, vergeht bei mir selten ein Seminar, in dem ich nicht ohnehin ganz konkret mit Fragen rund um das Thema Erschöpfung, Müdigkeit und stressbedingte emotionale Konfliktlagen konfrontiert werde. Und immer häufiger fallen in Anfangsrunden bei der Benennung von Erwartungen und Wünschen für die Veranstaltung Sätze wie: „Tatsächlich benötigte ich einfach mal ein bisschen Abstand und eine kleine Pause vom Alltag." Und so kann ein kurzer spontaner Impuls zum Thema Achtsamkeit oder eine kleine geplante Übung nach der Mittagspause eine willkommene Bereicherung eines Themas werden, das ursprünglich nicht in Richtung Gesundheitsförderung gedacht war.

In den vorherigen Kapiteln haben wir bereits biochemisch beleuchtet, dass Erfolg wie eine Droge wirken kann. Er kann uns beflügeln, glücklich machen und wunderbare Ergebnisse bewirken. Ist die Dosis aber zu hoch, droht erst die Sucht, dann folgt der Absturz. Vom Erfolg beflügelt, laufen wir oft Gefahr, zu viel davon zu wollen. Blind stürzen wir uns immer tiefer in die Arbeit und immer wieder in neue, noch herausfordernde Projekte, bis wir völlig erschöpft und ausgebrannt sind. Gleichzeitig müssen wir der heutigen VUKA-Welt mit ihrer Reizflut neue Kompetenzen entgegensetzen. Wenn in den 1960er-Jahren Sätze wie „Erst die Arbeit, dann das Vergnügen" möglicherweise noch ihre Berechtigung hatten, so führen solche Denkmuster heutzutage dazu, dass Vergnügen und Erholung einfach konsequent entfallen. Denn die heutige Zeit kennt kein Ende der Arbeit mehr. Theoretisch kann man immer noch mehr, weiter, perfekter.

Achtsamkeit kann hier eine entscheidende Variable in einem nachhaltigen Veränderungsprozess sein. Nicht ohne Grund hat das Konzept der Achtsamkeit rund um Mediziner wie Jon Kabat-Zinn im klinischen Gesundheitssektor seinen bahnbrechenden Aufschwung erlebt. Hier wurde es erfolgreich eingesetzt in der Behandlung von chronischen Schmerzen, Depressionen, Angst- und Erschöpfungszuständen.
Dabei sind es mit Blick auf die Verbesserung des Gesundheitsmanagements die folgenden Wirkmechanismen, die Achtsamkeit zu einer entscheidenden Grundkompetenz macht:

Wirkmechanismen

- Achtsamkeit hilft, die aktuelle Situation kognitiv, emotional und körperlich zu betrachten.
- Dabei erfolgt die Betrachtung neugierig und ergebnisoffen.
- Auch objektiv belastende Situationen werden zunächst einmal wertfrei und als gegeben betrachtet.
- Sie macht stressbefeuernde Gedanken zunehmend bewusst.
- Durch die Reizreduzierung, die mit Achtsamkeit einhergeht, können sich Alarmsysteme wie die Amygdala wieder herunterregulieren und sich das vegetative Nervensystem beruhigen.
- Das führt zu einer objektiveren, neutraleren Betrachtungsweise der Situation,

- Die Stressreduktion ermöglicht zunehmend kreative Denkprozesse, die es leichter machen, Arbeitsprozesse nachhaltig zu verändern.
- Sie schärft mit zunehmender Übung die Wahrnehmung erster Stress-Signale und ermöglicht so ein frühzeitigeres Nachsteuern.
- Sie unterstützt den Umgang mit eigenen Emotionen und verhindert unbewusste emotionale Gegenreaktionen, die im Arbeitsalltag oft zur Verschärfung von Konfliktlagen und damit zu weiterer Belastung führen.
- Achtsamkeit schult einen gesunden Rhythmus von Tun und Innehalten.

Auftragslage: Unternehmens- und Teamkultur

Die Auftragslagen rund um die Themen Team- und Unternehmenskultur sind so vielfältig wie die Teams und Menschen selbst, die in einem Unternehmen arbeiten. Dabei geht es oftmals um eine bunte Varianz von Störungen in der Zusammenarbeit. Und diese wirken immer wie eine ordentliche Portion Sand im Getriebe des Betriebes. Sie behindern Arbeitsprozesse, schlagen sich gehörig auf die Motivation nieder und führen nicht selten zu psychischem Belastungserleben, welches weit über ein „Zu viel zu tun haben" hinausgeht.

Förderung des Betriebsklimas

Durch die intensive Schulung der Selbst- und Sozialkompetenzen kann Achtsamkeit einen beeindruckenden Beitrag zur Gestaltung eines gelungenen Betriebsklimas beitragen.

Dabei sind es mit Blick auf die Verbesserung der Unternehmens- und Teamkultur die folgenden Wirkmechanismen, die Achtsamkeit zu einer entscheidenden Grundkompetenz in Sachen sozialem Miteinander macht:

Wirkmechanismen

- Achtsamkeit erhöht unser Mitgefühl. Sie lehrt uns, andere Personen als Menschen wahrzunehmen, die fehlbar sind wie wir selbst.
- Wir lernen, eigene Emotionen wahrzunehmen und Verantwortung für den Umgang mit diesen Emotionen zu übernehmen.
- Kreisläufe gegenseitiger Schuldzuweisungen werden unterbrochen.
- Emotionen und Bedürfnisse werden weder ignoriert noch impulsiv ausgelebt.
- Achtsame Kommunikation verhilft zu verletzungsfreien Konfliktklärungen und der Entwicklung von tragfähigen Lösungen.
- Achtsamkeit schafft Vertrauen und Erfahrungsräume der Verbundenheit.
- Eines der wertvollsten Geschenke, die wir einem Mitmenschen geben können, ist Aufmerksamkeit. Achtsamkeit schafft die nötige Konzentration für gutes Zuhören.

Auftragslage: Führungskräftetraining

Achtsamkeit und Meditation sind heute längst aus der Welt der Klöster und Mönche in den Vorstandsetagen der Wirtschaftsunternehmen angekommen. Der Veranstaltungsmarkt rund um Retreats für Führungskräfte ist ein wahrer Boommarkt. Während sich noch bis vor wenigen Jahren erschöpfte und nach Sinn suchende Führungskräfte im Rahmen eines Urlaubes, unentdeckt vom Arbeitgeber, in eine solche Auszeit stehlen mussten, kommen zunehmend auch Firmen dahinter, dass Qualifizierungsangebote zum Thema Achtsamkeit einen seriösen und nachhaltigen Effekt auf die Führungs- und damit Unternehmenskultur haben.

Steigerung der Konzentrations- und Entscheidungsfähigkeit, von Einfühlungsvermögen und Kreativität

Dahinter steht die Erkenntnis, dass Achtsamkeit Kernkompetenzen von Führungskräften wie Konzentrations- und Entscheidungsfähigkeit, Kreativität und Einfühlungsvermögen steigert.

Auch wenn alle Menschen beruflich und privat davon profitieren, sich nicht zu umfänglich von unbewussten automatisierten Reaktionsreflexen leiten zu lassen, so sind es doch die Führungskräfte, die besonders gut in der Lage scheinen, wichtige unterbewusste Signale an die Seite zu schieben.

Sie sind es, die in Unternehmen große Verantwortung tragen, zahlreiche Entscheidungen in kürzester Zeit treffen müssen und damit überproportional unter Druck stehen. Das liegt unter anderem auch an der Annahme vieler Führungskräfte, dass mehr Anstrengung automatisch Erfolg bedeutet. Das stimmt so jedoch nur bedingt. Zwar erreicht man wenig, wenn man sich gar nicht anstrengt und mehr, wenn man mehr investiert. Doch gibt es Grenzen in diesem Spiel. Wer diese überschreitet, schafft am Ende kaum noch etwas.

So stehen Führungskräfte besonders häufig unter Stress und können daher besonders stark von einem Achtsamkeitstraining profitieren. Und deren Mitarbeitende werden wiederum dankbar für einen entspannten Teamleitenden sein. Denn der Stress der Chefs und Chefinnen wird nicht selten unachtsam nach unten weitergegeben. Ein Führungskräftetraining unter Einbezug von Achtsamkeitsthemen hat somit enorme Auswirkungen auf die gesamte Ausrichtung von Abteilungen und Unternehmen.

Dabei sind es mit Blick auf Führungstrainings die folgenden Wirkmechanismen, die Achtsamkeit zu einer entscheidenden Grundkompetenz für Führungskräfte macht:

Wirkmechanismen

- Achtsame Führungskräfte führen präsente und aufmerksame Gespräche mit Mitarbeitenden, was wiederum große Auswirkungen auf deren Arbeitszufriedenheit, das Gefühl der Wertschätzung und Motivation hat.
- Achtsamkeit führt zu bewussterem Führungshandeln. Der Raum zwischen Reiz und Reaktion wird gut überlegt und in gutem Abgleich von emotionalen und kognitiven Prozessen genutzt.
- Entscheidungen bleiben dadurch ausreichend schnell, sind aber weniger fehlerbehaftet.
- Verhaltens- und Reaktionsautomatismen werden überwunden.
- Bewussteres Arbeiten führt auch bei Führungskräften zu mehr Sinnerleben und weniger Erschöpfungserleben.
- Achtsame Führungskräfte zeigen mehr Präsenz in Teamsitzungen, Meetings und Besprechungen und gestalten eine solche effektivere Meetingkultur.
- Achtsame Führungskräfte entwickeln ein Bewusstsein dafür, dass gutes Management mit Selbstmanagement beginnt.

> „Um die tieferen Schichten des Lernens und der kollektiven Intelligenz zugänglich zu machen, benötigen Führungskräfte eine neue soziale Technologie, durch die drei Instrumente bewegt und gestimmt werden können: der offene Geist, das offene Herz und der offene Wille."
> (C. Otto Scharmer, deutscher Ökonom)

Auftragslage: Zeitmanagement und Selbstorganisation

Richtig priorisieren und organisieren - sich öffnen für Verhaltensalternativen

In den klassischen Selbstorganisationsseminaren geht es in erster Linie erst einmal um das richtige Ziel, darum, Prioritäten zu setzen und die Aufgaben in der richtigen Form, Reihenfolge, Intensität und zur richtigen Zeit zu organisieren. Und so kann bis zu einem gewissen Punkt der Eindruck entstehen, dass sich ein jeder Arbeitstag spielend bewältigen lässt, wenn man nur alle Organisations-Tools und Ordnungsregeln befolgt. Doch spätestens, wenn es um Themen wie Perfektionismus, Delegation oder das Prokrastinieren geht, kommt man an des Pudels Kern. Hier kommen die jeweils ganz individuellen Gewohnheiten, Vorlieben und Arbeitsstile ins Spiel, und die sind wie so vieles andere am Arbeitsplatz auch eben hochemotional gesteuert.

Wie sonst wäre es zu erklären, dass man das Projekt noch übernimmt, obwohl der Schreibtisch sich schon jetzt unter der Last der anderen biegt. Warum sonst fällt es so schwer, Teilaufgaben abzugeben, ohne noch ständig hinterherkontrollieren zu wollen.

Achtsamkeit ist dabei wie unser eigenes inneres Labor. Sie hilft uns zu erfahren, wie man funktioniert, ermöglicht einen Weg, sich selbst zu erforschen, eigene Erfahrungen zu machen, die Funktion der eigenen Wahrnehmung, die eigenen Gedanken und vorherrschenden Gefühle kennenzulernen. Was sind meine automatischen Muster und welche Auswirkungen habe diese auf mein (berufliches) Leben? Wenn wir das erlernen, bekommen wir die Freiheit, einen Schritt zurückzutreten. Wir können überlegen, wie wir stattdessen handeln möchten. Wir können mit diesem gewonnenen Abstand die Dinge betrachten und dann allmählich Veränderungen einleiten.

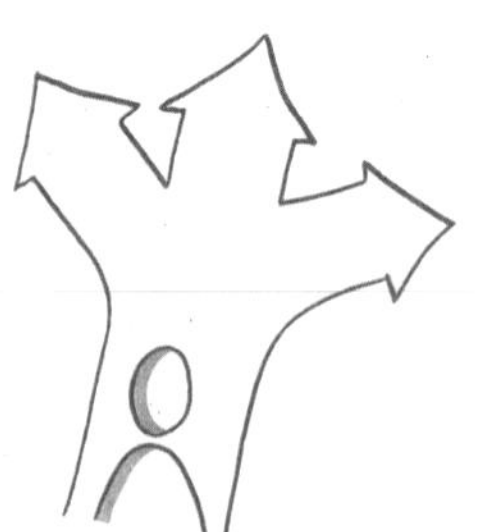

Abb.: Achtsamkeit hilft dabei, einen Schritt zurückzutreten und alternative Handlungsmöglichkeiten zu entdecken, anstatt automatischen Mustern zu folgen.

„Zwischen Reiz und Reaktion liegt ein Raum. In diesem Raum liegt unsere Macht zur Wahl unserer Reaktion. In unserer Reaktion liegen unsere Entwicklung und unsere Freiheit."
(Viktor Frankl, österreichischer Psychiater und Neurologe)

Und wenn wir herauskommen aus dem Zwang, schnell möglichst viel schaffen zu wollen, können auch am Arbeitsplatz großartige Dinge geschehen. So kann die gewonnene Fokussierung Sitzungen beflügeln, kann das moderate Stresslevel Kreativität und möglicherweise neue kluge Lösungen ermöglichen, können achtsame Gespräche zeitaufwendige Konfliktlagen und Missverständnisse gleich verhindern, kann gesteigerte Arbeitsplatzzufriedenheit die Fluktuation der Belegschaft reduzieren.

Wirkmechanismen

Mit Blick auf das Thema Selbstorganisation sind es daher die folgenden Wirkmechanismen, die Achtsamkeit ermöglichen:

- Achtsamkeit bringt einen in Kontakt mit den eigenen Wertungen rund um die Aufgabenliste: Was bereitet mir Freude, welche Aufgaben sind mir unangenehm?
- Das führt dazu, die Prinzipien hinter möglichem Prokrastinieren besser zu sehen. Nachsteuern wird so möglich.
- Ein kurzes Innehalten ist vor jeder Übernahme einer neuen Aufgabe sinnvoll. Ist das meine Aufgabe? Kann ich diese noch realistisch bewältigen? Müssen wir das wirklich auf diese Art und Weise machen?
- Achtsamkeit ist die Voraussetzung für den viel zitierten Ausstieg aus dem Hamsterrad.
- Die konzentrationsfördernde Wirkung von Achtsamkeit ist ein guter Schutzschild, um sich vor verführerischen und nicht hilfreichen Ablenkungen während wichtiger Arbeitsprozesse abzuschirmen.

6.2

Planung unterschiedlicher Seminarkonzepte

Lassen Sie uns nun gerne sehr praktisch werden. Aus dem Grundprinzip der Achtsamkeit kann nun je nach vorliegender Auftragslage viel entstehen. So können klassische Veranstaltungen von einem halben bis zu drei Tagen entstehen, die dieses Thema gar zu einem Hauptthema machen. Hier können dann in aller Ruhe Grundprinzipien erarbeitet und – wenn einem der Luxus eines mehrtägigen Seminars vergönnt ist – auch intensive Übungserfahrungen gemacht werden.

Ich habe mich mit den Jahren theoretisch zunehmend kürzer gehalten und nur noch das an Grundlagen erläutert, was mir zum Grundverständnis wichtig erschien und von dem ich das Gefühl hatte, dass es die jeweilige Gruppe benötigt, um von der wissenschaftlichen Fundierung des Konzeptes so überzeugt zu sein, dass sie sich auf den weiteren Erfahrungsprozess einlassen konnte.

Tipp: Rasch in Übungsprozesse einsteigen

Dann bin ich relativ schnell in die Übungs- und Erfahrungsprozesse eingestiegen. Denn schließlich wachsen auch Muskeln nicht dadurch, dass wir wissen, dass Bewegung ihnen guttun würde. Wir müssen sie auch ausführen, um wirklich einen Effekt zu erhalten. Vom Trainingsstart eines untrainierten Körpers kennen wir auch den anfänglichen Widerstand. Es ist mühsam, oft anstrengender als gedacht und manchmal gibt es sogar Muskelkater. Für diese ersten Erfahrungen sollte es in jedem Seminar Raum geben. So können innere Unruhe oder spannende, aber vielleicht auch beunruhigende Erfahrungen eingeordnet und die erste Schwelle zur späteren Übungspraxis gemeinsam in der Gruppe überschritten werden. Nach geschafftem (Achtsamkeits-)Training stellt sich dann ein Wohlgefühl ein. Und auch dieses stellt sich nicht ein, wenn wir nur in der Theorie darüber sprechen. Die Seminare enden alle mit Elementen, die die Praxisrelevanz für den Arbeitsalltag verdeutlichen und gleichzeitig dabei unterstützen, das Thema für sich wachzuhalten.

Vertiefungen durch Follow-ups

Wenn es die Auftragslage ermöglicht, sind gerade bei diesem Thema auch Follow-up-Tage eine gute Sache. Ähnlich wie bei dem Prinzip des klassischen MBSR-Kurses (Mindfulness-Based Stress Reduction nach Jon Kabat-Zinn), in dem man über acht Wochen immer wieder einmal kurze Impulse erhält, können auch in einem solchen Follow-up Erfahrungen in der Gruppe ausgetauscht und vertiefende Impulse gesetzt werden.

Auf die verschiedenen Vor- und Nachteile von analogen oder digitalen Formaten soll hier nicht besonders detailliert eingegangen werden. Nur ein paar Gedanken zur besonderen Situation im Zusammenhang mit Achtsamkeitsseminaren: Auch wenn der persönliche Kontakt für die Beziehungsgestaltung immer von Vorteil ist, funktionieren Achtsamkeitsseminare meiner Erfahrung nach auch digital. Sofern alle technischen Hürden überwunden sind, sind Übungen ohne Weiteres auch digital anleitbar. Die Teilnehmenden benötigen gegebenenfalls die eine oder andere gesonderte Vorbereitung an Material und Umgebungsgestaltung, wie es bei anderen digitalen Formaten auch notwendig ist. In Form von versendbaren Audiospuren können so sogar Übungen zum selbstständigen Weiterlernen mitgegeben werden. Impulse für eine erste achtsame Arbeitswoche im Rahmen von einzelnen Tagesaufgaben können in Form einer Taskcard aufbereitet werden.

Bestehende Seminare durch Achtsamkeitselemente anreichern

Vielleicht schwebt Ihnen nach der Lektüre dieses Buches auch die „Anreicherung" eines bestehenden Seminarkonzeptes mit diesem Thema vor. Fühlen Sie sich in jedem Fall frei, aus den nun folgenden ganz praktischen Übungsimpulsen etwas Eigenes, für Sie und die Gruppe Passendes, zu kreieren.

An dieser Stelle haben Sie bereits alle Zutaten für das Arrangement eines guten Konzeptes zusammen. Sie haben ein fundiertes theoretisches Know-how zu den wissenschaftlichen Grundlagen der Wirkung von Achtsamkeit, welches Sie für kurze Input-Sequenzen aufbereiten können oder das Ihnen auch einfach als Rüstzeug für einen fundierten Plenumsaustausch dient. Sie haben eine große Sammlung an Übungen und Ideen, wie Sie die theoretischen Grundlagen mit einer Gruppe erarbeiten können. Und idealerweise haben Sie einen Auftrag aus dem beschriebenen Spektrum in der Tasche. Aus all diesen Bausteinen können Sie nun einen für Sie passenden Ablauf eines Seminars komponieren.

Konzeption einer zweitägigen Veranstaltung

Auch wenn der Zeitgeist zunehmend kürzere Seminarkonzepte verlangt und viele Unternehmen inzwischen auf Kurzimpulse als Lernformat setzen, gibt es sie noch: die klassische zweitägige Veranstaltung. Mit ihnen hat man die nahezu luxuriöse Zeit, sich auf ein Thema einzulassen, es gründlich zu erfassen und sich in praktischen Übungen auszuprobieren. Eine solche beispielhafte Konzeption eines zweitägigen Seminars könnte zum Beispiel so aussehen:

Eine „klassische" Seminarkonzeption über zwei Tage

Tag I

Einstiegssequenz

Ziel: Orientieren in der Gruppe; erste Neugierde auf das Thema wecken

- Erfahrungen und Erwartungen im Gruppenspiegel
- Für den Fall, dass Sie das hier überzeugt …
- Monkey Mind 1 oder 2

Theoretische Grundlagen

Ziel: Von der Fundierung überzeugen; Motivation für Anwendung schaffen

- Was ist Achtsamkeit?
- Welche Wirkungen sind erweisen?
- Warum in der heutigen Arbeitswelt so wichtig?
- Atembeobachtung

Mittag

Achtsames Gehen

Ziel: Alltagstaugliche Übung in Bewegung erfahren

- Entsprechende Übung drinnen oder draußen

Achtsames Kommunizieren

Ziel: Komplexität von Kommunikationsprozessen erfahrbar machen; für die berufliche Relevanz sensibilisieren
Gemeinsames zählen

- Achtsam kommunizieren
- Praxistransfer: Achtsame Kommunikation im Arbeitsalltag
- Geschichte: Drei Siebe oder Funkspruch

Body Scan

Ziel: Übungsportfolio erweitern; weitere praktische Erfahrung zur Wirkung ermöglichen

- Entsprechende Übung mit Anleitung

Kleine Alltagsübung to go

Ziel: Ersten Praxistest ohne Anleitung ermöglichen; Alltagsrelevanz erfahren

- Übung, welche das Erarbeitete vertieft (für den Abend), z.B.:
- Body Scan vor dem Schlafengehen
- Achtsamer Spaziergang nach dem Seminartag
- Achtsames Telefonat oder Gespräch beim Abendessen

Ende

Tag II

Einstiegssequenz

Ziel: Alltagserfahrung austauschen; Übungsportfolio erweitern; weitere praktische Erfahrung zur Wirkung ermöglichen

- Einfache Achtsamkeitsmeditation
- Erfahrungsaustausch zu Alltagsübung to go
- Körperwahrnehmung

Achtsames Essen

Ziel: Übungsportfolio erweitern; weitere praktische Erfahrung zur Wirkung ermöglichen

- Inklusive entsprechender praktischer Übung

Emotionen am Arbeitsplatz

Ziel: Vertiefung der Alltagsrelevanz und Austausch über konkrete berufliche Situationen

- Zitronenübung
- ABC-Übung
- Wohlwollende Haltung

Mittag

Praxistransfer

Ziel: Übungsportfolio erweitern; Anbahnung des Praxistransfers; Motivation schaffen für die weitere Anwendung

- Sitzmeditation
- Fallszenarien
- Nützliche Gewohnheiten
- Habit Tracker

Achtsamer Abschluss

Ziel: Zur Ruhe kommen; die Dinge noch einmal bewusst sacken lassen; erfahren, dass man mit einem bewussten Abschluss nicht erschöpft von der Arbeit kommen muss

- Abschlussmeditation
- Kurzer Body Scan
- Dankbarkeitsübung

Ende

Die gewählten Übungen in diesem exemplarischen Ablauf sind allesamt austauschbar. Experimentieren Sie hier gerne von Veranstaltung zu Veranstaltung mit einem veränderten Arrangement oder einem anderen dramaturgischen Aufbau. Und wählen Sie natürlich ganz eigennützig auch die Übungen, die Ihnen selbst gut gefallen und bei denen Sie ein gutes Gefühl und Freude bei der Durchführung haben.

Gestaltung einer Reihe von Kurzsequenzen

Micro-Training

Nicht immer gibt es die Auftragslage her oder ist es inhaltlich sinnvoll, das Thema Achtsamkeit in einem kompakten Seminar zu erarbeiten. Gerade bei diesem Thema hat eine modulartige Veranstaltungsreihe, die zum Beispiel aus wöchentlich zweistündigen Sequenzen besteht, auch einige Vorteile. So können Teilnehmende nach jeder Impulsveranstaltung wieder in ihren Alltag zurückkehren und erste Erfahrungen mit dem Gelernten sammeln.

Da Achtsamkeit – wie schon so häufig erwähnt – auch regelmäßige Übung benötigt, hätte man allein durch die Anlage der Seminarsequenz eine gewisse Trainingszeit angelegt. Zum Start einer jeden neuen Sequenz können dann alle Teilnehmenden in einer Reflexionsrunde von den Erfahrungen der anderen profitieren. Zudem eignen sich diese kurzen Module wunderbar für die Gestaltung einer Webinar-Reihe, da Reisezeiten entfallen und die kurzen Impulse direkt in dem Umfeld ankommen, in dem sie später auch gelebt werden sollen.

Auch wenn die Start- und Schlusssitzung in aller Regel dann etwas umgestaltet werden, so könnte eine solche Reihe immer nach dem folgenden wiederkehrenden Muster ablaufen:

Das wiederkehrende Trainingsmuster

1. Einstieg mit einer kurzen praktischen Übung zum Ankommen und Ausstieg aus dem bisherigen Alltag
2. Eingangsrunde zu der Übung-to-go aus der vergangenen Sitzung oder einem besonderen Achtsamkeitsmoment der vergangenen Woche
3. Einstieg in das Schwerpunktthema mit kurzem Impuls
4. Praktische Übung zum Themenschwerpunkt
5. Austausch zum Erleben der Übung
6. Überlegungen zur praktischen Relevanz im Arbeitsalltag
7. Vertiefungsübung für die kommende Woche

Mögliche Schwerpunktthemen

Als Schwerpunktthemen sind folgende Blöcke denkbar:

- Gedankenwandern und Monkey Mind
- Umgang mit Emotionen im Alltag
- Multitasking
- Atmung
- Körper und Bewegung
- Sinneswahrnehmungen
- …

Beispiel

Dies könnte zum Thema Gedankenwandern dann in etwa so aussehen:

1. Einstieg mit einer kurzen praktischen Übung zum Ankommen und Ausstieg aus dem bisherigen Alltag
   ▸ Begrüßung und anschließend eine Atemübung wie z.B. 3-6-3. Die Gruppe atmet zusammen – aber jeder im eigenen Tempo – 3 Sekunden ein, dann 6 Sekunden aus, und das für 3 Minuten.

2. Eingangsrunde zu der Übung-to-go aus der vergangenen Sitzung oder zu besonderen Achtsamkeitsmomenten der vergangenen Woche
   ▸ Eine Einstiegsrunde zu der Frage: „Wie ist es mir mit der Übung ergangen? Was habe ich Spannendes beobachten oder erfahren können?“

3. Einstieg in das Schwerpunktthema mit kurzem Impuls
   ▸ Impuls zum Sinn und Zweck von Gedanken, Selbstgesprächen und Grübeln, Sensibilisierung für das Eigenleben und die Herausforderung, dass Reize eben nicht nur von außen kommen, sondern Ablenkung auch aus dem Innern heraus entstehen kann.

4. Praktische Übung zum Themenschwerpunkt
   ▸ Monkey Mind I, ggf. in einer längeren Fassung, je nach Übungsstand der Gruppe oder Lernziel

5. Austausch zum Erleben der Übung
   ▶ Eine Runde zu den Fragen: „Welche Beobachtung habe ich bei der Übung gemacht? Wo waren meine Gedanken? In der Vergangenheit, der Zukunft? Habe ich Wertungen wahrgenommen?"

6. Überlegungen zur praktischen Relevanz im Arbeitsalltag
   ▶ Austausch zu Fragen wie: „Wo hält mich Gedankenwandern von der Arbeit ab? Welche Auswirkungen hat das? Wie kann ich das beobachten? Was könnte in solchen Momenten helfen?"

7. Vertiefungsübung für die kommende Woche
   ▶ Zum Beispiel: Beobachten Sie in der kommenden Woche neugierig Ihre Gedanken. Achten Sie besonders auf Wertungen. Setzen Sie sich jeden Abend zwei Minuten hin und machen Sie sich Notizen zu Ihren Beobachtungen.

Beispiel

An diese Sequenz könnte sich das Schwerpunktthema Umgang mit Emotionen im Arbeitsalltag anschließen. Dies könnte beispielsweise wie folgt aussehen:

1. Einstieg mit einer kurzen praktischen Übung zum Ankommen und Ausstieg aus dem bisherigen Alltag
   ▶ Begrüßung und anschließend ein zehnminütiger Body Scan im Sitzen

2. Eingangsrunde zu der Übung-to-go aus der vergangenen Sitzung oder zu besonderen Achtsamkeitsmomenten der vergangenen Woche
   ▶ Eine Einstiegsrunde zu der Frage: „Wie ist es mir mit der Übung ergangen? Was habe ich Spannendes beobachten oder erfahren können? Welche Beobachtung habe ich gemacht, was Wertungen auslösen?"

3. Einstieg in das Schwerpunktthema mit kurzem Impuls
   - Impuls zu dem Zusammenhang von Gedanken, Wertungen und Emotionen, inkl. des Themas stressverstärkende Gedanken. Emotionen als Antreiber und Motivatoren einführen

4. Praktische Übung zum Themenschwerpunkt
   - Zitronenübung
   - AHA-Übung

5. Austausch zum Erleben der Übung
   - Eine Runde zu den Fragen: „Welche Beobachtung habe ich bei der Übung gemacht? Welche Emotionen wurden ausgelöst? Wodurch wurden die Emotionen ausgelöst?"

6. Überlegungen zur praktischen Relevanz im Arbeitsalltag
   - Austausch zu Fragen wie: „In welchen typischen emotionalen Situationen kann ich diese Erfahrung zukünftig nutzen? Wie kann ich aufkommende Emotionen zukünftig achtsamer wahrnehmen? Wie kann ich mir in solchen Zeiten eine kleine Auszeit schaffen, um einem aufkommenden Gefühl kurz nachgehen zu können?" Anschließend Mitgabe eines Mood Trackers. Anregung, sich einmal am Tag mit einem Timer eine Minute Auszeit zu nehmen, um die eigene Stimmung wahrzunehmen und sich anschließend etwas Gutes zu tun.

7. Vertiefungsübung für die kommende Woche
   - Zum Beispiel: Beobachten Sie in der kommenden Woche neugierig Ihre Handlungen. Wie oft sind Sie mit einer Sache beschäftigt? Wie oft betreiben Sie Multitasking? Zählen Sie die Dinge, die Sie gleichzeitig tun, immer mal wieder im Verlauf des Tages. Machen Sie sich abends zwei Minuten lang Notizen dazu, was Sie an diesem Tag beobachtet haben.

Impuls-Session über 90 bis 120 Minuten

Sie ahnen es schon, worum es in der nächsten Sequenz gehen könnte. Nehmen Sie die hier durchgespielten Sequenzen gerne als Inspiration, Ihre eigenen Reihen und den für die Auftragslage passenden Aufbau zu gestalten. Bei dieser Vorgehensweise kann man in einem 90- bis 120-minütigen Zeitraum schon sehr viele spannende Impulse setzen.

Das gewählte Zeitfenster eignet sich daher besonders in Formaten, in denen wenig Reisezeit für Teilnehmende notwendig ist. Das kann im Rahmen einer Inhouse-Veranstaltung stattfinden, z.B. als Reihe immer dienstags von 14:00-16:00 Uhr über einige Wochen hinweg. Es kann aber auch als Webinar-Format in Form eines Feierabend-Coachings stattfinden, z.B. immer donnerstags von 17:00-19:00 Uhr.

Digitale Umsetzung

Die meisten der hier in dem Buch vorgestellten Übungen sind eins zu eins digital einsetzbar. Bei einigen sind möglicherweise kleinere Anpassungen oder eben eine andere Vorbereitung notwendig. So muss man ggf. in der Wochenmail, die die nächste Sequenz andeutet, darauf aufmerksam machen, welches Material für die Übung oder „Hausaufgaben" benötigt wird. Das kann ganz banal eine Decke, oder Notizmaterial sein oder auch einmal ein Bilderrahmen.

Wenn Sie ein digitales Format wählen, hat es sich zudem bewährt, den Teilnehmenden ein paar Tipps mit an die Hand zu geben, die dann wirklich ungestörtes Arbeiten ermöglichen. Dazu gehört im privaten Kontext unter anderem die Abstimmung mit Mitbewohnern und Mitbewohnerinnen des Hauses, sodass man störungsfrei anwesend sein kann. Oft ergibt es auch Sinn, zu Anfang auf die Verführungen hinzuweisen, die ein digitales Angebot mit sich bringt. Dazu gehört etwa der Hinweis, dass man auf das parallele Bearbeiten von E-Mails oder Handynachrichten verzichten oder dass man sich vielleicht doch fünf und nicht zwei Minuten vorher in dem Raum einfinden sollte. Richtig praktisch ist der Hinweis, möglichst mit mobilen Kopfhörern oder eben einem Lautsprecher zu arbeiten, sodass man sich frei vor dem Rechner bewegen und Übungen gut mitmachen kann.

Konzeption eines Blended-Learning-Angebots

Kick-off und Abschluss in Präsenz, dazwischen digitale Einheiten

Das Beste aus beiden Welten erhalten Sie natürlich mit der Konzeption eines Blended-Learning-Konzeptes. Hier können Sie beispielsweise mit einer Präsenzveranstaltung als Kick-off starten. Diese Form hat sich bewährt, denn hier kann sich die Gruppe zunächst finden. Sie selbst legen hier wesentliche, unter anderem neurologische Grundlagen zum Thema, ordnen das Thema in der modernen Arbeitswelt ein und starten in erste intensivere Übungseinheiten. Die Übung für zu Hause kann dann der Opener für die erste digitale Veranstaltung sein.

Planen Sie anschließend, wenn möglich, mindestens sechs digitale Veranstaltungen in dem oben angeteaserten Kurzformat. Zum einen ist das inhaltlich sinnvoll, um das volle Potenzial auszunutzen, welches das Thema Achtsamkeit für das Arbeitsleben beinhaltet. Zum anderen erreichen Sie gleichzeitig mit der Gruppe eine magische Zeitspanne, die es oft benötigt, damit neue Dinge zu guten Alltagsritualen werden. Das heißt, durch Ihre regelmäßige Begleitung wird die Beobachtung der eigenen Gedanken, Emotionen, Körperempfindungen und das tägliche Üben zu einem selbstverständlichen Ritual. Und das wiederum erhöht die Nachhaltigkeit und den Wirkungsgrad enorm.

Idealerweise erhalten Sie vom Auftraggeber die Gelegenheit, die digitalen Sequenzen in einer finalen Präsenzveranstaltung zum Abschluss zu bringen. In dieser können Sie bisher gemachte Erfahrungen noch einmal gebündelt austauschen, noch einmal ganz viel üben und die Teilnehmenden dabei unterstützen, Vereinbarungen mit sich selbst zu schließen.

Abb.: Möglicher Aufbau eines Blended-Learning-Konzeptes

Achtsame Gestaltung von Seminaren

Sie haben an diesem Punkt des Buches vieles im Hinblick auf Achtsamkeit mitgenommen und/oder aufgefrischt und vermutlich nun einige Ideen entwickelt, wie Sie Veranstaltungen zu dem Thema gestalten möchten. Höchstwahrscheinlich haben Sie, auch wenn Sie sich mit diesem Buch auseinandersetzen, selbst schon bezüglich Achtsamkeit Erfahrungen sammeln können. Doch haben Sie sich auch schon einmal Zeit genommen, das eigene Arbeitsverhalten zu betrachten? Wenn nicht, dann kommt hier die Gelegenheit. Zum Schluss soll es noch einmal um Sie ganz persönlich gehen.

Achtsamkeit als Selbstvorsorge im Trainer-Job

Beschäftigt man sich zunehmend mit dem Konzept der Achtsamkeit, so bleibt es nicht aus, dass diese Inhalte auch Einfluss nehmen in das eigene Privat- und Arbeitsleben. Dabei bietet der Arbeitsalltag so einige Übungsnotwendigkeiten für die eigene Achtsamkeitspraxis. Da ist die in der Regel freiberufliche Arbeit, mit all den finanziellen, logistischen und emotionalen Herausforderungen. Da sind die dynamischen Gruppensituationen an Veranstaltungstagen, in denen man trotz guter Auftragsklärung und Konzeption nie genau weiß, was einen erwartet und wie der Tag verläuft. Da ist eine gehörige Portion Reisetätigkeit, mit wechselnden Unterkünften und all den Dingen, die einem unterwegs begegnen können. All das kann man richtig genießen – und es macht den Beruf herrlich dynamisch, spannend und inspirierend. All das kann aber auch mal herausfordernd, zu viel oder zu unruhig werden.

In guten wie in schlechten Zeiten kann Achtsamkeit daher ein wertvoller Begleiter werden. Sich selbst in diesen Situationen bewusst wahrzunehmen, ermöglicht, noch mehr zu genießen, sich von herausfordernden Emotionen und Situationen nicht allzu sehr mitreißen zu lassen und schafft eine gute Selbstwahrnehmung, die schlussendlich auch zu achtsamer Selbstfürsorge in diesem herausfordernden Beruf führt.

Los geht's.

Ich als achtsame Seminarleitung

Starten wir in einem ersten Schritt mit einer Reihe von Reflexionsfragen. Sie sind dem Freiburger Fragebogen zu Achtsamkeit (FFA) nach Nina Buchheld-Rose und Harald Walach (2000) entnommen und beschäftigen sich mit den folgenden Komponenten von Achtsamkeit:

Selbsteinschätzung

- Achtsame Gegenwärtigkeit (Aufmerksamkeits-Komponente)
- Nicht-wertende Akzeptanz (Haltungs-Komponente)
- Annehmen von Empfindungen (Wahrnehmungs-Komponente)
- Prozesshaftes, einsichtsvolles Verstehen („innere Distanz“)

Dabei dient der Fragebogen nicht der Generierung eines wie auch immer gearteten Achtsamkeits-Scores. Es geht nicht darum, eine bestimmte Leistung zu erreichen. Und die Fragen, die Sie heute so beantworten, können Sie vier Wochen später schon ganz anders beantworten. Er soll vielmehr dazu anregen, die wesentlichen Komponenten und Haltungen der Achtsamkeit auf das eigene Arbeitsleben zu übertragen. Gleichzeitig können die Leitfragen dazu dienen, immer mal wieder mit sich selbst in Kontakt zu kommen, den Blick auf das eigene Arbeitsleben zu richten, einfach wahrzunehmen und zu reflektieren, was gerade ist und was man möglicherweise wieder anders machen möchte.

Daher sind den Originalfragen mögliche Anwendungsbeispiele zugefügt worden. Diese sollen als kreativer Impuls zur Übertragung auf den eigenen Arbeitsalltag dienen. Gehen Sie anhand der Frage ruhig die letzten zwei, drei Seminare, Veranstaltungen und Arbeitstage durch. Erinnern Sie sich an Auftragsklärungsgespräche, Anreisezeiten, Vorbereitungsphasen – je konkreter, desto besser.

Niemand liest mit. Die Fragen dürfen also mit einer großen Portion Ruhe und Ehrlichkeit beantwortet werden. Versorgen Sie sich mit einem Getränk und einem Stift und machen Sie sich an die Arbeit. Machen Sie sich gerne Notizen, schreiben Sie Ideen auf und planen Sie Veränderungen, wo immer sie Ihnen notwendig scheinen, auf dass auch Ihr Arbeitsleben von den positiven Wirkungen von Achtsamkeit profitiert.

Download-Ressource

	fast nie	eher selten	relativ oft	fast immer
1. Ich bin offen für die Erfahrung des Augenblicks. Zum Start in eine Veranstaltung, bei der Auftragsklärung, bei sich entwickelnden Gruppendynamiken ...				
2. Ich spüre in meinen Körper hinein, sei es beim Essen, Kochen, Putzen, Reden. Bei der Moderation, wenn ich am Schreibtisch, im Auto/Zug sitze, telefoniere ...				
3. Wenn ich merke, dass ich abwesend war, kehre ich sanft zur Erfahrung des Augenblicks zurück. Bei der Moderation von Plenumsgesprächen, am Schreibtisch, während Anreisezeiten ...				
4. Ich kann mich selbst wertschätzen. Für das bisher Erreichte, für die kleinen und großen Erfolge, für den Mut, unperfekt zu sein, dafür, dass ich täglich einfach gebe, was geht ...				
5. Ich achte auf die Motive meiner Handlungen. Wenn ich einen Auftrag annehme, eine Veranstaltung vorbereite, mich abends für den Tag belohne ...				
6. Ich sehe meine Fehler und Schwierigkeiten, ohne mich zu verurteilen. Wenn ich erschöpft bin, zu genau planen oder kontrollieren will, mein Zeitmanagement nicht passt, ich nicht so achtsam bin, wie ich es gerne wäre ...				
7. Ich bin in Kontakt mit meinen Erfahrungen, hier und jetzt. Zum Start in den Tag, vor einer Veranstaltung, wenn ich Temperatur, die Raumluft, mein Gegenüber wahrnehme ...				
8. Ich nehme unangenehme Erfahrungen an. Wenn eine Veranstaltung mal nicht so perfekt lief, ich einen ganzen Tag nicht an der frischen Luft war oder zu schwer und ungesund gegessen habe ...				
9. Ich bin mir selbst gegenüber freundlich, wenn Dinge schieflaufen. Wenn ich meine eigenen Erwartungen nicht erfüllt habe, eine Auftragsklärung nicht gelungen ist ...				
10. Ich beobachte meine Gefühle, ohne mich in ihnen zu verlieren. Nach einem langen Arbeitstag, bei herausfordernden Verhandlungen, wenn Teilnehmerbeiträge und Feedback etwas in mir auslösen ...				
11. In schwierigen Situationen kann ich innehalten. Wenn ich mich nicht wohlfühle, ein Kunde sich unangenehm verhält, ich erschöpft bin ...				
12. Ich erlebe Momente innerer Ruhe und Gelassenheit, selbst wenn äußerlich Schmerzen und Unruhe da sind. Bei Aufregung vor einer Veranstaltung, wenn ich gesundheitlich mal nicht topfit bin ...				
13. Ich bin geduldig mit meinen Mitmenschen und mir. Wenn ein Veranstaltungskonzept nicht so aufgeht, wie erhofft, wenn Ideen nicht sprudeln wollen, ich einfach mal keine Lust habe ...				
14. Ich kann darüber lächeln, wenn ich sehe, wie ich mir manchmal das Leben schwer mache. Wenn ich zu kritisch oder perfektionistisch bin, ich mal wieder prokrastiniere ...				

Qualitative Antworten

Hier können Sie sich zu den folgenden Fragen einige Notizen machen.

An welchen Stellen, in welchen Situationen erlebe ich bereits achtsame Momente?

Download-Ressource

Gibt es Situationen, in denen mir das besser gelingt? Erkenne ich ein Muster?

Warum gelingt mir das in diesen Situationen gut?

Kann ich dieses Erfolgsrezept auch auf weitere Situationen übertragen? Was müsste passieren/ich tun, damit das gelingt?

Was würde ich mir ganz konkret noch achtsamer wünschen?

Was könnte ein erster Schritt sein, um dem näherzukommen?

Wie könnte ich mich erinnern, an meinem Vorhaben dranzubleiben, bis es zur Routine geworden ist?

Und? Haben Sie ein paar Ideen entwickeln können für die Gestaltung eines achtsamen Trainingsalltags? Vielleicht ist auch für Sie der Habit Tracker aus dem Übungsteil geeignet, sich bezüglich dieser Ideen ein paar neue Routinen zuzulegen. Vielleicht reicht Ihnen aber auch diese kurze Reflexionseinheit, um in kommenden Situationen aufmerksamer für die inneren Prozesse und ganz präsent in den so vielfältigen, bunten und dynamischen Prozessen zu sein. Sie wollen mehr? Dann kommt hier in Anlehnung an die 30-Tage-Challenges für Teilnehmende Ihre ganz persönliche Herausforderung.

20 Achtsamkeitsimpulse für den Trainingsalltag

Ob Sie die folgenden Impulse der Reihe nach Tag für Tag abarbeiten oder diese, wie in den Übungsimpulsen für Teilnehmende empfohlen, in kleine Schnipsel schneiden und in ein Schraubglas werfen, bleibt ganz Ihnen überlassen. Machen Sie bitte eines: Nehmen Sie sich Zeit dafür. Nehmen Sie diese Übung nicht als weiteren Punkt auf der Aufgabenliste, den es mal eben abzuarbeiten gilt.

Jeden Tag eine neue Übung wird Ihnen zu viel? Kein Problem. Dann nehmen Sie sich nur jeden zweiten Tag eine vor oder nutzen Sie einen Impuls gar als Wochenfokus. In diesem Tempo würden Sie alle diese Übungen über ein halbes Jahr begleiten. Sie können sich nicht vorstellen, die Übung einen ganzen Tag durchzuhalten? Dann nehmen Sie sich zwei Stunden oder Minuten des Tages vor. Gerne können Sie ganz flexibel mit diesen Impulsen umgehen. Wenn Ihnen eine Übung gefallen hat, behalten Sie sie eine Weile bei. Wenn Ihnen eine Übung für die kommende Arbeitswoche nicht passend erscheint, nehmen Sie eine andere oder wandeln diese entsprechend ab, sodass Sie sie gut ausführen können. Und die Übungen für die Teilnehmenden dürfen Sie natürlich auch alle sehr gerne selbst ausprobieren.

Tipp: Nutzen Sie ein Notizheft als Begleitung

Wenn möglich, empfehle ich Ihnen, ein schönes kleines Notizheft als Begleitung zu nutzen. Legen Sie einen Zeitraum fest, in welchem Sie regelmäßig schreiben möchten. Vielleicht direkt morgens täglich nach dem Aufstehen bei dem ersten Heißgetränk? Vielleicht als Tagesabschluss vor dem Schlafengehen? Vielleicht immer freitags zum Wochenausklang? Ein paar Minuten werden schon reichen. Schreiben Sie einfach drauflos. Wie hat Ihnen die Übung gefallen? Was hat diese bei Ihnen ausgelöst? Gab es eine besondere Wahrnehmung oder Erkenntnis, die Sie festhalten möchten? Ergibt sich daraus ein Veränderungswunsch, den Sie nicht sofort umsetzen müssen, der aber auch nicht in Vergessenheit geraten soll?

So vorbereitet, kann es dann losgehen. Hier also die Impulse:

20 Achtsamkeitsimpulse

Download-Ressource

1. Dankbarkeit. Welche Menschen, Situationen, Dinge, Erlebnisse erfüllen Sie im Arbeitsalltag mit Dankbarkeit? Schauen Sie genau hin und nehmen Sie diese Dinge aufmerksam wahr.

2. Nehmen Sie heute immer mal wieder Kontakt mit ihrem Körper auf. Wie stehen, sitzen, gehen Sie gerade?

3. In welchem Arbeitsbereich könnten Sie Ordnung schaffen? Ein Bücherregal? In der Business-Garderobe? Den Workshop-Materialien? Nehmen Sie die Dinge bewusst wahr und treffen Sie eine achtsame Entscheidung über deren Verbleib.

4. Trinken Sie bewusst. Ein Glas Wasser, ein Glas Tee, einen Kaffee. Ein Getränk kann eine wunderbare Gelegenheit für eine Achtsamkeitsübung sein. Mit zunehmender Übung gelingt das auch, selbst wenn Teilnehmende Sie in der Pause in ein Gespräch verwickeln.

5. Im Trainingsalltag ist man doch häufig mit der Wahrnehmung im Außen. Bei den Teilnehmenden oder organisatorischen Fragen rund um die Veranstaltungen. Nehmen Sie das wahr, gestalten Sie den Wechsel zwischen außen und innen bewusst.

6. Hören Sie heute besonders aufmerksam zu. Nehmen Sie eigene Redeimpulse wahr und entscheiden Sie sich bewusst, diese noch einen Moment zurückzustellen.

7. Machen Sie gute Pausen. In der Kaffeepause noch schnell ein Flipchart schreiben? Im Frühstücksraum schon mit den Teilnehmenden fachsimpeln? Beobachten Sie Ihre Pausen und gehen Sie neugierig auf die Suche nach den Momenten, die Ihnen wirklich Erholung schenken.

8. Sie lieben Multitasking? Lassen Sie es doch heute einmal. Tun Sie bewusst nur eine Sache gleichzeitig. Okay, maximal zwei.

9. Begleiten Sie Ihre Tätigkeiten heute gedanklich mit Sätzen wie: „Ich nehme den Stift. Ich setze mich auf den Stuhl. Ich öffne die Tür." Das schult die Fokussierung und Selbstbeobachtungskompetenz.

10. Wonach ist Ihnen gerade? Fragen Sie sich heute immer mal wieder, welche Bedürfnisse Sie gerade haben. Sie müssen Sie nicht immer sofort erfüllen. Sie aber wahrzunehmen, ist ein wichtiger, erster Schritt.

11. Atmen Sie! Tief ein und aus. Bevor Sie ein Telefonat annehmen, einen Veranstaltungsort betreten oder verlassen, vor dem Absenden einer E-Mail, vor dem ersten Bissen beim Mittagessen.

12. Türschwellen als Anker. Lassen Sie sich heute von Türschwellen an einen kleinen Check-in erinnern. Nehmen Sie sich, Ihren Körper und Ihre Verfassung kurz wahr, wenn Sie durch eine Tür gehen.

13. Drei Minuten nur für Sie. Stellen Sie sich drei Weckertermine zu Zeiten, an denen es realistisch ist, dass Sie sich eine kurze Auszeit nehmen können. Machen Sie zu diesen Zeitpunkten eine Minute lang nichts. Lassen Sie alles liegen, womit sie gerade beschäftigt sind. Atmen Sie durch, schauen Sie sich um, sitzen Sie.

14. Kleiden Sie sich achtsam. Nutzen Sie das Anziehen am Morgen für eine kleine Übung. Wählen Sie die Kleidung mit allen Sinnen. Fühlen Sie diese in den Händen und am Körper. Machen Sie sich bewusst, wie viele Menschen daran beteiligt waren, dass diese Kleidung in Ihrem Schrank hängt.

15. Nehmen Sie Wertungen wahr. Sie empfinden Sympathie oder Antipathie für jemanden? Eine Veranstaltungssequenz langweilt Sie? Einen Beitrag empfinden Sie als Angriff? Nehmen Sie einfach nur wahr und kommen Sie dann bewusst in eine neugierige, offene, neutrale und beobachtende Haltung zurück.

16. Die achtsame Schlummerfunktion. Nutzen Sie die ersten Minuten des Tages noch im Bett für eine kleine Übung. Machen Sie sich bewusst, dass 24 brandneue Stunden vor Ihnen liegen. Wie möchten Sie diese angehen? Strecken Sie sich noch einmal genüsslich, bevor Sie aufstehen.

17. Einfach mal raus. Ein paar Minuten vor dem Hotel an die frische Luft? Nach einem Auftragsklärungsgespräch ein kurzer Spaziergang? Nehmen Sie den Tapetenwechsel dabei bewusst wahr.

18. Achtsames Gehen. Vom Seminarraum zum Mittagessen, vom Flipchart zum Moderationskoffer? Wo könnten Sie heute achtsames Gehen praktizieren?

19. Natur tut gut. Wo können Sie Natur in Ihren Alltag einbauen? Eine Pflanze im Büro? Öfter einmal einen Blick aus dem Fenster wagen? Mehr Outdoor-Übungen in den Seminaralltag einbauen? Rituale auf Reisen?

20. Achtsame Bürokommunikation. Ein Kunde möchte Sie für einen neuen Auftrag gewinnen, eine Kundin sendet Ihnen eine Seminarevaluation. Im E-Mail-Postfach geht der Steuerbescheid des Finanzamtes ein. Nehmen Sie wahr, welche ersten, ganz spontanen Emotionen sich bei Ihnen einstellen, wenn solche Dinge bei Ihnen ankommen.

Zum guten Schluss

Rituale nutzen

Das Trainingsleben ist erfüllend und herausfordernd zugleich. Allein deshalb werden Sie lange vor diesem Buch schon Rituale entwickelt haben, die im weitesten Sinne achtsam sind. Rituale, die Ihnen helfen, in stressigen Zeiten fokussiert zu bleiben, den inneren Kritiker im Zaum zu halten, ausreichend Regeneration zu erhalten und eigene Grenzen in der Annahme von Aufträgen zu achten.

Sie und auch Ihre Teilnehmenden können daher bereits auf einen reichen Erfahrungsschatz zurückgreifen, lange bevor Sie die erste formelle Übung gemacht haben. Ich hoffe, dieses Buch hat das Prinzip Achtsamkeit, dass wir alle aus unserem täglichen Leben kennen, fachlich untermauern können. Ich hoffe, es kann Sie inspirieren, Neues auszuprobieren, Konzepte neu zu entwickeln oder bestehende zu erweitern.

Und so wünsche ich Ihnen von Herzen, dass Achtsamkeit Ihre Veranstaltungen inhaltlich bereichert und Sie als Trainerin oder Trainer auch persönlich in Ihrem Arbeitsleben begleitet.

Literatur und Weblinks

American Journal of Preventive Medicine (2017). Hier wird die Studie samt Ausgabennummer zitiert: *https://psylex.de/psychologie-lexikon/sozialpsychologie/isolation/online-netzwerke/* (August 2023).

Ariely, D. (2008): Denken hilft zwar, nützt aber nichts. Droemer HC.

Arvay, Clemens G. (2023): Der Biophilia Effekt. Heilung aus dem Wald. Ullstein.

Bucay, J. (2011): Komm, ich erzähl dir eine Geschichte. Fischer Taschenbuch Verlag.

Buchheld-Rose, N. & Walach, H. (2000): Freiburger Fragebogen zur Achtsamkeit. PDF. Kurzversion online verfügbar unter: *https://chs-institute.org/media/news/16/attachment-1504271583.pdf* (August 2023).

Ehlers, U.-D. (2020): Future Skills. Online verfügbar unter: *https://nextskills.org/wp-content/uploads/2020/03/Future-Skills-The-Future-of-learning-and-higher-education.pdf* (August 2023).

Hanh, T. N. (2019): Achtsam arbeiten, achtsam leben. Der buddhistische Weg zu einem erfüllten Tag. Knaur.

Hanh, T. N. (2019): Achtsam sprechen – achtsam zuhören: Die Kunst der bewussten Kommunikation. Knaur.

Hanh, T. N. (2023): Achtsam essen, achtsam leben. Der buddhistische Weg zum gesunden Gewicht. Knaur.

Heller, J. (Hrsg.) (2019): Resilienz für die VUCA-Welt. Individuelle und organisationale Resilienz entwickeln. Springer.

Hölzel, B. (2018): Das meditierende Gehirn. Achtsamkeit neurowissenschaftlich erforscht. Vortrag vom 6. Februar 2018, Evangelische Stadtakademie in München.

Kabat-Zinn, J. (2011): Gesund durch Meditation. Knaur.

Kaplan, R. & S. (1989): The Experiment of Nature. A Psychological Perspective. Cambridge University Press.

Kaplan, S. (1995): The restorative benefits of nature: Toward an integrative framework. Journal of Environmental Psychology, 15(3), 169–182.
Kross, E. (2021): Chatter: The Voice in Our Head. Why It Matters, and How to Harness It. Crown.

Li, Q. (2018): Die wertvolle Medizin des Waldes. Wie die Natur Körper und Geist stärkt. Rowohlt.

Mommert-Jauch, P. (2021): Embodiment. Die Wechselwirkung zwischen Körper & Seele. Trias.

Narbeshuber, E. & J. (2019): Mindful Leader. O. W. Barth.
Nestler, E. J. & Malenka, R. C. (2004): Spektrum der Wissenschaft. *https://www.neurobiologie.uni-osnabrueck.de/Teaching/Files/Neurobiologie%20macht%20Schule/Schulbesuche/Literatur_und_Zusatzinformation/S%FCchtiges_Gehirn-Spektrum2004.pdf* (August 2023).
Newport, C. (20019): Digitaler Minimalismus. Besser leben mit weniger Technologie. Redline Verlag.
Newport, C. (2017): Konzentriert arbeiten. Regeln für eine Welt voller Ablenkungen. Redline Verlag.

Ott, U. (2019): Meditation für Skeptiker. Ein Neurowissenschaftler erklärt den Weg zum Selbst. O. W. Barth.

Pigani, E. (2013): Das kleine Übungsbuch. Entschleunigen. Trinity Verlag.
Pigani, E. (2014): Das kleine Übungsbuch. Zen in einer bewegten Welt. Trinity Verlag.
Pigani, E. (2014): Das kleine Übungsbuch. Achtsamkeit. Trinity Verlag.
Pigani, E. (2014): Das kleine Übungsbuch. Meditationen für jeden Tag. Trinity Verlag.

Rinzler, L. (2014): Sitzen wie ein Buddha. Meditation für Anfänger. Scorpio.
RKI Gesundheitsmonitoring zum Thema Übergewicht und Adipositas. Online abrufbar unter: *https://www.rki.de/DE/Content/Gesundheitsmonitoring/Themen/Uebergewicht_Adipositas/Uebergewicht_Adipositas_node.html* (August 2023).

Romhardt, K. (2009): Wir sind Wirtschaft – Achtsam leben –sinnvoll handeln. J. Kamphausen Verlag.

Scharmer, C. O. (2009): Theorie U. Von der Zukunft her führen. Carl-Auer Verlag.

Schmidt, S., Spitz, C. & Zimmermann, M. (Hrsg.) (2015): Achtsamkeit. Ein buddhistisches Konzept erobert die Wissenschaft. Huber.

Siepmann, A. (2016): Gelassen arbeiten. Wie Achtsamkeit den Berufsalltag erleichtert. Scorpio.

Spiegel, P. (Hrsg.) (2021): Future Skills. 30 zukunftsentscheidende Kompetenzen und wie wir sie lernen können. Vahlen.

Tan, C.-M. (2015): Search inside yourself. Optimiere dein Leben durch Achtsamkeit. Goldmann.

Thoreau, H. D. (2016): Walden. Nicol.

Twenge, J. M. (2021): Mein Kind, sein Smartphone und ich: Warum es so wichtig ist, die neue Generation zu verstehen. Goldmann.

Filme und Reportagen zum Thema

Die stille Revolution. Dokumentarfilm. 2016. 1 Std. 15. Mindjazz Pictures, Grünfilm.

▸ *https://www.die-stille-revolution.de* (August 2023)

Worin liegt der Sinn unseres unternehmerischen Handelns? Brauchen wir Know-how oder vielleicht auch Know-why? Woher nehmen wir den Mut für große Veränderungen, und wo bleibt der Mensch dabei? Die stille Revolution – der Kinofilm zum Kulturwandel in der Arbeitswelt von Regisseur Kristian Gründling nach einer Vision von Bodo Janssen – gibt Antworten auf diese Fragen und weitere tiefe Einblicke auf einer Reise, die zukunftsorientierte Unternehmen nun allmählich antreten.

Der Film zeigt im dokumentarischen Stil am Beispiel von Upstalsboom, wie der Wandel von der Ressourcenausnutzung hin zur Potenzialentfaltung gelingen kann.

From Business To Being. Dokumentarfilm. 2015. 1 Std. 29. Mindjazz Pictures.

▸ *http://business2being.com/de* (August 2023)

Der Film „From Business To Being" erzählt die Geschichte dreier Führungskräfte, die sich auf die Suche nach Wegen aus dem

„Hamsterrad des Getriebenseins“ gemacht haben: ein ehemaliger Investmentbanker bei Lehman Brothers, ein Großprojektmanager der Automobilindustrie und ein Gebietsverantwortlicher der „dm“ Drogeriemarktkette. Ihre Motivation: der Wunsch nach mehr Begeisterung, Sinnhaftigkeit und Authentizität bei ihrer Arbeit.

Stichwortverzeichnis

J

K

L

M

N

P

R

S

T

U

V

W

Z